全国高等院校土建类应用型规划教材
住房和城乡建设领域关键岗位技术人员培训教材

工程施工机械与管理

《住房和城乡建设领域关键岗位技术人员培训教材》编写委员会 编

主　　编：孙光瑞　李　巍
副 主 编：饶　鑫　董　君
组编单位：住房和城乡建设部干部学院
　　　　　北京土木建筑学会

中国林业出版社

图书在版编目（CIP）数据

工程施工机械与管理 /《住房和城乡建设领域关键岗位技术人员培训教材》编写委员会编. —北京 ：中国林业出版社，2018.12

住房和城乡建设领域关键岗位技术人员培训教材

ISBN 978-7-5038-9203-5

Ⅰ. ①工… Ⅱ. ①住… Ⅲ. ①建筑机械－技术培训－教材 Ⅳ. ①TU6

中国版本图书馆 CIP 数据核字（2017）第 172495 号

本书编写委员会

主　编：孙光瑞　李　巍

副主编：饶　鑫　董　君

组编单位：住房和城乡建设部干部学院　北京土木建筑学会

国家林业和草原局生态文明教材及林业高校教材建设项目

策　　划：杨长峰　纪　亮

责任编辑：陈　惠　王思源　吴　卉　樊　菲

出版：中国林业出版社

（100009 北京西城区德内大街刘海胡同 7 号）

网站：http://lycb.forestry.gov.cn/

印刷：固安县京平诚乾印刷有限公司

发行：中国林业出版社

电话：(010)83143610

版次：2018 年 12 月第 1 版

印次：2018 年 12 月第 1 次

开本：1/16

印张：18.75

字数：300 千字

定价：75.00 元

编写指导委员会

前　言

“全国高等院校土建类应用型规划教材”是依据我国现行的规程规范，结合院校学生实际能力和就业特点，根据教学大纲及培养技术应用型人才的总目标来编写。本教材充分总结教学与实践经验，对基本理论的讲授以应用为目的，教学内容以必需、够用为度，突出实训、实例教学，紧跟时代和行业发展步伐，力求体现高职高专、应用型本科教育注重职业能力培养的特点。同时，本套书是结合最新颁布实施的《建筑工程施工质量验收统一标准》（GB50300—2013）对于建筑工程分部分项划分要求，以及国家、行业现行有效的专业技术标准规定，针对各专业应知识、应会和必须掌握的技术知识内容，按照“技术先进、经济适用、结合实际、系统全面、内容简洁、易学易懂”的原则，组织编制而成。

考虑到工程建设技术人员的分散性、流动性以及施工任务繁忙、学习时间少等实际情况，为适应新形势下工程建设领域的技术发展和教育培训的工作特点，一批长期从事建筑专业教育培训的教授、学者和有着丰富的一线施工经验的专业技术人员、专家，根据建筑施工企业最新的技术发展，结合国家及地方对于建筑施工企业和教学需要编制了这套可读性强，技术内容最新，知识系统、全面，适合不同层次、不同岗位技术人员学习，并与其工作需要相结合的教材。

本教材根据国家、行业及地方最新的标准、规范要求，结合了建筑工程技术人员和高校教学的实际，紧扣建筑施工新技术、新材料、新工艺、新产品、新标准的发展步伐，对涉及建筑施工的专业知识，进行了科学、合理的划分，由浅入深，重点突出。

本教材图文并茂，深入浅出，简繁得当，可作为应用型本科院校、高职高专院校土建类建筑工程、工程造价、建设监理、建筑设计技术等专业教材；也可作为面向建筑与市政工程施工现场关键岗位专业技术人员职业技能培训的教材。

目　　录

第一章 施工机械管理

第一节 概 述

一、施工机械管理的基本任务

机械设备管理的基本任务，就是为企业提供良好的技术装备，使企业的生产活动建立在良好的基础之上，从而获得良好的经济效果。具体任务如下：

(1)负责制定、修改和贯彻执行机械设备的管理制度、技术标准、技术规范、技术经济定额等工作，并掌握执行情况；

(2)会同有关部门制定施工发展规划，参加施工组织设计的编制和审查；

(3)组织机械设备的保养、修理和技术改造工作，保证机械设备经常处于良好状态，随时发挥机械效能；

(4)掌握机械设备的技术状况，做好机械设备的运转、维修和消耗等原始记录的积累和统计工作；

(5)总结推广机械化施工、管理、使用、保养修理方面的先进经验，不断提高机械施工和管理水平；

(6)办理机械设备的调拨和日常调度工作，以及对外租赁事宜；

(7)建立机械账、卡，掌握机械动态；

(8)负责新购机械设备的选型工作；

(9)组织或参与机械事故的调查、分析处理和上报；

(10)组织或参与对机械管理人员、工人的培训和考核工作。

二、施工机械管理体制

机械设备的管理体制必须着眼于建筑施工企业的技术、经济效果，在装备机械设备的同时，还应大力发展建筑机械设备的租赁业务。

1. 购置(或租赁)

(1)进入工地的机械必须是正规厂家生产，必须具有生产许可证、出厂合格证。

(2)严禁购置和租赁国家明令淘汰的，规定不准再使用的机械设备。

(3)严禁购置和租赁经检验达不到安全技术标准规定的机械设备。

(4)严禁租赁存在严重事故隐患,没有改造或维修价值的机械设备。

2. 安装(及拆除)

(1)机械设备已经国家或省有关部门核准的检验检测机构检验合格,并通过了国家或省有关主管部门组织的产品技术鉴定,方能安装。

(2)不得安装属于国家、本省明令淘汰或限制使用的机械设备。

(3)建筑施工企业采购的二手机械设备,必须有国家或省有关部门核准的机械检验检测单位出具的质量安全技术检测报告,并由使用单位组织专业技术人员对机械设备的技术性能和质量进行验收,符合安全使用条件,经使用单位技术负责人签字同意。

(4)各种机械设备应具备下列技术文件:

1)机械设备安装、拆卸及试验图示程序和详细说明书;

2)各安全保险装置及限位装置调试说明书;

3)维修保养及运输说明书;

4)安装操作规程;

5)生产许可证(国家已经实行生产许可的起重机械设备)、产品鉴定证书、合格证书;

6)配件及配套工具目录;

7)其他注意事项。

(5)从事机械设备安装、拆除的单位,应依法取得建设行政主管部门颁发的相应等级的资质证书和安全资格证书后,方可在资质证书等级许可的范围内从事机械设备安装、拆除活动。

(6)机械设备安装、拆除单位,应当依照机械设备安全技术规范及本条的要求进行安装、拆除活动,机械设备安装单位对其安装的机械设备的安装质量负责。

(7)从事机械设备安装、拆除的作业人员及管理人员,应当经建设行政主管部门考核合格,取得国家统一格式的建筑机械设备作业人员岗位证书,方可从事相应的作业或管理工作。

3. 验收检测

(1)机械设备安装单位必须建立如下机械设备安装工程资料档案,并在验收后 30 日内将有关技术资料移交使用单位,使用单位应将其存入机械设备的安全技术档案。

1)合同或任务书;

2)机械设备的安装及验收资料;

3)机械设备的专项施工方案和技术措施。

(2)机械设备安装后能正常使用,符合有关规定和使用等技术要求。

4. 使用

(1)机械设备操作人员,必须持证上岗。

(2)操作必须严格执行机械技术操作规程和技术交底要求。

(3)非机具工操作要追查责任者,并按公司规定处理。

5. 保养

(1)定期保养的目的。机械设备正确合理的使用和精心及时的维修保养,其目的在于保证设备的正常运转、延长机械设备的使用寿命、防止不应有的损坏和不应有的机械事故。

(2)保养作业项目:清洁、润滑、调整、紧固、防腐等。

6. 维修改造

(1)小修的工作内容,主要是针对日常定期检查发现的问题,对部分拆卸零部件进行检查、修整、更换或简单修复磨损件,同时通过检查、调整、紧固机件等技术手段,恢复设备的性能。

(2)项修是根据设备的实际技术状态,对状态劣化已达不到生产工艺要求的项目,按实际需要而进行的针对性的修理,项修时一般要进行部分拆卸、检查、更换或修复失效的零件,必要时对基准件进行局部修理和校正,从而恢复所修复部分的性能和精度,以保证机械在整个大修间隔内有良好的技术状况和正常的工作性能。

(3)大修是机械在寿命期内周期性的彻底检查和恢复性修理。大修时,对设备的全部或大部分部件解体,修复基准件,更换或修复全部不适用的零件,修理设备的电气系统,修理设备的附件以及翻新外观等,从而达到全面消除修前存在的缺陷,恢复设备的规定技术性能和精度。

7. 报废

设备不能大修时或没有修理的价值时应报废。

三、施工机械管理责任制

在建筑施工企业和建筑施工项目中,对机械设备管理负有责任的人员是:企业的经理、企业分管机械设备的领导、项目经理、施工现场负责人、各级机械技术负责人和各级机械管理部门负责人等。各级机械管理的负责人应该由具备全面机械管理知识的技术人员担任。

1. 机械设备管理负责人的主要职责

机械设备管理负责人的主要职责有如下几点:

(1)对所属单位的机械管理工作进行组织、技术和业务的指导,领导并完成本部门职责范围内的各项工作;

(2)贯彻执行机械管理各项规章制度,根据本单位情况制定实施细则,检查各项规章制度的执行情况;

(3)负责组织所属单位管好、用好机械设备,监督机械设备的合理使用、安全生产,组织机械事故的分析和处理;

(4)负责推行"红旗设备"竞赛和同行业业务竞赛活动,组织检查评比,促进机械设备管理工作的全面提高;

(5)组织贯彻机械维修制度,审查维修计划,帮助维修单位提高技术水平;

(6)审查机械统计报表,组织统计分析,掌握机械设备全面情况,解决存在的问题;

(7)组织机械租赁和经济承包,推行单机经济核算,保证完成各项技术经济指标;

(8)负责会同有关部门做好机械管理的横向联系和协同配合工作;

(9)及时、定期向主管领导汇报机械管理和维修工作情况,提出改进工作的方案和建议;

(10)经常深入基层调查研究,组织互相学习和交流经验,不断提高机械管理水平。

2. 一般机械管理人员守则

对于一般机械管理人员,应在本单位主管领导、项目经理和部门负责人的领导下,根据分工,制定岗位责任制,并应遵守以下守则:

(1)模范地遵守并贯彻执行国家和上级有关机械管理的方针、政策和规章制度;

(2)努力学习机械管理专业知识,不断提高技术业务水平;

(3)认真执行岗位责任制,做好本职工作;

(4)面向基层,为施工生产服务,切实解决机械管理、使用、维修中的问题;

(5)加强调查研究,如实反映情况,敢于纠正违反机械管理规定等的错误。

3. 机械设备群众管理的主要形式

一切机械设备都要靠人去操作和维修,操作人员和维修人员对机械的情况最为熟悉,管好、用好机械设备的规定和措施也必须通过他们来具体体现。因此,必须发挥群众管理的作用,使各项机械管理工作有广泛的群众基础,才能使机械设备管好、用好,并使其完好状态得到充分保证。其主要形式有:

(1)建立定人、定机、定岗位责任的"三定"制度,把每台机械设备、每项机械管理工作具体落实到人;

(2)建立以工人为主的机械检查组,负责机械日常状况的检查,监督力保执行并负责修、保机械的验收工作,必要时可协同处理管理工作中的重大问题;

(3)在作业班组设立由经验丰富的工人担任兼职机械员,协同专职机械员做好机械管理工作;

(4)开展“红旗设备”竞赛和各种爱机活动,通过激励调动群众管理机械设备的积极性。

第二节　施工机械的选择

工程施工机械的种类、型号和规格非常多。对施工机械进行合理的选择和组合,使其发挥最大效能,是施工机械管理的重要内容。

一、施工机械选择的依据

1. 工程特点

根据工程的平面分布、占地面积、长度、宽度、高度和结构形式等来确定设备选型。

2. 工程量

充分考虑建设工程需要加工运输的工程量的大小,决定选用的设备型号。

3. 工期要求

根据工期的要求,计算日加工运输工作量,确定所需设备的技术参数与数量。

4. 施工项目的施工条件

主要是现场的道路条件、周边环境与建筑物条件、现场平面布置条件等。

二、施工机械选择的原则

1. 适应性

施工机械要适应建设项目的施工条件和作业内容。施工机械的工作容量、生产率等要与工程进度及工程量相符合,不可因施工机械的作业能力不足而延误工期,也要尽量避免因作业能力过大而使施工机械利用率降低。

2. 高效性

通过对机械各技术参数的分析研究,在与项目条件相适应的前提下,尽量选用生产效率高的机械设备。

3. **稳定性**

选用性能优越稳定、安全可靠和操作简单方便的机械设备。避免因设备经常不能正常运转影响施工的正常进行。

4. **经济性**

在选择工程施工机械时，必须权衡工程量与机械费用的关系。尽可能选用低能耗、易维修保养的机械设备。

5. **安全性**

选用的施工机械各种安全防护装置要齐全、灵敏可靠。此外，在保证施工人员、设备安全的同时，应注意保护自然环境及已有的建筑设施，不致因所采用的施工机械及其作业而受到破坏。

三、施工机械选择的方法

一般的施工机械设备选择方法有综合评分法、单位工程量成本比较法、界限时间比较法和折算费用法，下面一一介绍。

1. **综合评分法**

当有多台同类机械设备可供选择时，可以考虑机械的技术特点，通过对某种特性分级打分的方法比较其优劣。如表 1-1 中所列甲、乙两台机械，在用综合评分法评比后，选择最高得分者用于施工。

表 1-1 综合评分法

序号	特性	等级	标准分	甲	乙
1	工作效率	A/B/C	10/8/6		
2	工作质量	A/B/C	10/8/6		
3	使用费和维修费	A/B/C	10/8/6		
4	能源耗费量	A/B/C	10/8/6		
5	占用人员	A/B/C	10/8/6		
6	安全性	A/B/C	10/8/6		
7	完好性	A/B/C	10/8/6		
8	维修难易	A/B/C	8/6/4		
9	安、拆方便性	A/B/C	8/6/4		
10	对气候适应性	A/B/C	8/6/4		
11	对环境影响	A/B/C	6/4/2		

2. 单位工程量成本比较法

机械设备使用的成本费用可分为可变费用和固定费用，可变费用又称操作费，随着机械的工作时间变化，如操作人员工资、燃料动力费、小修理费、直接材料费等；固定费用是按一定的施工期限分摊的费用，如折旧费、大修理费、机械管理费、投资应付利息、固定资产占用费等。租入机械的固定费用是应按期交纳的租金。有多台机械可供选用时，优先选择单位工程量成本费用较低的机械。单位工程量成本的计算见下式

$$C=(R+PX)/QX \tag{1-1}$$

式中：C——单位工程量成本；

R——一定时间固定费用；

P——单位时间变动费用；

Q——单位作业时间产量；

X——实际作业时间(机械使用时间)。

3. 界限时间比较法

界限时间(X_0)是指两台机械设备的单位工程量成本相同时的时间，由式(1-1)可知单位工程量成本 C 是机械实际作业时间 X 的函数，当 A、B 两台机械的单位工程量成本相同，即 $C_A=C_B$时，则界限时间：

$$X_0=(R_bQ_a-R_aQ_b)/(P_aQ_b-P_bQ_a) \tag{1-2}$$

当 A、B 两台机械单位作业时间产量相同，即 $Q_a=Q_b$时，则：

$$X_0=(R_b-R_a)/(P_a-P_b) \tag{1-3}$$

由图 1-1(a)可以看出，当 $Q_a=Q_b$时，应按总费用多少选择机械。由于项目已定，两台机械需要的使用时间 X 是相同的，即：

$$需要使用时间(X)=应完成工程量/单位时间产量=X_a=X_b \tag{1-4}$$

当 $X<X_0$时，选择 B 机械；当 $X>X_0$时，选择 A 机械。

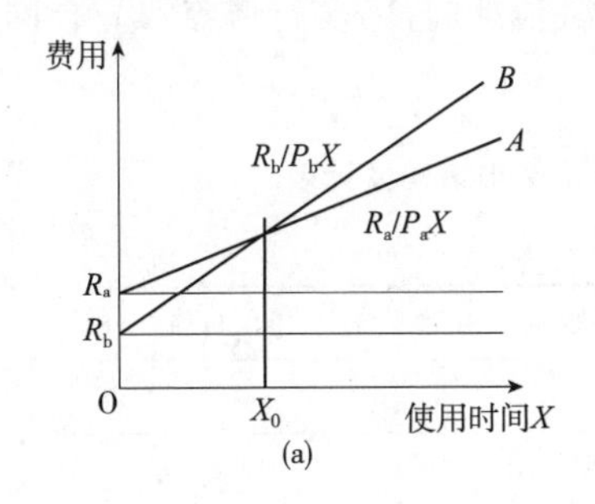

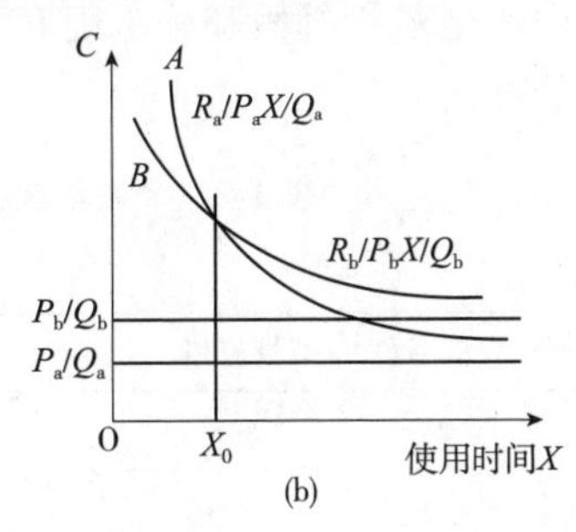

图 1-1　界限时间比较法

(a)当 $Q_a=Q_b$时的情况；(b)$Q_a\neq Q_b$时的情况

由图1-1(b)可以看出，当$Q_a \neq Q_b$时，两台机械的需要使用时间不同，$X_a \neq X_b$。在二者都能满足项目施工进度要求的条件下，需要使用时间X应根据单位工程量成本低者，选择机械。当$X < X_0$时选择B机械，$X > X_0$时选择A机械。

4. **折算费用法**

折算费用法也称为等值成本法。当施工项目的施工期限长，某机械需要长期使用，项目经理部决策购置机械时，可考虑机械的原值、年使用费、残值和复利利息，用折算费用法计算，在预计机械使用的期间，按月或年摊入成本的折算费用，选择较低者购买。计算公式是：

$$年折算费用=(原值-残值)\times资金回收系数+残值\times利率+年度机械使用费 \tag{1-5}$$

其中

$$资金回收系数=\frac{i\ (1+i)^n}{(1+i)^n-1} \tag{1-6}$$

式中：i——复利率；

n——计利期。

第三节　施工机械的购置、验收和初期管理

一、施工机械的购置

建筑施工企业需要购置部分大型建筑机械时，一般由施工企业每年向主管部门申报一次年度设备申请购置计划(表1-2)，由各级主管部门根据需要和可能进行审批。获得批准添置的机械设备，首先在本系统内部进行平衡或调剂，然后订货。而中小型建筑机械和施工配套机具(包括配件)实行产需双方合同供应或自由选购的办法。

表1-2　××年度机械设备申请购置计划

填表单位　　　　　　　　　　　　　　　　　　　　年　月　日

序号	机械设备名称	型号规格	单位	需要数量	生产厂家	出厂价格	用途	备注
1								
2								
3								

主管部门(或主管人)：　　　　　　机械管理部门：　　　　　　制表：

在选厂订货之前，通过产品展销会、产品广告、产品简介等了解并选择适用的机种型号。对新产品最好能见到机型样品的运转情况，对老产品应了解到其他用户的使用反映。选择性能和质量全优的产品作为订货的目标，然后通过洽谈再订货。订货时应注意厂家的价格、运费、交货期限、供应方式、售后服务等是否对本企业有利。在国家政策、法律、有关规定的范围内，协商互助，认真负责地签订合同，并信守合同。

合同的内容，应明确地规定供货的品种、规格、型号、质量、单位和数量；注明产品或设备的技术标准和包装标准；包装物是否回收；写清交货单位、交货方法、运输方法、到货地点、提货单位及提货人、交（提）货日期；价格、结算方式、结算银行、账号、结算单位以及其他需要注明的事项（包括违反合同的处理方法和赔款金额）等。

供货合同一经签订，即具有法律效力，单方擅自改变或不履行合同，均须负经济和法律责任。同时要加强合同的管理工作，定期检查执行情况，并及时处理出现的偏差。

由于国外机械设备的质量与价格均大大地高于国内产品，所以在引进国外的设备时，首先要认真地进行技术、经济效益分析，综合对比国内外同类产品的性能、价格、使用条件、总的技术经济性能指标等。确认于已方有利时，方可提出订货。订货时一般是由用户（需用单位）提出需要进口的设备名称、型号、规格和技术要求，经主管部门与外贸部门共同向外商洽谈，通过选型比价，满足技术要求后，办理签订合同等手续。

综上可以看出，企业在添置机械设备时，一般应按以下几项原则进行考虑。

1. 必要性与可靠性

根据施工需要和企业发展规划制定机械设备的添置计划，有目的地进行装备更新是非常必要的。但是，对于企业技术及管理水平难以消化的机械应慎重。需要自制设备时，应考虑机械加工能力、产品质量、技术性能及可靠性，防止粗制滥造，避免造成经济损失。

2. 经济效益

无论是新购（或自制），还是对现有机械进行技术改造，都要充分地进行分析比较及论证，以能取得良好的经济效益为原则。

3. 机械配套与合理化配备

为满足现场施工需要，机械设备在品种、型号和规格数量应有合理的比例，适应各种工程施工的要求。

4. 维护保养和配件来源

对于设备结构复杂，操作及维护保养技术要求高，而企业内部缺乏维护保养的技术能力，委托外单位保养机械费用较高，这类设备应慎重考虑。而对于配件来源困难的机械不宜添置。企业添置机械设备，应编制机械设备购置计划，并报送主管部门审批。

二、施工机械的验收管理

1. 合同洽谈

应聘请有关专家、建设或安装单位检验人员参加，同时邀请国家商品检验部门参与检验条款的研究和拟定。签订合同时，必须详细注明技术性能和规格，运货途中注意事项，交货港口码头，以及外商承担的责任等。对外贸易合同的签验条款，应符合国家的有关规定，并参照国际管理惯例，注明双方的权利及义务，明确检验项目及标准等有关依据。

2. 验收前

验收前要备齐各种验收凭证，包括订货合同(或协议书)、设备的发票、运货单、装箱单、发货明细表、设备说明书、质量证明书等信用文件和技术资料。对于复杂而重要的机械设备在验收时，应由企业负责人或委派专业技术部门负责人组织工程技术人员、富有经验的工人及机械管理人员参加的验收小组负责验收。一般中小型机械设备，可由企业机械管理部门组织工程技术人员和操作工人等参加的验收小组进行验收。

3. 进口设备验收

一定在收到国外发货通知单前，根据合同事先与有关的海关管理单位、卸货清点单位、卸货口岸进行联系，掌握入港时间，办理好卸货地点、清点、装车、保管、港内发货等项手续。当货物到达合同规定口岸时，接货单位应尽快接货，检验箱号、件数、包装等，协助海关进行口岸检查工作。用户应对进口设备进行现场检验。根据合同对设备的铭牌、型号、规格等进行详细核对，包括主机、辅机、附件、工具、备件、技术资料、设备外观检查等。点验时应进行详细登记，做到件件有记录，每班有交接。对关键性设备，在不影响性能和损害材质的情况下，还应进行理化性能检验。进口设备在安装前和安装过程中，应进行质量检验和试运转，投产后进行生产考核。应在外商的保证期内，做好一切应做的检验与调试工作。当合同中规定有非检项目时，如：厂方铅封的技术专利、拆检后不能恢复原有精度或易于导致损坏时，不得进行拆检。在设备保证期内，未征得厂商同意时，不得进行任何技术改造，避免外方借口推卸保证责任。

4. 国内产品验收

按国家标准、企业标准所规定的产品质量、检验方法、验收规则和有关标志、包装、运输、保管等技术要求来进行。

5. 验收工作程序

验收内容除机械设备技术状况的检验工作以外，还包括随机附件、备品、配件、专用工具和随机文件资料的清点工作。一般验收工作程序如下。

(1)货件核查

依据订货合同，核对发票、运货单、设备的规格、型号和价格等，是否与发运的机械设备相符。用户接货后要检查包装箱完整情况，件数有无差错，如发现问题应及时向承运单位或生产厂商提出质询或索赔。

(2)开箱检查

到货后，用户可根据装箱单、发货明细表、说明书、合格证等核实所订购的设备，在类型、规格、数量等方面是否与货运单相符，外观质量是否完好。如发现问题，要予以记载，并向生产厂商质询或索赔。

(3)技术检验

到货设备的技术检验有三种。

1)外部检验：主要检查机械的外部各个组成部分、部件、仪表以及整个外观有无损坏和短缺等。

2)空转检验：检验应按动力传递次序进行，注意不要发生遗漏。空转检验的目的是了解机械的整机和各部件机能与作用是否符合质量要求。

3)负荷检验：该检验仅在必要时进行，目的是更准确地测出机械的性能和指标，是否与使用说明书相符。

6. 机械设备验收合格后

验收小组须认真填写验收记录和验收单，作为建立设备技术档案、固定资产入账凭证和设备入库计账凭证。新增机械设备的验收单格式，见表1-3。在新增设备进行试运转时，还应填写新增机械设备试运转记录表，以便作为产品质量等级的依据。试运转记录表的格式见表1-4。

表1-3　新增机械设备验收单

批准文号：　　　　统一编号：　　　　验收日期：　　　　年　月　日

技术名称		单位		数量	
型号规格		单价		总值	
资金来源		生产厂			
技术状况					
随机附件					
验收结果					
技术负责人		验收部门		验收人员	

表 1-4　新增机械设备试运转记录表

填表单位：　　　　　　　　　　　　　　　　　　　　　　　　年　月　日

机械名称		统一编号		型号规格	
生产厂		动力、型号		功率	

顺序	试验名称	试验内容			说明	鉴定意见	
						参加单位	负责人

7. **机械设备的索赔**

当供求双方（或买卖双方），一方未履行合同，使另一方蒙受经济损失，为追究经济责任，受害的一方有权向对方索取赔偿损失费用，对方应该付出费用，这种追究行为称索赔。因此当一方发生违反合同约定时，首先本着协商解决的方法进行。当产生有争议问题而双方不愿协商、调解时，可以请求仲裁机构进行仲裁。涉及合同的具体问题时，双方又不愿协商、调解，可以进行司法程序解决，按照《合同法》执行。

三、施工机械的进场验收管理

施工项目总承包企业的项目经理部，对进入施工现场的所有机械设备安装、调试、验收、使用、管理、拆除退场等负有全面管理的责任。所以项目经理部对无论是企业自有、租用的设备，还是分包单位自有或租用的设备，都要进行监督检查。

1. **施工现场的机械设备验收管理要求**

（1）项目经理部应对进入施工现场的机械设备的安全装置和操作人员的资质进行审验，不合格的机械和人员不得进入施工现场。

（2）大型机械设备安装前，项目经理部应根据设备租赁方提供的参数进行安装设计架设，经验收合格后的机械设备，可由资质等级合格的设备安装单位组织安装。安装完成后，报请主管部门验收，验收合格后方可办理移交手续。

（3）对于塔式起重机、施工升降机的安装、拆卸，必须是具有资质证件的专业队承担，要按有针对性的安拆方案进行作业，安装完毕应按规定进行技术试验，验收合格后方可交付使用。

（4）中、小型机械由分包单位组织安装后，项目部机械管理部门组织验收，验收合格后方可使用。

（5）所有机械设备验收资料均由机械管理部门统一保存，并交安全部门一份备案。

2. **施工现场的机械设备验收组织管理**

（1）企业的设备验收

企业要建立健全设备购置验收制度，对于企业所新购置的设备，尤其大型施工机械设备和进口的机械设备，相关部门和人员要认真进行检查验收，及时安装、调试、移交使用，以便在索赔期内发现问题，及时办理索赔手续。同时要按照国家档案管理要求，及时建立设备技术档案。

(2)工程项目的设备验收

工程项目要严格设备进场验收工作，一般中小型机械设备由施工员(工长)会同专业技术管理人员和使用人员共同验收；大型设备、成套设备需在项目经理部自检自查基础上报请公司有关部门组织技术负责人及有关部门及人员验收；对于重点设备要组织第三方具有人证或相关验收资质单位进行验收，如：塔式起重机、电动吊篮、外用施工电梯、垂直卷扬提升架等。

3. 施工机械进场验收的主要内容

(1)安装位置是否符合施工平面布置图要求。

(2)安装地基是否坚固，机械是否稳固，工作棚搭设是否符合要求。

(3)传动部分是否灵活可靠，离合器是否灵活，制动器是否可靠，限位保险装置是否有效，机械的润滑情况是否良好。

(4)电气设备是否安全可靠，电阻摇测记录应符合要求，漏电保护器灵敏可靠，接地接零保护正确。

(5)安全防护装置完好，安全、防火距离符合要求。

(6)机械工作机构无损坏；运转正常，紧固件牢固。

(7)操作人员必须持证上岗。

4. 起重设备安装验收参考表格

起重设备是施工项目机械设备管理最为重要的部分。对于起重机械的验收可以参照附录 1 的表格内容进行，并做好验收记录。

四、施工机械使用初期管理

新机械经技术检验合格后投入生产的初期使用管理，一般为半年左右(内燃机要经过初期磨合的特殊过程)。

1. 初期管理的内容

(1)培养和提高操作工人对新机械的使用、维护能力。

(2)对新机械在使用初期运转状态变化进行观察，并作适当调整，降低机械载荷，平稳操作，加强维护保养，适当缩短润滑油的更换期。

(3)做好机械使用初期的原始记录，包括运转台时，作业条件，零部件磨损及故障记录等。

(4)机械初期使用结束时,机械管理部门应根据各项记录填写机械初期使用鉴定书。

(5)由于内燃机械结构复杂、转速高、受力大等特点,当新购或经过大修、重新安装的机械,在投入施工生产的初期,必须经过运行磨合,使各相配机件的摩擦表面逐渐达到良好的磨合,从而避免部分配合零件因过度摩擦而发热膨胀形成粘附性磨损,以致造成拉伤、烧毁等损坏性事故。因此,认真执行机械磨合期的有关规定,是机械初期管理的重要环节。

1)机械的磨合期应按原机技术文件规定的要求执行。如无规定,一般内燃机械为100h,汽油汽车为1000km,柴油汽车为1500km。

2)在磨合期内应采用符合规定的优质润滑油料,以免影响润滑作用;内燃机使用的燃料应符合机械性能要求,以免燃料在燃烧过程中产生突爆而损伤机件。

3)内燃机启动时,严禁猛加油门,应在500～600r/min的转速下,稳定运转数分钟,使内燃机内部运动机件得到良好的润滑,随着温度的上升而逐渐增加转速。在严寒季节,必须先对内燃机进行预热后方可启动。在内燃机运转达到额定温度后,应对汽缸盖螺丝按规定程序和扭矩,用扭力扳手逐个进行紧固,在磨合期内不得少于2次。

4)磨合期满后,应更换内燃机曲轴箱机油,并清洗润滑系统,更换滤清器滤芯。同时应检查各齿轮箱润滑油的清洁情况,必要时更换。同时进行调整、紧固等磨合期后的保养作业,并拆除内燃机的限速装置。

5)磨合期完成后取下标志,拆除限速装置,审查磨合期记录并签章,作为磨合期完成的原始凭证,并纳入机械技术档案。

2. 机械使用初期的信息反馈

对上述机械使用初期所收集的信息进行分析后作如下处理:

(1)属于机械设计、制造和产品质量上的问题,应向设计、制造单位进行信息反馈;

(2)属于安装、调试上的问题,向安装、试验单位进行信息反馈;

(3)属于需采取维修对策的,向机械维修部门反馈;

(4)属于机械规划、采购方面的问题,向规划、采购部门反馈。

第四节　施工机械的资产管理

一、固定资产

1. 固定资产的分类

(1)固定资产的划分原则

1)耐用年限在一年以上;非生产经营的设备、物品,耐用年限超过两年的。

2)单位价值在2000元以上。

不同时具备以上两个条件的为低值易耗品。

3)有些劳动资料,单位价值虽然低于规定标准,但为企业的主要劳动资料,也应列作固定资产。

4)凡是与机械设备配套成台的动力机械(发动机、电动机),应按主机成台管理;凡作为检修更换、更新、待配套需要而购置的,不论其功率大小、价值多少,均作为备品、备件处理。

(2)固定资产分类

1)按经济用途分类:

①生产用固定资产;②非生产用固定资产。

2)按使用情况分类:

①使用中的;②未使用的;③不需用的;④封存的;⑤租出的。

3)按资产所属关系分类:

①国有固定资产;②企业固定资产;③租入固定资产;④不同经济所有制的固定资产。

4)按资产的结构特征分类:

①房屋及建筑物;②施工机械;③运输设备;④生产设备;⑤仪器及试验设备;⑥其他固定资产。

其中施工机械、运输设备、生产设备三大类,作为施工企业的技术装备,统一计算技术装备率和装备产值率的基数,也是施工企业机械管理的主要对象。

2. 固定资产的计价

固定资产按货币单位进行计算,即固定资产计价。在固定资产核算中,分不同情况,有以下计价项目。

(1)原值

原值又称原始价值或原价,是企业在制造、购置某项固定资产时实际发生的全部费用支出,包括制造费、购置费、运杂费和安装费等。它反映固定资产的原始投资,是计算折旧的基础。

(2)净值

净值又称折余价值,它是固定资产原值减去其累计折旧的差额,反映继续使用中的固定资产尚未折旧部分的价值。通过净值与原值的对比,可以大概地了解企业固定资产的平均新旧程度。

(3)重置价值

重置价值又称重置完全价值,是按照当前生产条件和价格水平,重新购置固定资产时所需的全部支出。一般在企业获得馈赠或盘盈固定资产无法确定原值时，或经国家有关部门批准对固定资产进行重新估价时作为计价的标准。

(4)增值

增值是指在原有固定资产的基础上进行改建、扩建或技术改造后增加的固定资产价值。增值额为由于改建、扩建或技术改造而支付的费用减去过程中发生的变价收入。固定资产大修理不增加固定资产的价值，但在大修理的同时进行技术改造、属于用更新改造基金等专用基金以及用专用拨款和专用借款开支的部分，应当增加固定资产的价值。

(5)残值与净残值

残值是指固定资产报废时的残余价值，即报废资产拆除后余留的材料、零部件或残体的价值；净残值则为残值减去清理费后的余额。

3. 固定资产的折旧

固定资产折旧，是对固定资产磨损和损耗价值的补偿，是固定资产管理的重要内容。

(1)折旧年限

机械折旧年限就是机械投资的回收期限。回收期过长则投资回收慢，将会影响机械正常更新和改进的进程，不利于企业技术进步；回收期过短则会提高生产成本，降低利润，不利于市场竞争。

1985 年国务院发布《国营企业固定资产折旧实施条件》中规定，一般施工机械的折旧年限在 12～16 年之间。1993 年财政部、建设部制发的《施工、房地产开发企业财务制度》规定，在减少一次大修周期的基础上，将施工机械的折旧年限缩短到 8～12 年，以加快施工机械的更新。

(2)计算折旧的方法

根据国务院对大型建筑施工机械折旧的规定，应按每班折旧额和实际工作台班计算提取；专业运输车辆根据单位里程折旧额和实际行驶里程计算、提取；其余按平均年限计算、提取折旧。

1)平均年限法(直线折旧法)。这种方法是指在机械使用年限内，平均地分摊继续的折旧费用，计算公式为：

$$\text{年折旧额}=(\text{原值}-\text{残值})/\text{折旧年限}=\text{原值}(1-\text{残值率})/\text{折旧年限} \quad (1\text{-}5)$$

$$\text{月折旧额}=\text{年折旧额}/12 \quad (1\text{-}6)$$

其中，原值是指机械设备的原始价值，包括机械设备的购置费、安装费和运输费等；残值是指机械设备失去使用价值报废后的残余价值；残值率是指残值占原值的比率。根据建设部门的有关规定，大型机械残值率为 5%，运输机为 6%，其他机械为 4%。

在实际工作中，通常先确定折旧率，再根据折旧率计算折旧额，其公式为：

年折旧率＝（年折旧额/原值）×100％　　(1-7)

月折旧率＝［年折旧额/（12×原值）］×100％　　(1-8)

2）工作量法。对于某些价值高而又不经常使用的大型机械，采用工作时间（或工作台班）计算折旧；运输机械采用行驶里程计算折旧。

①按工作时间计算折旧：

每小时（每台班）折旧额＝（原值－残值）/折旧年限内总工作时间（总台班定额）　　(1-9)

②按行驶里程计算折旧：

每公里折旧额＝（原值－残值）/车辆总行驶里程定额　　(1-10)

3）快速折旧法。从技术性能分析，机械的性能在整个寿命周期内是变化的，投入使用起初，机械性能较好、产量高、消耗少，创造的利润也较多。随着使用的延续，机械效能降低，为企业提供的经济效益也就减少。因此，机械的折旧费可以逐年递减，以减少投产的风险，加快回收资金。快速折旧法就是按各年的折旧额先高后低，逐年递减的方法计提折旧。常用的有以下几种。

①年限总额法（年序数总额法）。这种方法的折旧率是以折旧年限序数的总和为分母，以各年的序数为分子组成为序列分数数列，此数列中最大者为第一年的折旧率，然后按顺序逐年减少，其计算见式(1-11)：

$$Z_{t}=\frac{n+1-t}{\sum_{t=1}^{n}t}(S_{0}-S_{t}) \tag{1-11}$$

式中：Z_t——第 t 年折旧额（第一年 t 为 1，最末年 t 为 n）；

n——预计固定资产使用年限；

S_0——固定资产原值；

S_t——固定资产预计残值。

②余额递减法。这种方法是指计提折旧额时以尚待折旧的机械净值作为该次机械折旧的基数，折旧率固定不变。因此机械折旧额是逐年递减的。

（3）大修基金

大修基金提取额和提取率的计算公式为：

年大修基金提取额＝（每次大修费用×使用年限内大修次数）/使用年限　　(1-12)

年大修基金提取率＝（年大修基金提取额/原值）×100％　　(1-13)

月大修基金提取率＝［（年大修基金提取额/12）/原值］×100％　　(1-14)

大修基金也可以分类综合提取，在提取折旧的同时提取大修基金，运输设备按综合折旧率 100％计算，其余设备按综合折旧率的 50％计算。

机械设备的大修必须预先编制计划，大修基金必须专款专用。

二、重点机械的管理要点

重点机械重点管理是现代科学管理方法之一。企业拥有大量机械设备，它们在生产中所起的作用及其重要性各不相同，管理时不能一律对待。对那些在施工生产中占重要地位和起重要作用的机械，应列为企业的重点机械，对其实行重点管理，以确保企业施工生产。

1. 重点机械的选定

重点机械的选定依据可参考表1-5，其选定方法通常有经验判定法和分项评分法两种。

表1-5　重点机械选定依据

影响关系	选定依据
生产方面	(1)关键施工工序中必不可少而又无替换的机械； (2)利用率高并对均衡生产影响大的机械； (3)出故障后影响生产面大的机械； (4)故障频繁，经常影响生产的机械
质量方面	(1)施工质量关键工序上无代用的机械； (2)发生故障即影响施工质量的机械
成本方面	(1)购置价格高的高性能、高效率机械； (2)耗能大的机械； (3)修理停机对产量、产值影响大的机械
安全方面	(1)出现故障或损坏时可能发生事故的机械； (2)对环境保护及作业有严重影响的机械
维修方面	(1)结构复杂、精密，损坏后不易修复的机械； (2)停修期长的机械； (3)配件供应困难的机械

2. 重点机械的管理

对重点机械的管理应实行五优先(日常维护和故障排除、维修、配件准备、更新改造、承包与核算)。具体要求如下：

(1)建立重点机械台账及技术档案，内容必须齐全，并有专人管理；

(2)重点机械上应有明显标志，可以编号前加符号A；

(3)重点设备的操作人员必须严格选拔，能正确操作和做好维护保养，人机要相对稳定；

(4)明确专职维修人员，逐台落实定期定点检(保养)内容；

(5)对重点机械优先采用监测诊断技术，组织好重点机械的故障分析和管理；

(6)重点机械的配件应优先储备；

(7)对重点机械的各项考核指标与奖惩金额应适当提高；

(8)对重点机械尽可能实行集中管理，采取租赁和单机核算，力求提高经济效益；

(9)重点机械的修理、改造、更新等计划，要优先安排，认真落实；

(10)加强对重点机械的操作和维修人员的技术培训。

A、B、C 三类机械的管理、维修对策见表 1-6。

表 1-6　A、B、C 三类机械的管理、维修对策

类别 项目	A类重点机械	B类主要机械	C类一般机械
机械购置	企业组织论证	机械部门组织论证	不论证，一般选用
机械验收	企业组织验收	机械部门组织验收	使用单位验收
机械登记卡片	集中管理	使用单位管理	可不要求
机械技术档案	内容齐全、重点管理	内容符合要求	不要求
三定责任制	严格定人定机、合格率 100%	定人定机，合格率 80%	一般不要求
操作证	经过本机技术培训，考核合格后颁发	经过工种培训，考核合格后颁发	一般不采用
操作规程	专用	通用	通用
保养规程	专用	通用	通用
故障分析	分析探索维修规律	一般分析	不分析
维修制度	重点预防维修	预防维修	可事后维修
维修计划	重点保证	尽可能安排	一般照顾
修理分类	分大修、项修及小修	分大修、项修及小修	不分类
改善性修理	重点实施	一般实施	不要求
维修记录	齐全	一般记录	不要求
维修力量配备	高级修理工、主要维修力量	一般维修力量	适当照顾
配件储备	重点储备零部件及总成，供应率 100%	储备常用零部件，供应率 80%	少量储备
各项技术经济指标	重点考核	一般考核	不考核
“红旗设备”	重点评比	一般评比	不评比
安全检查	每月一次	每季一次	每年一次

三、施工机械的基础资料

施工机械资产管理的基础资料包括：机械登记卡片、机械台账、机械清点表和机械档案等。

1. 机械登记卡片

机械登记卡片是反映机械主要情况的基础资料，其主要内容：正面是机械各项自然情况，如机械和动力的厂型、规格，主要技术性能，附属设备、替换设备等情况；反面是机械主要动态情况，如机械运转、修理、改装、机长变更、事故等记录。

机械登记卡片由产权单位机械管理部门建立，一机一卡，按机械分类顺序排列，由专人负责管理，及时填写和登记。本卡片应随机转移，报废时随报废申请表送审。

本卡的填写要求，除表格及时填写外，“运转工时”栏，每半年统计一次填入栏内，具体填写内容见表 1-7 及表 1-8。

表 1-7　机车车辆登记卡

填写日期　　年　月　日

名称		规格		管理编号	
厂牌		应用日期		重量/kg	
		出厂日期		长×宽×高/mm	
	厂牌	型式	功率	号码	出厂日期
底盘					
主机					
副机					
电机					
附属设备	名称	规格	号码	单位	数量
前轮	规格		气缸	数量	备胎
中轮					
后轮					
来源		移动调拨记录	日期	调入	调出
计入日期					
原值					
净值					
折旧年限					
更新时间	时间		更新改装内容		价值

表 1-8　运转统计

（每半年汇总填一次）

记载日期		运转工时	累计工时	记载日期	运转工时	累计工时
大修理记录	进厂日期	出厂日期	承修单位	进厂日期	出厂日期	承修单位
事故记录	时间	地点	损失和处理情况			肇事人

2. 机械台账

机械台账是掌握企业机械资产状况，反映企业各类机械的拥有量、机械分布及其变动情况的主要依据，它以《机械分类及编号目录》为依据，按类组代号分页，按机械编号顺序排列，其内容主要是机械的静态情况，由企业机械管理部门建立和管理，作为掌握机械基本情况的基础资料。其应填写的表格见表 1-9～表 1-11。

表 1-9　机械设备台账

类别：

序号	管理编号	名称	型号规格	制造厂	出厂日期	出厂号码	底盘号码	来源	调入日期	原值/元	净值/元	动力部分					调出		备注
												名称	制造	型号	功率/kW	号码	日期	接收单位	

表 1-10　机械车辆使用情况月报表

共　页　第　页

序号	分类	管理编号	机械名称	技术规格	制度台日	质量情况		运转情况		利用率	行驶里程		完成情况		燃油消耗		备注
						完好台日	完好率/(%)	实作台日	实作台时		重驶里程	空驶里程	定额产量	实作台班	汽油	柴油	

表 1-11　机械车辆单机完好、利用率统计台账

机械名称：

管理编号：

年	月	制度台日	完好台日	完好率/(%)	实作台日	利用率/(%)	加班台日数	实作台时		台班或行驶里程		油料消耗/kg		维修情况		
								本月	累计	本月	累计	本月	累计	大修	中修	小修

(1)机械原始记录的种类

机械原始记录包括以下两种：

1)机械使用记录，是施工机械运转的记录，由驾驶操作人员填写，月末上报机械部门；

2)汽车使用记录，是运输车辆的原始记录，由操作人员填写，月末上报机械部门。

机械原始记录的填写应符合下列要求：

1)机械原始记录，均按规定的表格，不得各搞一套，这样既便于机械统计的需要，又避免造成混乱；

2)机械原始记录要求驾驶操作人员按实际工作小时填写准确、及时、完整，不得有虚假，机械运转工时按实际运转工时填写；

3)机械驾驶人员的原始记录填写应与奖励制度结合起来，作为评优条件之一。

(2)机械统计报表的种类

1)机械使用情况月报,本表为反映机械使用情况的报表,由机械部门根据机械使用原始记录按月汇总统计上报。

2)施工单位机械设备,实有及利用情况(季、年)报表。

3)机械技术装备情况(年报),是反映各单位机械化装备程度的综合考核指标。

4)机械保修情况(月、季、年)报表,本表为反映机械保修性能情况的报表,由机械部门每月汇总上报。

(3)几项统计指标的计算公式和解释

1)机械完好率。指本期制度台日数内处于完好状态下的机械台日数,不管该机械是否参加了施工,都应计算完好台日数,包括修理不满一天的机械,不包括在修、待修、送修在途的机械。

$$\text{机械完好率}=\frac{\text{机械完好台日数}+\text{例节假日加班台日数}}{\text{报告期制度台日数}+\text{例节假日加班台日数}}\times 100\% \quad (1\text{-}15)$$

制度台日是指日历台日数扣除例节假日数。

2)机械利用率。指在期内机械实际出勤进行施工的台日数,不论该机械在一日内参加生产时间的长短,都作为一个实作台日,节假日加班工作时,则在计算利用率分子和分母都加例节假日加班台日数。

3)技术装备:

$$\text{技术装备率(元/人)}=\frac{\text{报告期内自有机械净值(元)}}{\text{报告期内职工人数(人)}} \quad (1\text{-}16)$$

$$\text{动力装备率(千瓦/人)}=\frac{\text{报告期内所有机械动力总功率(千瓦)}}{\text{报告期内职工人数(人)}} \quad (1\text{-}17)$$

(4)对统计报表的基本要求

1)统计报表要求做到准确、及时和完整,不得马虎草率,数字经得起检查分析,不能有水分。

2)规定的报表式样、统计范围、统计目录、计算方法和报送期限等都必须认真执行,不能自行修改或删减。

3)要逐步建立统计分析制度,通过统计分析的资料,可以进一步指导生产,为生产服务。

4)进一步提高计算机网络技术设备管理中的应用。

3. 机械资产清点表

按照国家对企业固定资产进行清查盘点的规定,企业于每年终了时,由企业财务部门会同机械管理部门和使用保管单位组成机械清查小组,对机械固定资产进行一次现场清点。清点中要查对实物,核实分布情况及价值,做到台账、卡片、实物三相符。

清点工作必须做到及时、深入、全面、彻底，在清查中发现的问题要认真解决。如发现盘盈、盘亏，应查明原因，按有关规定进行财务处理。清点后要填写机械资产清点表，留存并上报。

为了监督机械的合理使用，清点中对下列情况应予处理。

(1)如发现保管不善、使用不当、维修不良的机械，应向有关单位提出意见，帮助并督促其改进。

(2)对于实际磨损程度与账面净值相差悬殊的机械，应查明造成原因，如由于少提折旧而造成者，应督促其补提；如由于使用维护不当，造成早期磨损者，应查明原因，作出处理。

(3)清查中发现长期闲置不用的机械，应先在企业内部调剂；属于不需用的机械，应积极组织向外处理，在调出前要妥善保管。

(4)针对清查中发现的问题，要及时修改补充有关管理制度，防止前清后乱。

4. 机械技术档案

(1)机械技术档案是指机械自购入(或自制)开始直到报废为止整个过程中的历史技术资料，能系统地反映机械物质形态运动的变化情况，是机械管理不可缺少的基础工作和科学依据，应由专人负责管理。

(2)机械技术档案由企业机械管理部门建立和管理，其主要内容有以下几方面：

1)机械随机技术文件，包括使用保养维修说明书、出厂合格证、零件装配图册、随机附属装置资料、工具和备品明细表，配件目录等；

2)新增(自制)或调入的批准文件；

3)安装验收和技术试验记录；

4)改装、改造的批准文件和图纸资料；

5)送修前的检测鉴定、大修进厂的技术鉴定、出厂检验记录及修理内容等有关技术资料；

6)事故报告单、事故分析及处理等有关记录；

7)机械报废技术鉴定记录；

8)机械交接清单；

9)其他属于本机的有关技术资料。

(3)A、B类机械设备使用同时必须建立设备使用登记书，主要记录设备使用状况和交接班情况，由机长负责运转的情况登记。应建立设备使用登记书的设备有：塔式起重机、外用施工电梯、混凝土搅拌站(楼)、混凝土输送泵等。

(4)公司机械管理部门负责A、B类机械设备的申请、验收、使用、维修、租赁、安全、报废等管理工作。做好统一编号、统一标示。

(5)机械设备的台账和卡片是反映机械设备分布情况的原始记录,应建立专门账、卡档案,达到账、卡、物三项符合。

(6)各部门应指定专门人员负责对所使用的机械设备的技术档案管理,作好编目归档工作,办理相关技术档案的整理、复制、翻阅和借阅工作,并及时为生产提供设备的技术性能依据。

(7)已批准报废的机械设备,其技术档案和使用登记书等均应保管,定期编制销毁。

(8)机械履历书是一种单机档案形式,由机械使用单位建立和管理,作为掌握机械使用情况,进行科学管理的依据。其主要内容有:

1)试运转及磨合期记录;

2)运转台时、产量和消耗记录;

3)保养、修理记录;

4)主要机件及轮胎更换记录;

5)机长更换交接记录;

6)检查、评比及奖惩记录;

7)事故记录。

四、施工机械的库管与报废

1. 施工机械的库存管理

(1)机械保管

1)机械仓库要建立在交通方便、地势较高、易于排水的地方,仓库地面要坚实平坦;要有完善的防火安全措施和通风条件,并配备必要的起重设备。根据机械类型及存放保管的不同要求,建立露天仓库、棚式仓库及室内仓库等,各类仓库不宜距离过远,以便于管理。

2)机械存放时,要根据其构造、重量、体积、包装等情况,选择相应的仓库,对不宜日晒雨淋,而受风沙与温度变化影响较小的机械,如汽车、内燃机、空压机等和一些装箱的机电设备,可存放在棚式仓库。对受日晒雨淋和灰沙侵入易受损害、体积较小、搬运较方便的设备,如加工机床、小型机械、电气设备、工具、仪表以及机械的备品配件和橡胶制品、皮革制品等应储存在室内仓库。

(2)出入库管理

1)机械入库要凭机械管理部门的机械入库单,并核对机械型号、规格、名称等是否相符,认真清点随机附件、备品配件、工具及技术资料,经点收无误签认后将其中一联通知单退机械管理部门以示接收入库,并及时登记建立库存卡片。

2)机械出库必须凭机械管理部门的机械出库单办理出库手续。原随机附件、工具、备品配件及技术资料等要随机交给领用单位，并办理签证。

3)仓库管理人员对库存机械应定期清点，年终盘点，对账核物，做到账物相符，并将盘点结果造表报送机械管理部门。

(3)库存机械保养

1)清除机体上的尘土和水分。

2)检查零件有无锈蚀现象，封存油是否变质，干燥剂是否失效，必要时进行更换。

3)检查并排除漏水、漏油现象。

4)有条件时使机械原地运转几分钟，并使工作装置动作，以清除相对运动零件配合表面的锈蚀，改善润滑状况和改变受压位置。

5)电动机械根据情况进行通电检查。

6)选择干燥天气进行保养，并打开库房门窗和机械的门窗进行通气。

(4)施工机械封存

为了加强施工机械的维护管理，消除存放施工机械无人管理的现象，防止或减轻自然条件对机械的侵蚀损坏，保证封存机械处于完全良好的状态，特作如下规定。

1)封存时间的规定。凡计划连续在三个月以上不用的完好的机械，都要进行封存、集中统一管理。

2)封存机械的停放地点，原则上选择地势平整、地质坚硬、排水性能良好和便于管理的地点。大型设备露天存放时，应做到上盖下垫。中小型机械放入停机棚或库房。

3)机械技术状况必须完好，随时发动随时可以工作，并在封存前进行一次彻底的保养检查，损坏、待修的机械不能与完好的机械混在一起封存。

4)机械封存的技术需求：

①清除机械外部污垢并补漆；

②各润滑部位加足润滑油；

③向发动机汽缸内加注机油，然后转动曲轴数圈，使机油均匀地涂在缸壁和活塞上；

④放净机械内存水；

⑤放净油箱内全部燃油；

⑥所有未刷漆表面涂上黄油，再用不透水的纸贴盖；

⑦轮胎式机械应将整机架高，使轮胎脱离地面，消除机械对轮胎及弹簧钢板的压力，并降低轮胎气压的20%～30%；

⑧封闭驾驶室或操作室；

⑨露天存放的机械用帆布盖好，尽量做到不受阳光的直接照射。

5)封存期间的保养。

①每旬一次的检查内容：

a. 检查设备的外部有无异常；

b. 检查精密工作面和活动关节的防护情况；

c. 检查其盖物品有无潮湿、霉烂和破损，必要时晾晒和缝补。

②每日一次保养内容：

a. 检查全部密封点，必要时补封；

b. 对有内燃机的设备进行发动、运转 5～10 分钟，按封存机械的技术要求重新密封发动机。

机械车辆封存时，应按当地的规定暂时交牌照。封存机械设备明细表见表 1-12。

表 1-12　封存机械设备明细表

填报单位：　　　　　　　　　　　　　　　　　　　　年　月　日

序号	机械编号	机械名称	规格型号	技术状况	封存时间	封存地点	备注

单位主管　　　　　　　　　　机械部门　　　　　　　　　　制表

2. 施工机械更新、改造、报废制度

(1)机械的更新与改造

施工机械进行部分总成拆换、改装等技术改造时，必须根据技术可靠、经济合理的原则，先做可行性研究，然后提出改造方案，由主管领导批准，有计划、有领导地进行，不得乱拆、乱放。

(2)闲置机械的处理

企业必须做好闲置设备的处理工作。主要要求如下：

1)企业闲置机械是指除了在用、备用、维修、改装等必需的机械外，其他连续停用 1 年以上不用或新购验收后 2 年以上不能投产的机械；

2)企业对闲置机械必须妥善保管，防止丢失和损坏；

3)企业处理闲置机械时，应建立审批程序和监督管理制度，并报上级机械管理部门备案；

4)企业处理闲置机械的收益，应当用于机械更新和机械改造，专款专用，不准挪用；

5)严禁把国家明文规定的淘汰、不许扩散和转让的机械，作为闲置机械进行处理。

(3)机械报废条件

机械设备凡具下列条件之一者，则可申请报废：

1)机型老旧、性能低劣或属于淘汰机型，主要配件供应困难。

2)长期使用后，已达到或超过使用年限，各总成的基础件损坏严重者，危及安全的。

3)长期使用后，虽未达到报废年限，但损坏严重，修理费用过高者。

4)燃料消耗超过规定的20%以上者。

5)因意外事故使主要总成及零部件损坏，已无修复可能或修理费过高者。

6)经大修后虽能恢复技术性能，但不如更新经济的。

7)自制的非标准设备，经生产验证不能使用且无法改造的。

8)国家或部门规定淘汰的设备。

(4)机械报废手续

1)凡属固定资产的机械设备报废时，都要经过“三结合”小组进行技术鉴定，符合报废条件者方可报废。

2)凡经“三结合”小组鉴定要报废的机械设备，需填写“机械报废申请单”一式四份(表1-13)，加盖本单位公章，并附有主要技术参数的说明，报总公司审批。

表1-13　机械设备报废申请单

填报单位：　　　　　　　　　　　　　　　　　　　　　　年　月　日

管理编号		机械名称		规格	
厂牌		发动机号		底盘号	
出厂年月		规定使用年限		已使用年限	
机械原值		已提折旧		机械残值	
报废净值		停放地点		报废审批权限	
设备现状及报废原因					
三结合小组及领导鉴定意见					审批签章
总公司审批意见					审批签章
部审批意见					审批签章
备注					

3)申请报废的机械设备,待上报的“机械设备申请单”批复后方可消除固定资产台账。

(5)机械报废设备的管理

1)已经总公司批准报废的工程机械,可根据工程的需要对机械状况的好坏,在保证安全生产的前提下留用,还可以进行整机处理,收回残值上交财务。

2)已经总公司批准报废的车辆,原则上将车上交到指定回收公司进行回收,注销牌照,暂时留用的车辆,必须根据车管部门的规定按期年审。

3)报废留用的车辆、机械都应建立相应的台账,做到账物相符。

第五节　施工机械的经济管理

一、机械寿命周期费用

机械寿命周期费用就是机械一生的总费用。它包括与该机械有关的研究开发、设计制造、安装调试、使用维修,一直到报废为止所发生的一切费用总和。研究寿命周期费用的目的,是全面追求该费用最经济、综合效率最高,而不是只考虑机械在某一阶段的经济性。

1. 机械寿命周期费用的组成

机械寿命周期费用由其设置费(或称原始费)和维持费(或称使用费)两大部分组成。

对寿命周期费用进行计算时,首先要明确所包括的具体费用项目。一些发达国家的企业规定的寿命周期费用构成见表 1-14。

表 1-14　机械寿命周期费用构成

<table>
<tr><th colspan="3">费用项目</th><th>直接费</th><th>间接费</th></tr>
<tr><td rowspan="4">机械寿命周期费用</td><td rowspan="4">设置费用</td><td>研究开发费</td><td>开发规划费、市场调研费、试验费、试制费、实验设备费等</td><td rowspan="4">技术资料费、上机机时费、管理费、图书费、与合同有关的费用</td></tr>
<tr><td>设计费</td><td>专利使用费、设计费</td></tr>
<tr><td>制造安装费</td><td>制造费、包装费、运输费、库存费、安装费、操作指导及印刷费、操作人员培训费、培训设施费、备件费、图样资料</td></tr>
<tr><td>试运行费</td><td>调整及试运行费</td></tr>
</table>

（续）

<table>
<tr><th colspan="3">费用项目</th><th>直接费</th><th>间接费</th></tr>
<tr><td rowspan="4">机械寿命周期费用</td><td rowspan="4">使用费用</td><td>运行费</td><td>操作人员费、辅助人员费、动力费（电、气、燃料、润滑油、蒸汽）、材料费、水费、操作人员培训费等</td><td rowspan="4">办公费、调研费、搬运费、图书费</td></tr>
<tr><td>维修费</td><td>维修材料费、备件费、维修人员工资、维修人员培训费、维修器材及设施费、设备改造费</td></tr>
<tr><td>后勤费</td><td>库房保管费（库存器材、备用设备、维修用材料）、租赁费、固定资产税及其他后勤保障费用</td></tr>
<tr><td>报废处理费</td><td>出售残值减去拆除处理费</td></tr>
</table>

2. 机械寿命周期费用的变化

在机械的整个寿命周期费用内，从各个阶段费用发生的情况来分析，在一般情况下，机械从规划到设计、制造，其所支出的费用是递增的，到安装调试时下降，其后运转阶段的费用支出则保持一定的水平。但是到运转阶段的后期，机械逐渐劣化，修理费用增加，维持费上升；上升到一定程度，机械寿命终止，机械就需要改进和更新，机械的寿命周期也到此结束。

二、施工机械的效率

施工机械的寿命周期费用最经济只是评价机械经济性的一个方面，还要评价机械的效率。同样的机械如果寿命周期费用相同，就要选择效率高而又全面的机械。评价机械的效率有综合效率、系统效率和费用效率。

1. 机械的综合效率

在日本全员设备管理理论中，把机械效率用综合效率来衡量，其计算公式是：

$$\text{机械综合效率} = \frac{\text{机械整个寿命期内的输出}}{\text{对机械的输入}} \tag{1-18}$$

机械寿命周期费用即对机械的输入，是这个公式的分母，而公式的分子即机械整个寿命期内的输出，是指机械在六个方面的任务和目标，简化为六个英文字头：

P(Product)——产量：要完成产品产量任务，即机械的生产率要高。

Q(Quality)——质量：能保证生产高质量的产品，即保证产品质量。

C(Cost)——成本：生产的产品成本要低，即机械的能耗低，维修费小。

D(Delivery)——交货期：机械故障少，能如期完成任务。

S(Safety)——安全：机械的安全性能好，保证安全，文明生产，对环境污染小。

M(Morale)——劳动情绪：人、机匹配关系比较好，使操作人员保持旺盛干劲和劳动情绪。

机械综合效率还同时指机械运行现场的综合效率，其计算公式如下：

$$机械综合效率=时间开动率\times性能开动率\times成品率 \tag{1-19}$$

式中的时间开动率、性能开动率、成品率与机械时间利用及各种损失的关系，如图 1-2 所示。

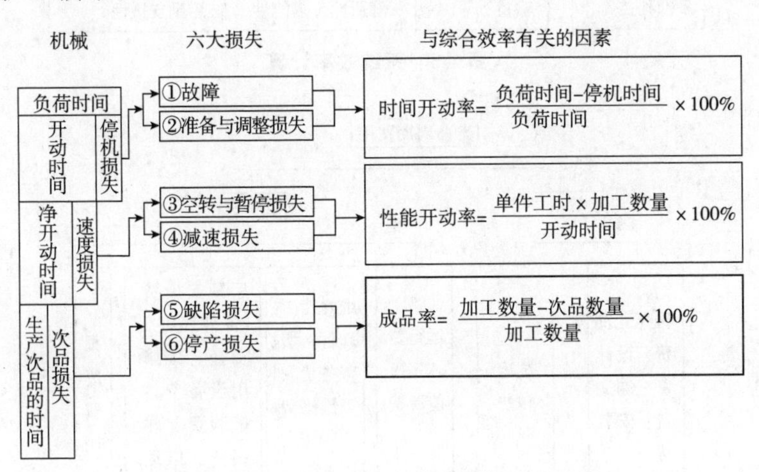

图 1-2　机械综合效率与各种因素的关系图

2. 机械的系统效率

机械的系统效率是综合概念的扩大与延伸，它是指投入寿命周期费用所取得的效果。如果以寿命周期费用为输入，则系统效率为输出。系统效率通常用经济效益、价值效果来表示。

3. 机械的费用效率

机械寿命周期费用是机械一生的总费用，包含多项费用，是综合性的费用指标。机械的效率，不论是综合效率或系统效率，同样包含很多因素。费用效率就是把上述两个综合指标进一步加以权衡分析。

费用效率有两种计算公式：

$$费用效率=\frac{综合效率}{寿命周期费用} \tag{1-20}$$

或

$$费用效率=\frac{系统效率}{寿命周期费用} \tag{1-21}$$

式中综合效率可根据图 1-2 计算，系统效率计算见图 1-3，寿命周期费用计算如图 1-4 所示。

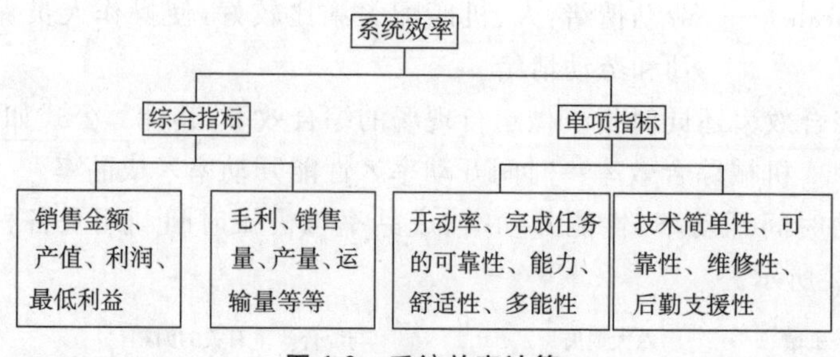

图 1-3　系统效率计算

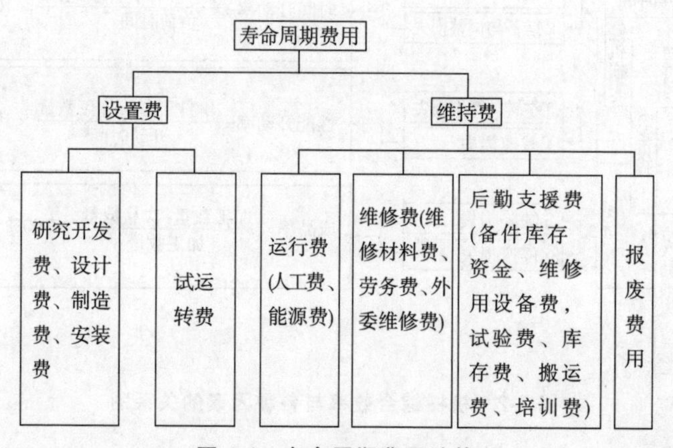

图 1-4　寿命周期费用计算

三、施工机械的定额管理

技术经济定额是企业在一定生产技术条件下，对人力、物力、财力的消耗规定的数量标准，是企业进行科学管理与经济核算的基础，也是衡量机械管理水平的主要依据。

1. 机械主要定额

(1)产量定额。产量定额按计算时间区分为台班产量定额、年台班定额和年产量定额；台班产量定额指机械按规格型号，根据生产对象和生产条件的不同，在一个台班中所应完成的产量数额；年台班定额是机械在一年中应该完成的工作台班数，它根据机械使用条件和生产班次的不同而分别制定；年产量定额是各种机械在一年中应完成的产量数额，其数量为台班产量定额与年台班定额之积。

(2)油料消耗定额。是指内燃机械在单位运行时间(或 km)中消耗的燃料和润滑油的限额。一般按机型、道路条件、气候条件和工作对象等确定。润滑油消耗定额按燃油消耗定额的比例制定，一般按燃油消耗定额的 2%～3%计算。油料消耗定额还应包括保养修理用油定额，应根据机型和保养级别而定。

(3)轮胎消耗定额。是指新轮胎使用到翻新或翻新轮胎使用到报废所应达到的使用期限数额(以 km 计)。按轮胎的厂牌、规格、型号等分别制定。

(4)随机工具、附具消耗定额。是指为做好主要机械设备的经常性维修、保养所必须配备的随机工具、附具的限额。

(5)替换设备消耗定额。是指机械的替换设备,如蓄电池、钢丝绳、胶管等的使用消耗限额。一般换算成耐用班台数额或每台班的摊销金额。

(6)大修理间隔期定额。是新机到大修,或本次大修到下一次大修应达到的使用间隔期限额(以台班数计)。它是评价机械使用和保养、修理质量的综合指标,应分机型制定,对于新机械和老机械采取相应的增减系数。新机械第一次大修间隔期应按一般定额时间增加 10%～20%。

(7)保养、修理工时定额。指完成各类保养和修理作业的工时限额,是衡量维修单位(班组)和维修上的实际工效,作为超产计奖的依据,并可供确定定员时参考,分别按机械保养和修理类别制定。为计算方便,常以大修理工时定额为基础,乘以各类保养、修理的换算系数,即为各类保养、修理的工时定额。

(8)保养、修理费用定额。包括保养和修理过程中所消耗的全部费用的限额,是综合考核机械保养、修理费用的指标。保养、修理费用定额应按机械类型、新旧程度、工作条件等因素分别制定。并可相应制定大修配件、辅助材料等包干费用和大修喷漆费用等单项定额。

(9)保养、修理停修期定额。是指机械进行保养、修理时允许占用的时间,是保证机械完好率的定额。

(10)机械操作、维修人员配备定额。指每台机械设备的操作、维修人员限定的名额。

(11)机械设备台班费用定额。是指使用一个台班的某台机械设备所耗用费用的限额。它是将机械设备的价值和使用、维修过程中所发生的各项费用科学地转移到生产成本中的一种表现形式,是机械使用的计费依据,也是施工企业实行经济核算、单机或班组核算的依据。

上述机械设备技术经济定额由行业主管部门制定。企业在执行上级定额的基础上,可以制定一些分项定额。

2. 施工机械台班定额

施工机械使用费是根据施工中耗用的机械台班数量和机械台班单价确定的。施工机械台班耗用量按预算定额规定计算;施工机械台班单价是指一台施工机械,在正常运转条件下一个工作班中所发生的全部费用,每台班按八小时工作制计算。正确制定施工机械台班单价是合理控制工程造价的重要方面。

施工机械台班单价由七项费用组成,包括折旧费、大修理费、经常修理费、安拆费及场外运费、人工费、燃料动力费、养路费及车船使用税等。

(1)折旧费。是指施工机械在规定使用期限内，陆续收回其原值及购置资金的时间价值。计算公式如下：

$$台班折旧费=\frac{机械预算价格\times(1-残值率)\times时间价值系统}{耐用总台班} \tag{1-22}$$

1)机械预算价格

①国产机械的预算价格。国产机械预算价格按照机械原值、供销部门手续费和一次运杂费以及车辆购置税之和计算。

a. 机械原值。国产机械原值应按下列途径询价、采集：编制期施工企业已购进施工机械的成交价格；编制期国内施工机械展销会发布的参考价格；编制期施工机械生产厂、经销商的销售价格。

b. 供销部门手续费和一次运杂费可按机械原值的5%计算。

c. 车辆购置税应按下列公式计算：

$$车辆购置税=计税价格\times车辆购置税率 \tag{1-23}$$

其中，计税价格=机械原值+供销部分手续费和一次运杂费-增值税。

车辆购置税应执行编制期间国家有关规定。

②进口机械的预算价格。按照机械原值、关税、增值税、消费税、外贸手续费和国内运杂费、财务费、车辆购置税之和计算。

a. 进口机械的机械原值按其到岸价格取定。

b. 关税、增值税、消费税及财务费应执行编制期国家有关规定，并参照实际发生的费用计算。

c. 外贸部门手续费和国内一次运杂费应按到岸价格的6.5%计算。

d. 车辆购置税的计税价格是到岸价格、关税和消费税之和。

2)残值率。是指机械报废时回收的残值占机械原值的百分比。残值率按目前有关规定执行：运输机械2%，掘进机械5%，特大型机械3%，中小型机械4%。

3)时间价值系数。指购置施工机械的资金在施工生产过程中随着时间的推移而产生的单位增值。其公式如下：

$$时间价值系数=1+\frac{(折旧年限+1)}{2}\times年折现率 \tag{1-24}$$

其中，年折现率应按编制期银行年贷款利率确定。

4)耐用总台班。指施工机械从开始投入使用至报废前使用的总台班数，应按施工机械的技术指标及寿命期等相关参数确定。

机械耐用总台班的计算公式为：

$$耐用总台班=折旧年限\times年工作台班=大修间隔台班\times大修周期 \tag{1-25}$$

年工作台班是根据有关部门对各类主要机械最近三年的统计资料分析确定。

大修间隔台班是指机械自投入使用起至第一次大修止或自上一次大修后投入使用起至下一次大修止，应达到的使用台班数。

大修周期是指机械正常的施工作业条件下，将其寿命期（即耐用总台班）按规定的大修理次数划分为若干个周期。其计算公式为：

$$\text{大修周期}=\text{寿命期大修理次数}+1 \tag{1-26}$$

（2）大修理费。是指机械设备按规定的大修间隔台班进行必要的大修理，以恢复机械正常功能所需的费用。台班大修理费是机械使用期限内全部大修理费之和在台班费用中的分摊额，它取决于一次大修理费用、大修理次数和耐用总台班的数量。其计算公式为：

$$\text{台班大修理费}=\frac{\text{一次大修理费}\times\text{寿命期内大修理次数}}{\text{耐用总台班}} \tag{1-27}$$

1）一次大修理费指施工机械一次大修理发生的工时费、配件费、辅料费、油燃料费及送修运杂费。

一次大修费应以《全国统一施工机械保养修理技术经济定额》为基础，结合编制期市场价格综合确定。

2）寿命期大修理次数指施工机械在其寿命期（耐用总台班）内规定的大修理次数，应参照《全国统一施工机械保养修理技术经济定额》确定。

（3）经常修理费。指施工机械除大修理以外的各级保养和临时故障排除所需的费用，包括为保障机械正常运转所需替换与随机配备工具附具的摊销和维护费用，机械运转及日常保养所需润滑与擦拭的材料费用及机械停滞期间的维护和保养费用等，分摊到台班费中，即为台班经修费。其计算公式为：

$$\text{台班经修费}=\frac{\sum(\text{各级保养一次费用}\times\text{寿命期各级保养总次数})+\text{临时故障排除费}}{\text{耐用总台班}} \tag{1-28}$$

当台班经常修理费计算公式中各项数值难以确定时，也可按下列公式计算：

$$\text{台班经修费}=\text{台班大修费}\times K \tag{1-29}$$

式中 K 为台班经常修理费系数。

1）各级保养一次费用。分别指机械在各个使用周期内为保证机械处于完好状况，必须按规定的各级保养间隔周期，保养范围和内容进行的一、二、三级保养或定期保养所消耗的工时、配件、辅料、油燃料等费用。应以《全国统一施工机械保养修理技术经济定额》为基础，结合编制期市场价格综合确定。

2）寿命期各级保养总次数。分别指一、二、三级保养或定期保养在寿命期内各个使用周期中保养次数之和，应按照《全国统一施工机械保养修理技术经济定额》确定。

3）临时故障排除费。指机械除规定的大修理及各级保养以外，临时故障所需费用以及机械在工作日以外的保养维护所需润滑擦拭材料费，可按各级保养(不包括例保辅料费)费用之和的3%计算。

4)替换设备及工具附具台班摊销费。指轮胎、电缆、蓄电池、运输皮带、钢丝绳、胶皮管、履带板等消耗性设备和按规定随机配备的全套工具附具的台班摊销费用。

5)例保辅料费。即机械日常保养所需润滑擦拭材料的费用。替换设备及工具附具台班摊销费、例保辅料费的计算应以《全国统一施工机械保养修理技术经济定额》为基础，结合编制期市场价格综合确定。

(4)安拆费及场外运费。指施工机械在现场进行安装与拆卸所需的人工、材料、机械和试运转费用以及机械辅助设施的折旧、搭设、拆除等费用；场外运费指施工机械整体或分体自停放地点运至施工现场或由一施工地点运至另一施工地点的运输、装卸、辅助材料及架线等费用。

安拆费及场外运费根据施工机械不同分为计入台班单价、单独计算和不计算三种类型。

1)工地间移动较为频繁的小型机械及部分中型机械，其安拆费及场外运费应计入台班单价。台班安拆费及场外运费应按下列公式计算：

$$台班安拆费及场外运费=\frac{一次安拆费及场外运费\times 年平均安拆次数}{年工作台班} \quad (1\text{-}30)$$

①一次安拆费应包括施工现场机械安装和拆卸一次所需的人工费、材料费、机械费及试运转费。

②一次场外运费应包括运输、装卸、辅助材料和架线等费用。

③年平均安拆次数应以《全国统一施工机械保养修理技术经济定额》为基础，由各地区(部门)结合具体情况确定。

④运输距离均应按25km计算。

2)移动有一定难度的特、大型(包括少数中型)机械，其安拆费及场外运费应单独计算。

单独计算的安拆费及场外运费除应计算安拆费、场外运费外，还应计算辅助设施(包括基础、底座、固定锚桩、行走轨道枕木等)的折旧、搭设和拆除等费用。

3)不需安装、拆卸且自身又能开行的机械和固定在车间不需安装、拆卸及运输的机械，其安拆费及场外运费不计算。

4)自升式塔式起重机安装、拆卸费用的超高起点及其增加费，各地区(部门)可根据具体情况确定。

(5)人工费。指机上司机(司炉)和其他操作人员的工作日人工费及上述人员在施工机械规定的年工作台班以外的人工费。按下式计算：

$$台班人工费=\frac{人工消耗量\times 1+年制度工作日\times 年工作台班\times 人工单价}{年工作台班} \quad (1\text{-}31)$$

1)人工消耗量指机上司机(司炉)和其他操作人员工日消耗量。

2)年制度工作日应执行编制期国家有关规定。

3)人工单价应执行编制期工程造价管理部门的有关规定。

(6)燃料动力费。是指施工机械在运转作业中所耗用的固体燃料(煤、木柴)、液体燃料(汽油、柴油)及水、电等费用。计算按下式计算:

$$台班燃料动力费=台班燃料动力消耗量\times相应单价 \tag{1-32}$$

1)燃料动力消耗量应根据施工机械技术指标及实测资料综合确定。例如可采用(1-33):

$$台班燃料动力消耗量=(实测数\times4+定额平均值+调查平均值)/6 \tag{1-33}$$

2)燃料动力单价应执行编制期工程造价管理部门的有关规定。

四、施工机械租赁管理

机械施工单位有时由于工程任务的不均衡,必然有一部分施工机械闲置。为了发挥机械效能,其他工程单位需要时,往往以出租的形式租赁给其他单位使用,一般称为“机械出租”。这种办法的优点是:既可以提高机械管理单位的机械利用率,又可以解决其他工程单位施工设备不足的困难。这种办法还是多数机械单位的一种主要经营形式。在现阶段虽然大部分施工单位都逐步实行自管自用的办法,但对于一时闲置不用的机械设备,还是以出租的形式租给其他单位使用,作为机械经营管理中的一种辅助形式。

租赁机械设备有租入和租出两种情况,均不改变机械设备的原有产权隶属关系。租赁方式有随机带人、单机不带人的承包制和收取台班费方式。不论哪种方式的租赁合同,应按有关规定计取租金。

签订租赁合同时应明确:工程任务和机械的工作量;租赁机械的形式、规格和数量;租赁的时间;双方的经济责任;运输方式和退还地点;原燃材料的供应方式、租赁费用的结算方法等。

一般机械的租赁,由施工单位的机械管理部门批准即可,重要的机械租赁应报上级主管部门备案。

机械出租手续,一般都是事先签订租赁合同,明确双方责任。合同大致有如以下内容:

(1)租用机械名称、规格及数量;

(2)租用时间;

(3)使用地点、工程项目;

(4)计费办法;

(5)付款办法；

(6)双方责任；

(7)燃料供应；

(8)其他条款。

五、施工机械单机核算

1. 核算的起点

凡项目经理部拥有大、中型机械设备 10 台以上，或按能耗计量规定单台能耗超过规定者，均应开展单机核算工作，无专人操作的中小型机械，有条件的也可以进行单机核算，以提高机械使用的经济效果。

2. 单机核算的内容与方法

(1)单机选项核算

一般核算完成年产量、燃油消耗等，因为这两项是经济指标中的主要指标。表 1-15 是举核算“完成产量情况”与“燃油消耗”的例子，如核算其他项目表式可以参照表 1-16 自行拟定。

表 1-15　单机选项核算表一

机械编号　　　　　　　　　　　　　　　　　　　　年　月　日

日期	机械名称	运转台时	完成产量情况				油料消耗/kg						节(－)超(＋)		
			单位	定额	实际	增(＋)减(－)	汽油		柴油		其他油料		汽油	柴油	其他油料
							应耗	实耗	应耗	实耗	应耗	实耗			

经济效果：

核算员：　　　　　　　　　　　　　　　　　　机长(驾驶员)：

表 1-16　单机选项核算表二

车辆编号　　　　　　　　　　　　　　　　　　　　年　月　日

日期	车种	规格型号	完成运输/(吨千米)					油料消耗/kg						节(－)超(＋)		
			重驶公时	空驶公里	计划	实际	超(＋)亏(－)	汽油		柴油		其他油耗		汽油	柴油	其他油耗
								应耗	实耗	应耗	实耗	应耗	实耗			

经济效果：

核算员：　　　　　　　　　　　　　　　　　　司机：

（2）单机核算台账

是一种费用核算（表 1-17），一般按机械使用期内实际收入金额与机械使用期内实际支出的各项费用进行比较，考核单机的经济效益如何，是节约还是超支。

表 1-17　单机核算台账

机械名称：　　　　　　　　　　　编号：　　　　　　　　　　　驾驶员：

年	月	实际完成数量及收入					各项实际支出/元													节（+）超（-）
		台班收入		吨千米收入		合计/元	折旧费	大修费	中修三保费	一二保及小修费	配件费	轮胎费	设备替换工具及附具费	安装拆卸及辅助设施费	燃料及其他润滑油费	工资奖金	管理费	事故费	合计/元	
		数量	金额/元	数量	金额/元															

（3）核算期间

一般每月进行一次，如有困难也可每季进行一次，每次核算的结果要定期向群众公布，以激发群众的积极性。

（4）进行核算分析

通过核算资料的分析，找出节约与超支的原因，提出解决问题的具体措施，以不断提高机械使用中的经济效益，分析资料应与核算同时公布。

3. 核算的分工

核算单位的机械、施工、财务、材料、人事等部门应互相密切配合，提供有关资料。

4. 核算要点

（1）要有一套完整的先进的技术经济定额，作为核算依据。

（2）要有健全的原始记录，要求准确、齐全、及时，同时要统一格式、内容及传递方式等。

（3）要有严格的物资领用制度，材料、油料发放时做到计量准确，供应及时，记录齐全。

5. 奖罚规定

（1）通过核算，对于经济效益显著的机车驾驶员，除精神奖励外，应给予适当的物质奖励。

（2）对于经济效果差，长期完不成指标而亏损的机车司机，除帮助分析客观原因外，并指出主观上存在的问题，订出改进措施，如仍无扭转，应给予批评或罚款。

第六节　施工机械的使用管理

一、施工机械的合理选用

在机械化施工中，机械的选用是否合理，将直接关系到施工进度、质量和成本，是优质、高产、低耗地完成施工生产任务和充分发挥机械效能的关键。

1. 编制机械使用计划

根据施工组织设计编制机械使用计划。编制时要采用分析、统筹、预测等方法，计算机械施工的工程量和施工进度，作为选择调配机械类型、台数的依据，以尽量避免大机小用、早要迟用，既要保证施工需要，又不使机械停置，或不能充分发挥其效率。

2. 通过经济分析选用机械

建筑工程配备的施工机械，不仅有机种上的选用，还有机型、规格上的选择。在满足施工生产要求的前提下，对不同类型的机械施工方案，从经济性进行分析比较。即将几种不同的方案，计算单位实物工程量的成本费，取其最小者为经济最佳方案。对于同类型的机械施工方案，如果其规格、型号不相同，也可以进行分析比较，按经济性择优选用。

3. 机械的合理组合

机械施工是多台机械的联合作业，合理的组合和配套，才能最大限度地发挥每台机械的效能。合理组合机械的原则是：

(1)尽量减少机械组合的机种类。机械组合的机种数越多，其作业效率会越低，影响作业的概率就会增多，如组合机械中有一种机械发生故障，将影响整个组合作业。

(2)注意机械能力相适应的组合。在流水作业中使用组合机械时，必须对组合的各种机械能力进行平衡。如作业能力不平衡时，会出现一台或几台机械能力过剩，发挥不出机械的正常效率。

(3)机械组合要配套和平列化。在组织机械化施工中，不仅要注意机械配套，而且要注意分成几个系列的机械组合，同时平列地进行施工，以免组合中一台机械损坏造成全面停工。

(4)组合机械应尽可能简化机型，以便于维修和管理。

(5)尽量选用具有多种作业装置的机械,以利于一机多用,提高机械利用率。

二、施工机械工作参数

1. 工作容量

施工机械的工作容量常以机械装置的尺寸、作用力(功率)和工作速度来表示。例如挖掘机和铲运机的斗容量,推土机的铲刀尺寸等。

2. 生产率

施工机械的生产率是指单位时间(小时、台班、月、年)机械完成的工程数量。生产率的表示可分以下三种。

(1)理论生产率。指机械在设计标准条件下,连续不停工作时的生产率。理论生产率只与机械的形式和构造(工作容量)有关,与外界的施工条件无关。一般机械技术说明书上的生产率就是理论生产率,是选择机械的一项主要参数。通常按下式表示:

$$Q_L = 60A \tag{1-34}$$

式中:Q_L——机械每小时的理论生产率;

A——机械一分钟内所完成的工作量。

(2)技术生产率。指机械在具体施工条件下,连续工作的生产率,考虑了工作对象的性质和状态以及机械能力发挥的程度等因素。这种生产率是可以争取达到的生产率,用式(1-35)表示:

$$Q_W = 60AK_W \tag{1-35}$$

式中:Q_W——机械每小时的技术生产率;

K_W——工作内容及工作条件的影响系数,不同机械所含项目不同。

(3)实际生产率。是指机械在具体施工条件下,考虑了施工组织及生产时间的损失等因素后的生产率。可用式(1-36)表示:

$$Q_z = 60AK_W k_B \tag{1-36}$$

式中:Q_z——机械每小时的实际生产率;

k_B——机械生产时间利用系数。

3. 动力

动力是驱动各类施工机械进行工作的原动力。施工机械动力包括动力装置类型和功率。

4. 工作性能参数

施工机械的主要参数,一般列在机械的说明书上,选择、计算和运用机械时可参照查用。

三、施工机械需用量计算

施工机械需要数量是根据工程量、计划时段内的台班数、机械的利用率和生产率来确定的，可用式(1-37)计算：

$$N=P/(WQk_{B}) \tag{1-37}$$

式中：N——需要机械的台数；

P——计划时段内应完成的工程量(m^3)；

W——计划时段内的制度台班数；

Q——机械的台班生产率(m^3/台班)；

k_B——机械的利用率。

对于施工工期长的大型工程，以年为计划时段。对于小型和工期短的工程，或特定在某一时段内完成的工程，可根据实际需要选取计划时段。

机械的台班生产率 Q 可根据现场实测确定，或者在类似工程中使用的经验确定。机械的生产率亦可根据制造厂家推荐的资料，但须持谨慎态度。采用理论公式计算时，应当仔细选取有关参数，特别是影响生产率最大的时间利用系数 k_B 值。

四、施工机械的合理使用

正确使用机械是机械使用管理的基本要求，它包括技术合理和经济合理两个方面的内容。

技术合理就是按照机械性能、使用说明书、操作规程以及正确使用机械的各项技术要求使用机械。

经济合理就是在机械性能允许范围内，能充分发挥机械的效能，以较低的消耗，获得较高的经济效益。

根据技术合理和经济合理的要求，机械的正确使用主要应达到以下 3 个标志。

(1)高效率。机械使用必须使其生产能力得以充分发挥。在综合机械化组合中，至少应使其主要机械的生产能力得以充分发挥。机械如果长期处于低效运行状态，那就是不合理使用的主要表现。

(2)经济性。在机械使用已经达到高效率时，还必须考虑经济性的要求。使用管理的经济性，要求在可能的条件下，使单位实物工程量的机械使用费成本最低。

(3)机械非正常损耗防护。机械正确使用追求的高效率和经济性必须建立在不发生非正常损耗的基础上，否则就不是正确使用。机械的非正常损耗是指由于使用不当而导致机械早期磨损、事故损坏以及各种使机械技术性能受到损害或缩短机械使用寿命等现象。

以上3个标志是衡量机械是否做到正确使用的主要标志。要达到上述要求的因素是多方面的，有施工组织设计方面和人的因素，也有各种技术措施方面的因素等，图1-5是机械使用的主要因素分析，机械使用管理就是对图列各项因素加以研究，并付诸实现。

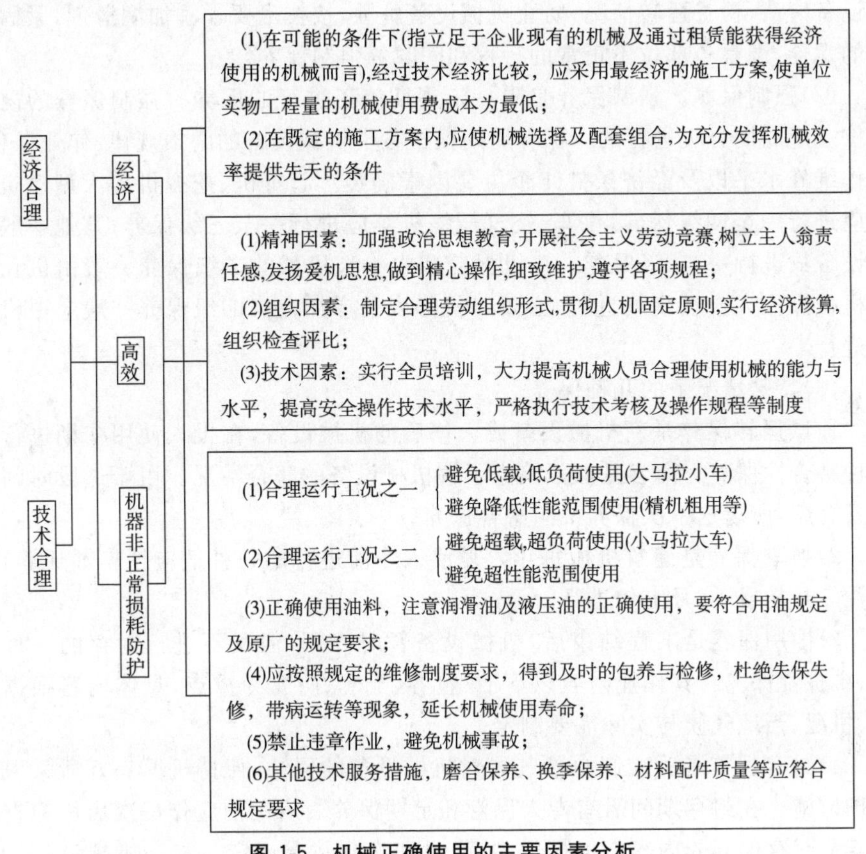

图1-5 机械正确使用的主要因素分析

五、施工机械的维护保养

维修是机械设备维护和修理的合称，通常维护也称为保养。维修管理是对机械设备保养和修理工作的计划、组织、监督、控制和协调，其目的是减缓和消除机械设备在运行过程中所产生的损耗，提高机械设备使用的可靠性，延长机械设备的使用寿命，提高机械设备使用与维修的经济效益。

1. 维护保养

目前，我国现行的保养制度是属于周期计划保养作业制，是以“养修并重、预防为主”的一套预防性的技术、组织措施。定期保养是根据机械零件的磨损规律、作业条件、使用维修水平及经济性等因素，把各种零件的寿命分为一定时间间隔期，从而得到机械设备各级保养期及作业项目。

(1)例行保养。例行保养属于正常使用管理工作，不占用机械设备的运转时间。由操作人员在机械设备运转过程中或停机前、后进行。内容主要有：保持机械设备清洁，检查运转情况，防止机械设备腐蚀，按技术要求添加润滑剂，紧固松动的螺栓，调整各部位不正常的行程和间隙等强制保养。

(2)强制保养。强制保养是隔一定周期停工进行的保养。强制保养的内容是按一定周期分级进行的。保养周期根据各类机械设备的磨损规律、作业条件、操作维修水平以及经济条件 4 个主要因素确定。起重机、挖掘机等大型建筑机械应进行一至四级保养；汽车、空气压缩机等应进行一至三级保养；其他一般机械设备只进行一、二级保养。一级保养和中小型机械的二级保养一般由机长带领机械操作人员在现场进行，必要时机修人员参加；三、四级保养一般应由机修工进行。

(3)特殊情况下的几种保养。

1)试运转保养是新机械设备或大修后的机械设备，在投入使用初期进行的一种磨合性保养。内容是加强检查了解机械设备的磨合情况。由于这段时间又叫磨合期，所以这一次保养又叫磨合保养。

2)换季保养是建筑机械每年入夏或入冬前进行的一种适应性换油保养，一般在 5 月初或 10 月上旬进行。

3)停用保养是工程结束后，机械设备暂时停用，但又不进行封存的一种整理、维护性保养。其作业内容以清洁、整容、配套、防腐为重点，具体内容根据机型、机况、当地气候与实际需要制定。

4)封存保养是为减轻自然气候对机械设备的侵蚀，保持机况完好所采取的防护措施。在封存期间需有专人保管和定期保养。启用前应作一次启用检查和保养。封存保养的内容应根据机型、机况和实际情况而定。封存机械设备一般应放于机库，短期临时封存应用盖布遮护。

2. 保养质量的检验、保养登记

建筑机械技术保养完毕后，技术人员、技工和司机，应对全机各处进行细致、认真地检查。通过试车鉴定保养质量和整机技术性能，解决试车中发现的问题，提高保养质量和速度。

为总结保养经验，提高各级技术保养质量，机械操作者(或驾驶员)应将保养日期、保养级别、技工姓名、换油部位和使用主要配件规格等记录备案，以备考查保养质量。

第七节　施工机械的安全管理

施工机械在使用过程中如果管理不严、操作不当，极易发生伤人事故。机械伤害已成为建筑行业“五大伤害”之一。现场施工人员了解常见的各种起重机械、物料提升机、施工电梯、土方施工机械、各种木工机械、卷扬机、搅拌机、钢筋切断机、钢筋弯曲机、打桩机械、电焊机以及各种手持电动工具等各类机械的安全技术要求对预防和控制伤害事故的发生非常必要。《建筑机械使用安全技术规程》JGJ 33—2012 对机械的结构和使用特点，以及安全运行的要求和条件都进行了明确的规定。同时也规定了机械使用和操作必须遵守的事项、程序等基本规则。机械操作和管理人员都必须认真执行本规程，按照规程要求对机械进行管理和操作。

一、施工机械安全技术管理

(1)项目经理部技术部门应在工程项目开工前编制包括主要施工机械设备安全防护技术的安全技术措施，并报管理部门审批。

(2)认真贯彻执行经审批的安全技术措施。

(3)项目经理部应对分包单位、机械租赁方执行安全技术措施的情况进行监督。分包单位、机械租赁方应接受项目经理部的统一管理，严格履行各自在机械设备安全技术管理方面的职责。

二、机械安全检查和机械安全教育

1. 机械安全检查

项目机械管理人员应采用定期、班前、交接班等不同的方式对机械进行安全检查。检查的主要内容：一是机械本身的故障和安全装置的检查，主要消除机械故障和隐患，确保机械安全装置灵敏可靠；二是机械安全施工生产检查，针对不断变化的施工环境，主要检查施工条件、施工方案、措施是否能够确保机械安全生产。

2. 机械安全教育

各种机械操作人员除进行必需的专业技术培训，取得操作证以后方能上岗操作以外，机械管理人员还应按照项目安全管理规定对机械使用人员进行安全教育，加强对机械使用安全技术规程的学习和强化。

各种机械的具体安全操作，请参见后面各章节相关的安全操作内容。

第二章　机械识图与机械传动基本原理

第一节　投影与视图

一、投影

用灯光或是其他光照射物体，在地面上或墙面上便产生影子，这种现象叫做投影。如图 2-1 中，S 为投影中心，A 为空间点，平面 P 为投影面，S 与 A 点的连线为投射线，SA 的延长线与平面 P 的交点 α，称为 A 点在平面 P 上的投影，这种方法叫做投影法。

1. 正投影

用一组平行射线，把物体的轮廓、结构、形状，投影到与射线垂直的平面上，这种方法就叫正投影。见图 2-2。

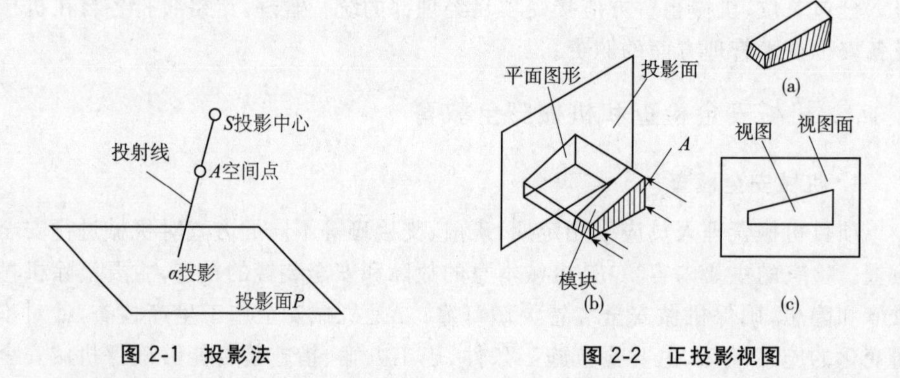

图 2-1　投影法　　　　图 2-2　正投影视图

2. 斜投影

当投影线与投影面不垂直，也就是说，投影线与投影面相倾斜时，所得到的物体的投影叫做斜投影。一般地，与正投影相比，斜投影具有较好的立体感，但是，斜投影不能反映物体的真实尺寸。

二、视图

如上所述，将物体按正投影法向投影面投射时所得到的投影称为“视图”。

1. 两面视图

两面视图的例子见图 2-3。该物体形状比较简单，但用 1 面视图仍然不能全部表述它的形状和尺寸，因此，必须用两面视图来表示。按主视方向在正面投影所获得的平面图形叫主视图，在左侧方向投影所获得的平面图形叫左视图。为了将两视图构成 1 个平面，按标准规定，正面不动，左侧面转 90°，这样构成了 1 个完整的两面视图。从两面视图中，可以清楚地看出，主视图表示了物体的长度和高度，左侧视图表示了物体的高度和宽度。

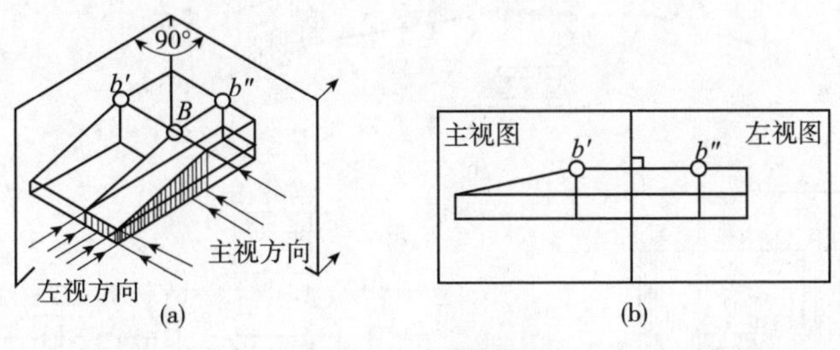

图 2-3　两面视图

2. 三面视图

对于比较复杂的物体，只有两面视图不能全部反映物体的形状和尺寸，还需要增加 1 面视图，这就是由 3 个相互垂直的投影面构成的投影体系所获得的 3 面视图。俯视方向在水平面投影所获得的平面图形，叫俯视图。见图 2-4。

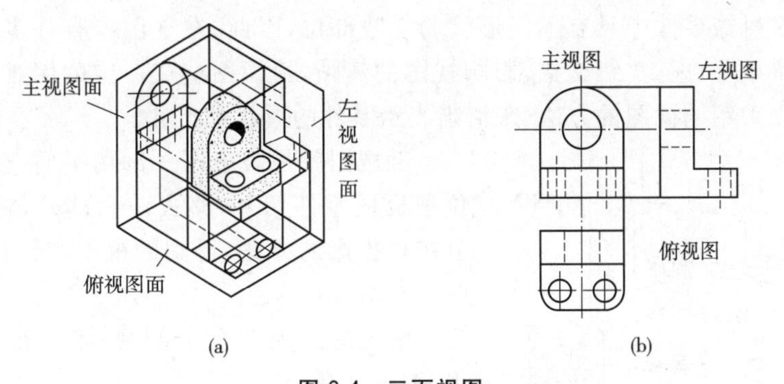

图 2-4　三面视图

3. 多面视图

一般情况下，用 3 面视图即可表明大部分物体的形状和尺寸。但在实际工作中，特别是机械零件的结构是多种多样的，有的用 3 面视图还不能完整地表达清楚，需要用到 6 面视图。6 面视图的表示方法见图 2-5，其实就是采用了 6 六面体的 6 个面的基本投影面，分前、后、左、右、上、下 6 个方向，分别向 6 个基本投影面做正投影，从而得到6个基本视图。6个视图之间仍保持着与3面视图相同的联系规律，即主、俯、仰、后“长对正”，主、左、右、后“高平齐”，俯、左、右、仰“宽相等”的规律。

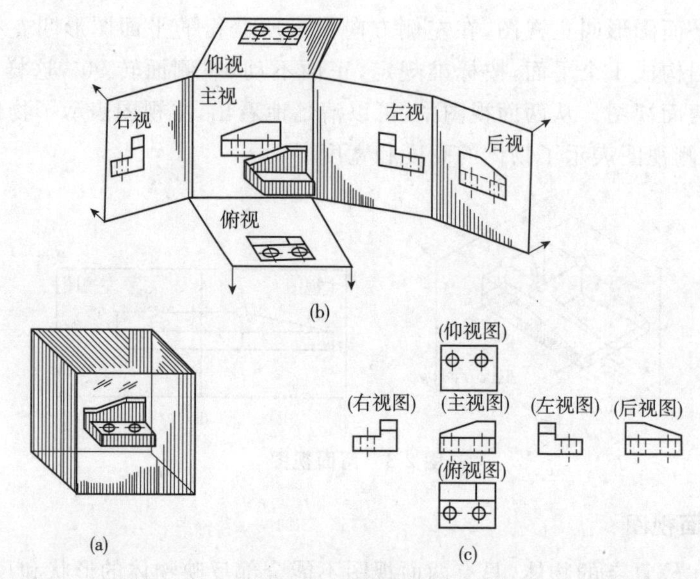

图 2-5　多面视图

4. 剖视图

许多机械零件中具有不同形状的空腔部位，因此，在视图中有许多虚线，使内外形状重叠，虚、实线交错，影响视图的清晰，给识图造成一定的困难。为此，我们可以采用剖视图的方法，来清晰表示零件的形状和尺寸。

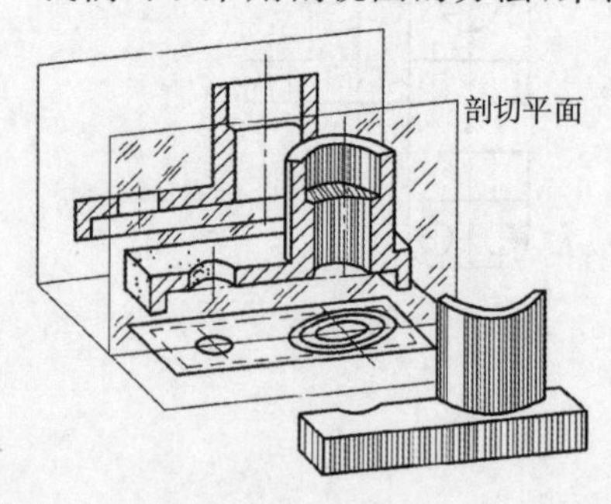

图 2-6　剖视图

剖视图就是假想用一剖切平面，在适当部位把机械零件切开，移去前半部分，将余下部分按正投影的方法，得到的视图，叫剖视图，见图2-6。

常见的剖视图有全剖视、半剖视、局部剖视、解体剖视。

(1)全剖视

把机械零件整个地剖开后得到的视图，它一般用于外形简单、不对称的零件。

(2)半剖视

对称的部件一般采用半剖视的方法，只剖一半，另一半的外形用对称线作为剖切线的分界线。见图2-7。

(3)局部剖视

对机械零件某一部分进行剖视,一般用波浪线作为分界线。见图 2-8。内外结构不对称的零件一般采用局部剖视。

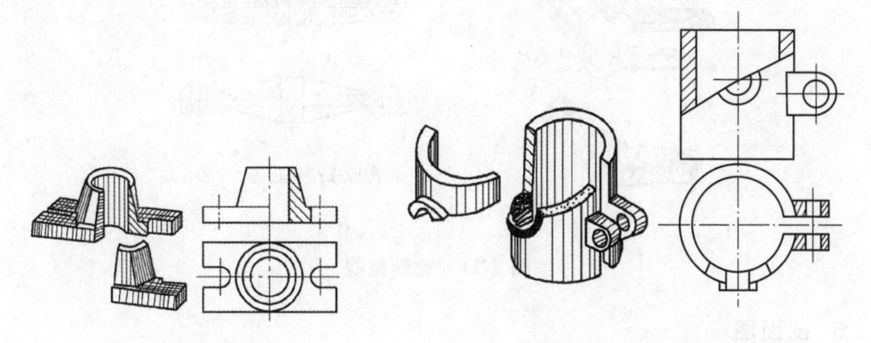

图 2-7　半剖视图　　　　图 2-8　局部剖视图

(4)阶梯剖视

由于机械零件内部结构层次较多,用几个互相平行的剖切平面而得到的视图,叫阶梯剖视(见图 2-9)。

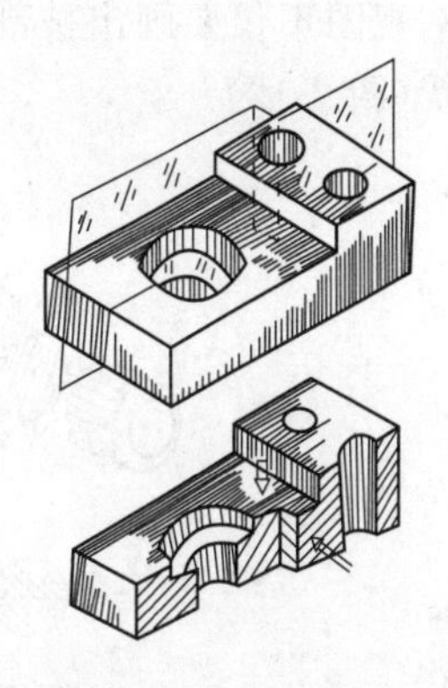

图 2-9　阶梯剖视图

一般应用带字母的剖切符号及箭头标记剖切位置及剖视方向,并在剖视图上方注明标记,见图 2-10、图 2-11。当剖切后,视图按正常位置关系配置,中间没有其他视图隔开,箭头可省略。剖切平面与机件的对称平面重合,且按正常视图关系配置,中间又没有其他视图隔开时,剖切平面连线位置不必进行标记。剖切位置明显的局部视图,可不做标记。

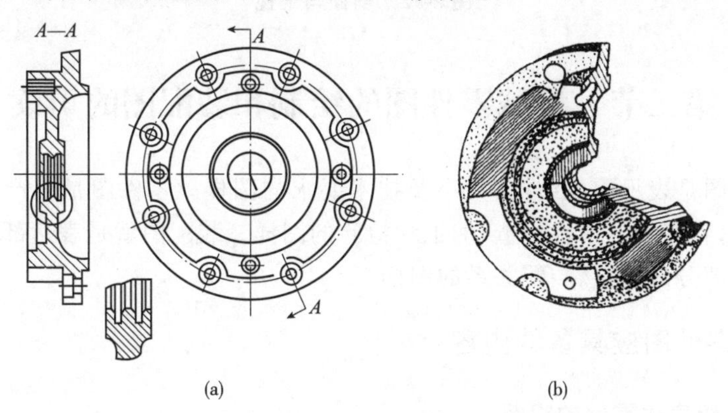

(a)　　　　(b)

图 2-10　旋转剖视

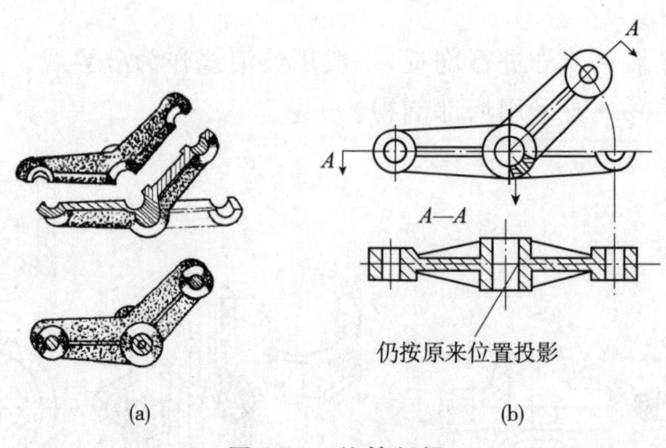

图 2-11　旋转剖视

5. 剖面图

剖面图又称剖切图，与剖视图是有区别的。剖面图要画出被剖切面的形状，而剖视图不仅要画出被剖切断面的形状，而且还要画出剖切断面后其余部分的形状(图 2-12)。

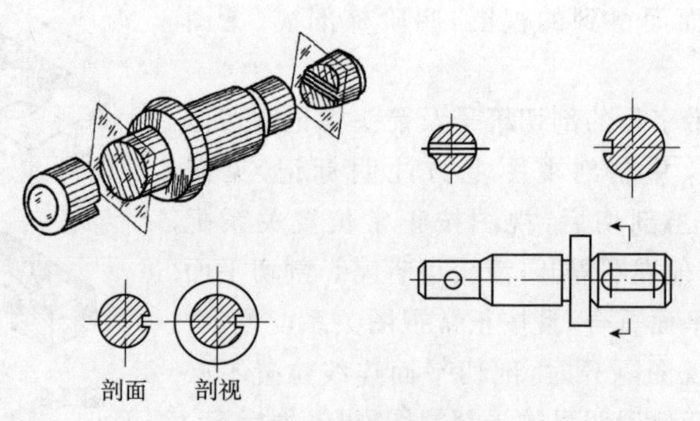

图 2-12　剖面与剖视

第二节　机械零件图的绘制和装配图的识读

零件图是表示零件结构、大小及技术要求的图样。零件图是生产中的基本技术文件，直接指导零件制造、加工和检验的图样。装配图就是表达部件或机器及其组成部分的连接、装配关系的图样。

一、零件图应具备的内容

1. 一组表达零件的视图

用三视图、剖视图、剖面图及其他规定画法，正确、完整、清晰地表达零件的各部分形状和结构。

2. 零件尺寸

完整、清晰、合理地标注零件制造、检验时的全部尺寸。

3. 技术要求

用数字、规定符号或文字说明制造、检验时应达到的要求。

4. 标题栏

说明零件名称、材料、数量、作图比例、设计及审核人员、设计单位等。

二、画零件草图的具体步骤

画零件草图的具体步骤如图 2-13 所示。

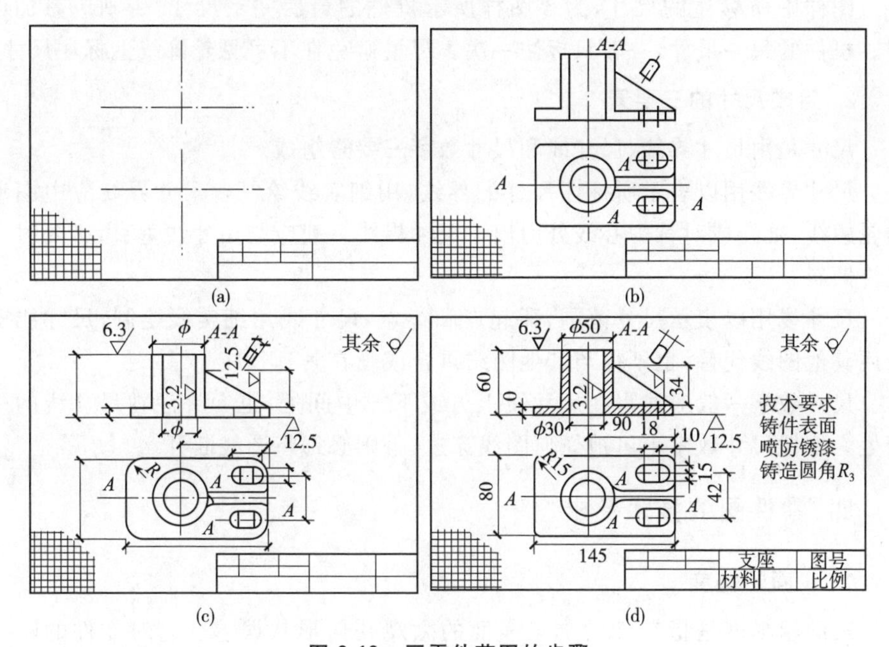

图 2-13　画零件草图的步骤

(1)根据视图数目及实物大小,确定适当的图幅。

(2)画出各视图的中心线、轴线、基准线,确定各视图位置。各视图之间要留有足够余地以便标注尺寸,右下角要画出标题栏。

(3)从主视图开始,先画出各视图的主要轮廓线,后画细部,画图时要注意各视图间的投影关系。

(4)选择基准,画出全部尺寸界线、尺寸线和箭头,并标注零件各部分的表面粗糙度。

(5)测量尺寸,确定技术要求,填写尺寸数值,把技术要求写在标题栏上方。

(6)仔细检查草图后,描深并画剖面线,填写标题栏。

画零件图的步骤与画草图的步骤基本相同,不同之处在于画零件图时,要根据草图中视图的数目,选择国家标准所规定的适当比例和合适的标准图幅,并画出图框。

三、尺寸标注

1. 基本规则

图样中的尺寸,以毫米为单位时,不需要标注计量单位的代号“mm”或名称“毫米”。如采用其他单位则应标注计量单位或名称。

图样中所标注的尺寸,为该图样所示机件的最后完工尺寸,否则应另加说明。机件的每一尺寸,一般只标注一次。尽量避免在不可见轮廓线上标注尺寸。

2. 组成尺寸的三要素

尺寸是由尺寸界线、尺寸线和尺寸数字三要素组成。

尺寸界线用以表示所标注尺寸的界线,用细实线绘制。尺寸界线应由图形的轮廓线、轴线或对称中心线处引出。尺寸界线一般应与尺寸线垂直,必要时才允许倾斜。

尺寸线用以表示尺寸范围,即起点和终点,尺寸线用细实线绘制,尺寸线不能用其他图线代替,也不得与其他图线重合或画在其延长线上。

尺寸数字一般应注写在尺寸线上方或下方中间处,也允许注在尺寸线的中断处。线性尺寸数字不可被任何图线穿过,否则必须将图线断开。

四、零件图的技术要求

1. 表面粗糙度

表面粗糙度是指零件的加工表面的微观几何形状误差。它对零件的耐磨性、耐腐蚀性、抗疲劳强度、零件之间的配合等都有影响。国家标准(GB/T 1031—2009 及 GB/T 131—2006)对零件表面粗糙度的参数、符号及表示方法有如下规定。

(1)表面粗糙度的参数

1)轮廓算术平均偏差(R_a):在取样长度内,测量方向上轮廓线上的点与基准线之间距离绝对值的算术平均值。

2)微观不平度 10 点高度(R_z):在取样长度内,5 个最大的轮廓线峰高的平均值与 5 个最大的轮廓谷深的平均值之和。

3)轮廓最大高度(R_y):在取样长度内,轮廓顶峰和轮廓谷底线之间的距离。

(2)表面粗糙度代号的注法

表面粗糙度代号包括表面粗糙度的符号、参数值及其他有关数据,注法见表2-1。

表 2-1　表面粗糙度参数及其他有关规定的标注示例

代号示例	意义说明	代号示例	意义说明
3.2	用任何方法获得的表面,R_a的最大允许值为3.2μm R_a为最常用参数符号,可省略不注	3.2 R_y12.5	用去除材料方法获得的表面,R_a的最大允许值为3.2μm,R_y的最大允许值为12.5μm、R_y和R_z参数符号必须标注
3.2	用不去除材料方法获得的表面,R_a的最大允许值为3.2μm	铣 a	加工方法规定为铣制
3.2	用去除材料方法获得的表面,R_a的最大允许值为3.2μm	a 2.5	取样长度为2.5mm
3.2 1.6	用去除材料方法获得的表面,R_a的最大允许值为3.2μm,最小允许值为1.6μm	a 5	加工余量为5mm

2. 极限与配合

(1)极限与配合的相关概念

1)偏差

偏差是指某一尺寸(实际尺寸、极限尺寸等)减其基本尺寸所得的代数差,偏差值可为正值、负值或零。

2)极限偏差

极限偏差是指上偏差和下偏差。上偏差是指最大极限尺寸减其基本尺寸所得的代数差,其代号:孔为ES,轴为es。下偏差是指最小极限尺寸减其基本尺寸所得的代数差,其代号为:孔为EI,轴为ei。

3)尺寸公差

允许尺寸的变动量,即最大极限尺寸与最小极限尺寸之差。如图2-14所示,轴的尺寸50±0.008。

上偏差 $es=50.008-50=+0.008$

下偏差 ei＝49.992-50＝－0.008

最大极限尺寸＝50＋0.008＝50.008

最小极限尺寸＝50－0.008＝49.992

尺寸公差＝50.008－49.992＝0.008－(－0.008)＝0.016

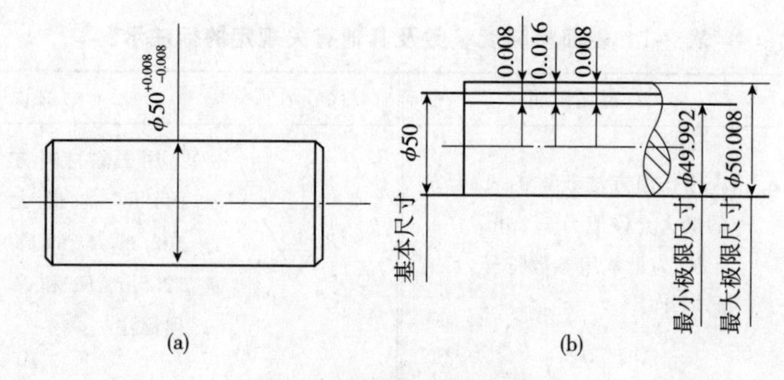

图 2-14　轴的尺寸公差

(a)零件图；(b)示意图

4)公差带

在公差带示意图中(图 2-15 所示)，零线是表示基本尺寸的一条直线。当零线画成水平位置时，正偏差位于其上，负偏差位于其下。

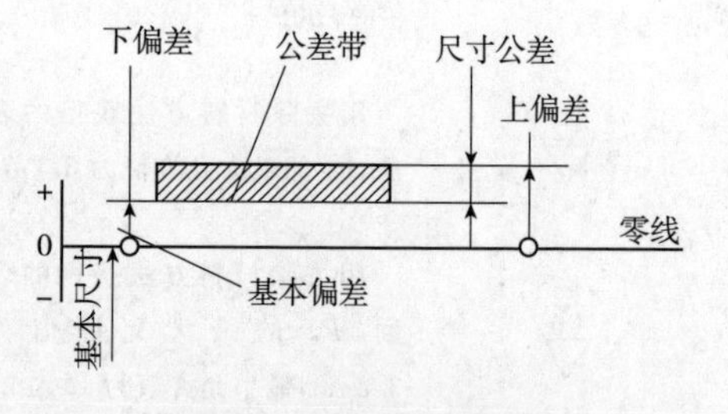

图 2-15　公差带示意图

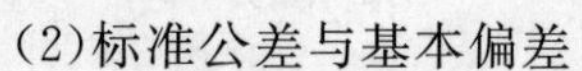

(2)标准公差与基本偏差

1)标准公差

在极限与配合标准中所规定的任一公差。标准公差分 18 个等级，即 IT1、IT2 至 IT18。IT 表示标准公差，公差等级的代号用阿拉伯数字表示。其中 IT1 级最高，IT18 级最低，标准公差数值由基本尺寸和公差等级确定。

2)基本偏差

基本偏差是用以确定公差带相对于零线位置的上偏差或下偏差，一般为靠近零线的那个偏差。

3. 配合与基本偏差系列

(1)配合

基本尺寸相同的、相互结合的孔和轴公差带之间的关系。配合的种类分为间隙(孔的尺寸减去相配合的轴的尺寸之差为正)、过盈(孔的尺寸减去相配合的轴的尺寸之差为负)和过渡。

1)间隙配合：具有间隙(包括最小间隙等于零)的配合。此时，孔的公差带在轴的公差带之上。

2)过盈配合：具有过盈(包括最小过盈等于零)的配合。此时，孔的公差带在轴的公差带之下。

3)过渡配合：可能具有间隙或过盈的配合。此时，孔的公差带与轴的公差带相互交叠。

例如：已知基本尺寸孔 Φ30，上偏差为＋0.033，下偏差为 0。轴的基本尺寸Φ30，上偏差为－0.020，下偏差为－0.041，则：

孔的最大极限尺寸＝30＋0.033＝30.033mm

孔的最小极限尺寸＝30＋0＝30mm

孔的公差＝30.033－30＝0.033mm

轴的最大极限尺寸＝30＋(－0.020)＝29.98mm

轴的最小极限尺寸＝30＋(－0.041)＝29.959mm

轴的公差＝29.98－29.959＝0.021mm

因为孔的下偏差大于轴的上偏差，所以该配合属于间隙配合。

(2)配合基准制

1)基孔制配合

基本偏差为一定的孔的公差带，与不同基本偏差的轴公差带形成各种配合的一种制度。基孔制的孔称为基准孔，用代号 H 表示，孔的最小极限尺寸与基本尺寸相等，如图 2-16 所示。

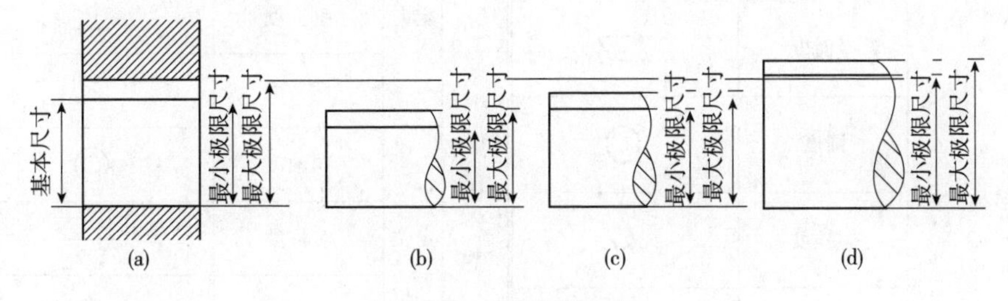

图 2-16　基孔制配合

(a)基准孔；(b)间隙配合；(c)过渡配合；(d)过盈配合

2)基轴制配合

基本偏差为一定的轴的公差带，与不同基本偏差孔的公差带形成各种配合的一种制度。基轴制的轴称为基准轴，用代号 h 表示。轴的最大极限尺寸与基本尺寸相等，如图 2-17 所示。

4. 形状和位置公差

(1)形状公差

单一实际要素的形状所允许的变动量。

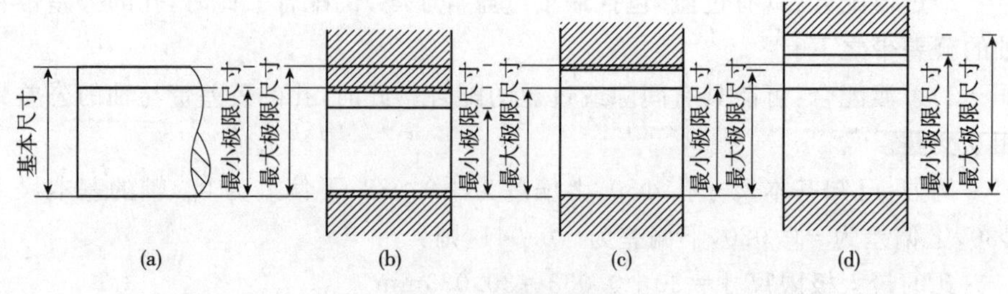

图 2-17　基轴制配合

(a)基准轴;(b)过盈配合;(c)过渡配合;(d)间隙配合

(2)位置公差

关联实际要素的位置对基准所允许的变动量。

形位公差的表示方法是用细实线画出,由若干个小格组成,框格从左到右填写的内容是:第 1 格表示形位公差特征符号;第 2 格表示形位公差数值和有关符号;第 3 格表示基准符号和有关符号。形位公差的特征项目的符号见表 2-2。

表 2-2　形位公差特征项目的符号

分类	特征项目	符号	分类		特征项目	符号
形状公差	直线度	⏤	位置公差	定向	平行度	∥
	平面度	⏥			垂直度	⊥
	圆度	○			倾斜度	∠
	圆柱度	⌭		定位	同轴度	◎
	线轮廓度	⌒			对称度	⌯
	面轮廓度	⌓			位置度	⌖
				跳动	圆跳度	↗
					全跳动	⌰

五、机械设备装配图识读

1. 装配图的主要内容

一张装配图要表示部件的工作原理、结构特点以及装配关系等,需要有如下内容:一组视图、一组尺寸、技术要求、零件编号、明细栏和标题栏。

(1)装配图的规定画法

1)相邻零件的接触表面和配合表面只画 1 条粗实线,不接触表面和非配合表面应画两条粗实线。

2)两个(或两个以上)金属零件相互邻接时,剖面线的倾斜方向应当相反,或者以不同间隔画出。

3)同一零件在各视图中的剖面线方向和间隔必须一致。

4)当剖切平面通过螺钉、螺母、垫圈等标准件及实心件(如轴、键、销等)基本轴线时,这些零件均按不剖绘制,当其上孔、槽需要表达时,可采用局部剖视。当剖切平面垂直这些零件的轴线时,则应画剖面线。

(2)装配图的尺寸标注

装配图一般应标注下列几方面的内容。

1)特性、规格尺寸:表明部件的性能或规格的尺寸。

2)配合尺寸:表示零件间配合性质的尺寸。

3)安装尺寸:将零件安装到其他部件或基座上所需要的尺寸。

4)外形尺寸:表示部件的总长、总宽和总高的尺寸(装配图的外形轮廓尺寸)。

5)相对位置尺寸:表示装配图中零件或部件之间的相对位置。

6)主要尺寸:部件中的一些重要尺寸,如滑动轴承的中心高度等。

(3)明细栏

明细栏是部件的全部零件目录,将零件的编号、名称、材料、数量等填写在表格内,明细表格及内容可由各单位具体规定,明细表栏应紧靠在标题栏的上方,由下向上顺序填写零件编号。

(4)画装配图的步骤

以图 2-18 所示为例说明画装配图的方法和步骤。

1)对所表达的部件进行分析。画装配图之前,必须对所表达的部件的功用、工作原理、结构特点、零件之间的装配关系及技术条件等进行分析、了解,以便着手考虑视图表达方案。

2)确定表达方案。对所画的部件有清楚的了解之后,就要运用视图选择原则,确定表达方案。本例采用全剖视作为主视图,而在俯视图上采用了局部剖视,另加了 A 向局部视图。

3)作图步骤。确定了表达方案,即可开始画装配图,作图步骤如下。

①根据部件大小、视图数量,决定图的比例以及图纸幅面。画出图框并定出标题栏、明细栏的位置。

②画各视图的主要基线,例如主要的中心线、对称线或主要端面的轮廓线

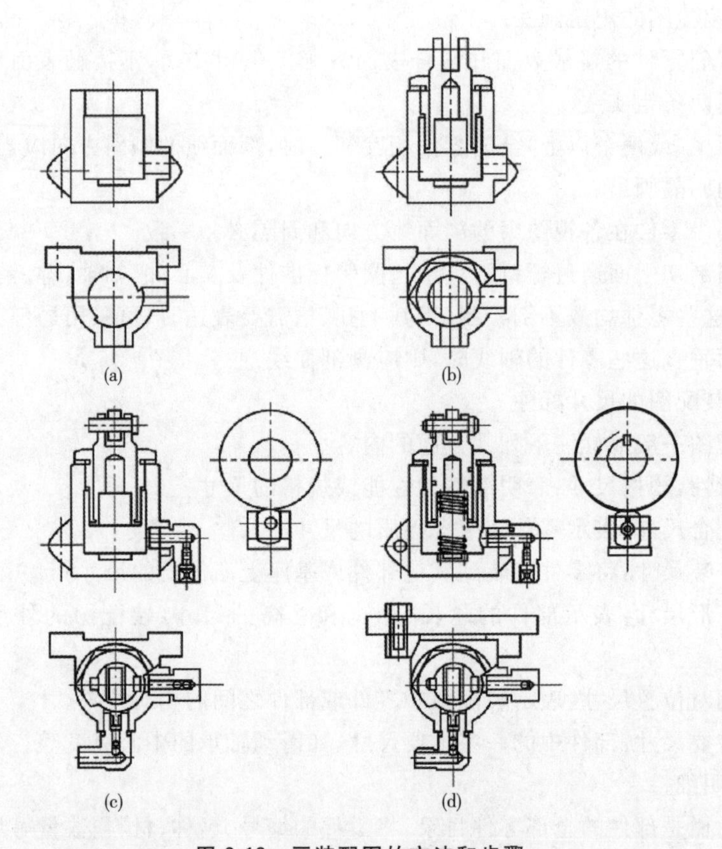

图 2-18　画装配图的方法和步骤

(a)画主体零件;(b)画零件轮廓;(c)A 向视图及零件;(d)画其他零件

等。确定主要基线时,各视图之间要留有适当的间隔,并注意留出标注尺寸、编号位置等,见图 2-18(a)。

③画主体零件(泵体)。一般从主视图开始,几个基本视图配合进行画图,见图 2-18(a)。

④按装配关系,逐个画出主要装配线上的零件的轮廓。例如柱泵中的柱塞套、垫片及柱塞等,见图 2-18(b)。

⑤依次画出其他装配线上的零件,如小轴、小轮及进、出口单向阀等,并画出 A 向视图,见图 2-18(c)。

⑥画其他零件及细节,如弹簧、开口销及倒角、退刀槽等,见图 2-18(d)。

⑦经过检查以后描深、画剖面线、标注尺寸及公差配合等。

⑧对零件进行编号、填写明细栏、标题栏及技术条件等。

2. 装配图的识读方法和步骤

识读装配图是为了解机器或部件的名称、结构、工作原理和零件间的装配关系，了解零件的主要结构形状和作用。识读装配图的方法和步骤如下。

(1)初步了解部件的作用及其组成零件的名称和位置

看装配图时，首先概括了解一下整个装配图的内容。从标题栏了解此部件的名称，再联系生产实践知识可以知道该部件的大致用途。

(2)表达分析

根据图样上的视图、剖视图、剖面图等的配置和标注，找出投影方向、剖切位置，搞清各图形之间的投影关系以及它们所表示的主要内容。

(3)工作原理和装配关系分析

这是深入阅读装配图的重要阶段，要搞清部件的传动、支承、调整、润滑、密封等结构形式。弄清各有关零件间的接触面、配合面的连接方式和装配关系，并利用图上所注的公差或配合代号等，进一步了解零件的配合性质。

(4)综合考虑，归纳小结

对装配图进行上述各项分析后，一般对该部件已有一定的了解，但还可能不够完全、透彻。为了加深对所看装配图的全面认识，还需要从安装、使用等方面综合进行考虑。

1)部件的组成和工作原理以及在结构上如何保证达到要求。

2)部件上和各个零件的装拆。

3)上述看装配图的方法和步骤仅是一个概括的说明，实际上看装配图的几个步骤往往是交替进行的。只有通过不断实践，才能掌握看图的规律，提高看图的能力。

第三节　机械传动原理及零部件拆装

一、机械传动机构

1. 凸轮机构

凸轮机构是一个具有曲线轮廓或凹槽的构件，它运动时，通过高副接触可以使从动件获得连续或不连续的任意预期运动，是由凸轮、从动件、机架三个基本构件组成的高副机构。

凸轮机构的优点是只需设计适当的凸轮轮廓，便可使从动件得到任意的预期运动，而且结构简单、紧凑、设计方便，因此在自动机床进刀机构、上料机构、内燃机配气机构、制动机构以及印刷机、纺织机、插秧机和各种电气开关中得到广泛运用。其缺点是凸轮轮廓与从动件间为点接触，易于磨损，所以通常多用于传力不大的控制机构中。凸轮可以按照形状和从动件的形式来分类。

(1)按凸轮的形状分类

1)盘形凸轮

盘形凸轮是凸轮的最基本形式，是一个绕固定轴线转动并具有变化半径的盘形零件。见图2-19。

2)圆柱凸轮

如图2-20所示，圆柱凸轮是将移动凸轮卷成圆柱体而演化成的。

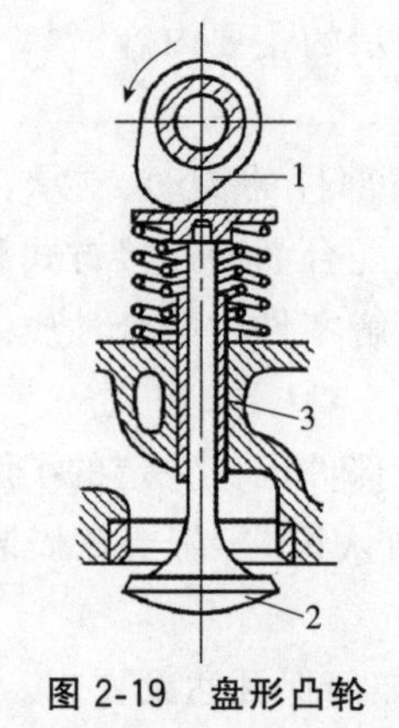

图2-19 盘形凸轮

1-盘形凸轮；2-从动件；3-机架

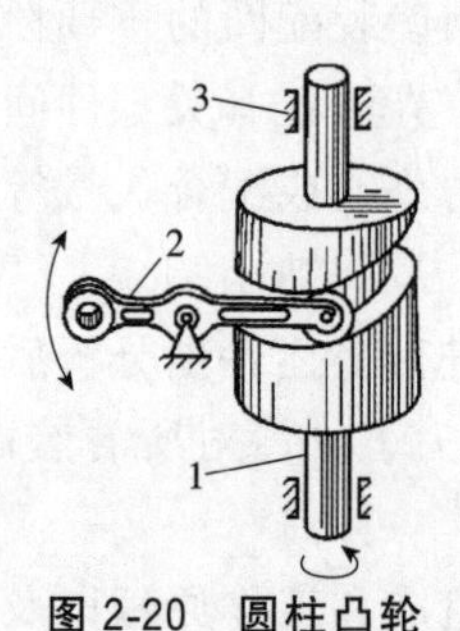

图2-20 圆柱凸轮

1-圆柱凸轮；2-从动件；3-机架

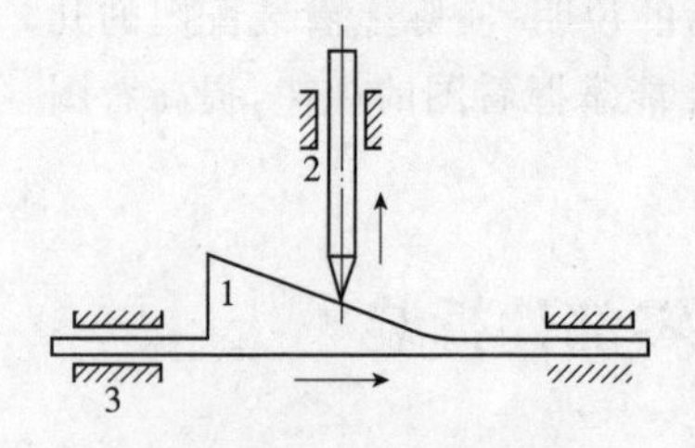

图2-21 移动凸轮

1-移动凸轮；2-从动件；3-机架

3)移动凸轮

如图2-21所示，当盘形凸轮的回转中心趋于无穷远时，凸轮相对机架作直移运动。

盘形凸轮和移动凸轮与从动件之间的相对运动为平面运动；而圆柱凸轮与从动件之间的相对运动为空间运动。

(2)按从动件的形式分类

1)尖底从动件

如图2-21所示，尖底能与任意复杂的凸轮轮廓保持接触，从而使从动件实现任意运动。但因为尖底易于磨损，故只用于传力不大的低速凸轮机构中。

2)滚子从动件

如图2-20所示，这种从动件耐磨损，可以承受较大的载荷，应用最普遍。

3)平底从动件

如图2-19所示，这种从动件的底面与凸轮之间易于形成楔形油膜，常用于高速凸轮机构之中。

2. 轮系

实际机械中常常采用一系列互相啮合的齿轮将主动轮和从动轮连接起来，这种多齿轮的传动装置称为轮系。轮系的主要作用是获得大传动、多传动比传动和换向传动，常被用作减速器、增速器、变速器和换向机构。根据轮系运转时其各轮几何轴线的位置是否固定，可以分为定轴轮系和周转轮系两大类。

(1)定轴轮系

当轮系运转时，各轮几何轴线位置均固定不动的称为定轴轮系或普通轮系。

(2)周转轮系

当轮系运转时，凡至少有一轮的几何轴线是绕另一齿轮的几何轴线回转的称为周转轮系。转轮系又可分为差动轮系和行星轮系。

3. 其他传动机构

(1)变速、变向机构

1)变速机构

变速机构是指在输入转速不变的条件下，使从动轮(轴)得到不同的转速的传动装置。例如机床主轴变速传动系统是将电动机的恒定转速变换为主轴的多级转速。

2)变向机构

变向机构的主要作用是改变被动轴的旋转方向。常用的有滑移齿轮变向机构、三星齿轮变向机构和圆锥齿轮变向机构。

(2)间歇运动机构

在各种自动和半自动的机械中，常需要其中某些机件具有周期性时停时动的间歇运动机构。间歇机构的用途是把主动件的连续运动变为从动件的间歇运动。

1)棘轮机构

①棘轮机构的工作原理

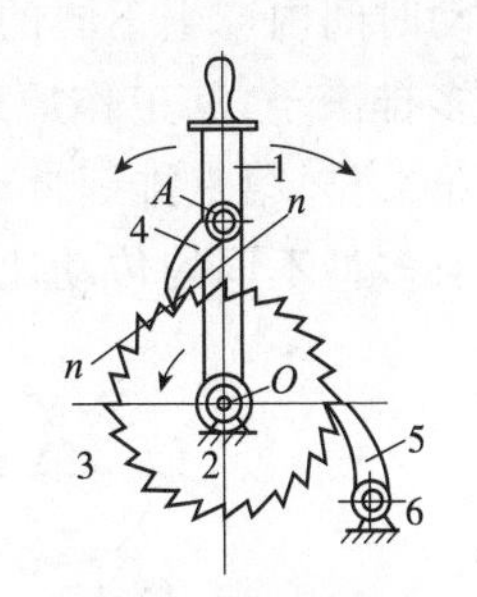

图 2-22　棘轮机构
1-主动杆；2-基座；3-棘轮；4-驱动棘爪；5-止回棘爪；6-基座

如图 2-22 所示，棘轮、棘爪及机架组成了棘轮机构。主动杆 1 空套住与棘轮轴固连的从动轴上。驱动棘爪 4 与主动杆 1 用转动副相联。当主动杆 1 逆时针方向转动时，驱动棘爪 4 便插入棘轮轴的齿槽使棘轮跟着转过某一角度。这时止回棘爪 5 在棘轮的齿背上滑过。当杆 1 顺时针方向转动时，止回棘爪 5 阻止棘轮发生顺时针方向转动，同时棘爪 4 在棘轮的齿背上滑过，所以此时棘轮静止不动。这样，当杆 1 作连续的往复摆动时，棘轮 3 便作单向的间歇运动。杆 1 的摆动可由凸轮机构、连杆机构或电磁装置等得到。

按照结构特点，棘轮机构有摩擦棘轮机构和具有齿轮的棘轮机构两大类型。

②棘轮机构的作用和特点

棘轮机构的作用是把主动件的连续运动变为从动件的间歇运动，使从动件具有周期性的时停时动的间歇运动机构。特点是结构简单，转角大小改变较方便。但它传递的动力不大，且传动的平稳性差，因此只适用于转速不高、转角不大的场合。

2)槽轮机构

槽轮机构分有外啮合槽轮机构和内啮合槽轮机构。其特点是结构简单，工作可靠，在进入和脱离啮合时运动比较平稳，但槽轮的转角大小不能调节，所以槽轮机构一般应用在转速不高、要求间歇地转过一定角度的分度装置中，如在自动机上以间歇地转动工作台或刀架。

3)不完全齿轮机构

不完全齿轮机构与普通渐开线齿轮机构不同之处是轮齿不布满整个圆周，如图 2-23 所示。当主动轮 1 作连续回转运动时，从动轮 2 可以得到间歇运动。不完全齿轮机构与其他间歇运动机构相比，它结构简单，制造方便，从动轮的运动时间和静止时间的比例可不受机构结构的限制，它常用在计数器和某些进给机构中。

4)星轮机构

星轮机构的作用是使从动件达到运动时间与停止时间的不同，即在不同的运动时间内产生不同的传动比。在星轮机构中(图 2-24)，如主动轮上设置不等的多排滚子，其工作原理是当主动轮转动时，先由第一排滚子带动从动轮，接着由第二排、第三排等带动从动轮。由于不同排数的滚子与中心的距离不同，所以就有多种不同的传动比，使从动轮获得不同的转速。

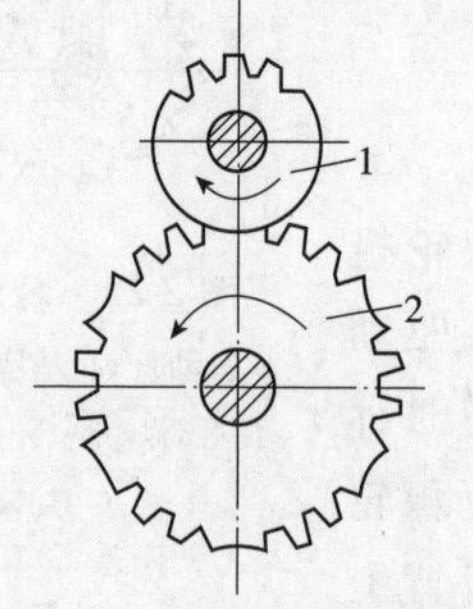

图 2-23　不完全齿轮机构

1-主动轮；2-从动轮

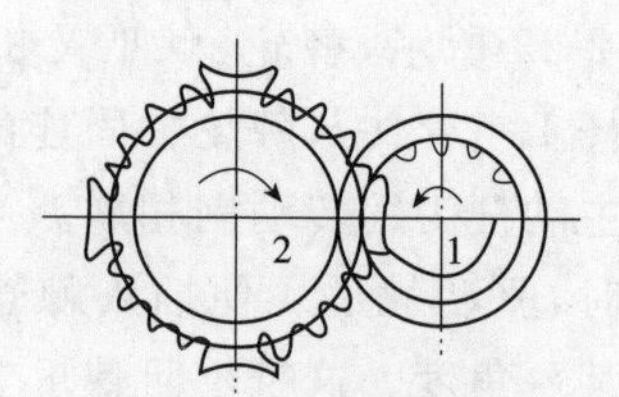

图 2-24　简单星轮机构

1-主动轮；2-从动轮

二、机械传动原理

1. 皮带传动

皮带传动是在两个或多个带轮之间作为挠性拉曳元件的一种摩擦传动，常用于中心距较大的动力传动。带的剖面形状有长方形、梯形和圆形 3 种，分别称为平形带、三角带和圆形带，此外还有多楔带和同步齿形带（图 2-25）。平形带、三角带应用最广。三角皮带在同样初拉力下，其摩擦力大约是平皮带传动的 3 倍。平皮带适用于两轴中心距离较大的传动，且可用于两垂直轴间传递力矩，圆形带只能传递很小的功率。

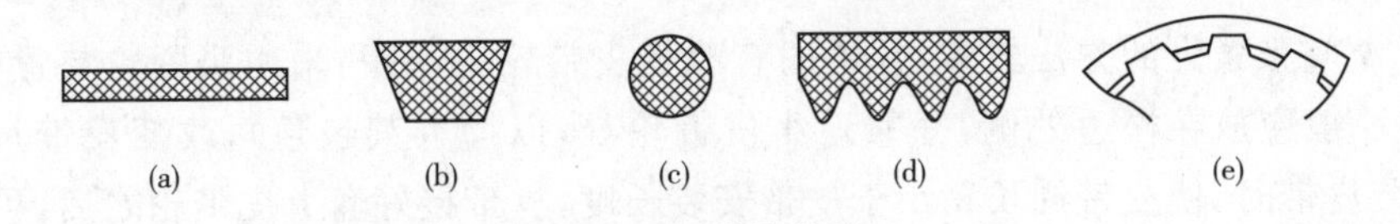

图 2-25　带的种类

(a)平形带；(b)三角带；(c)圆形带；(d)多楔带；(e)同步齿形带

(1)三角皮带传动的技术要求

1)皮带轮的装配要正确，其端面和径向跳动应符合技术文件要求。两轮的轮宽中央平面应在同一平面上。

2)皮带轮工作表面的粗糙度要适当。皮带轮表面光滑则皮带容易打滑；表面粗糙，皮带工作时容易发热磨损。皮带的张紧力大小要适当。

3)三角胶带传动的包角一般不小于 120°，个别情况下可到 70°。

(2)皮带传动的装配

1)皮带轮与轴的装配具有少量的过盈或间隙，对于有少量过盈的配合，可用手锤或压力机装配。装配后，两轮的轮宽中央平面应在同一平面上。其偏移值：三角皮带轮不应超过 1mm；平皮带轮不应超过 1.5mm。

2)三角皮带装配时，先将皮带套在小皮带轮上，然后转动大皮带轮，用适当的工具将皮带拨入大皮带轮槽中。三角皮带与皮带轮槽侧面应密切贴合，各皮带的松紧程度应一致。平皮带装在皮带轮上时，其工作面应向内，平皮带截面上各部分张紧力应均匀。

3)皮带张紧力的调整：皮带张紧力的大小是保证皮带正常传动的重要因素。张紧力过小，皮带容易打滑；过大胶带寿命低，轴和轴承受力大。合适的张紧力可根据以下经验判断。

①用大拇指在三角皮带切边的中间处，能将三角皮带按下 15mm 左右即可。

②通过带与两带轮的切边中点处垂直带边加一载荷 T，如图 2-26 所示，使产生合适的张紧力所对应的挠度值 y，其计算公式：

$$y=a/50 \tag{2-1}$$

式中：y——三角皮带挠度值，mm；

a——两皮轮中心距，mm。

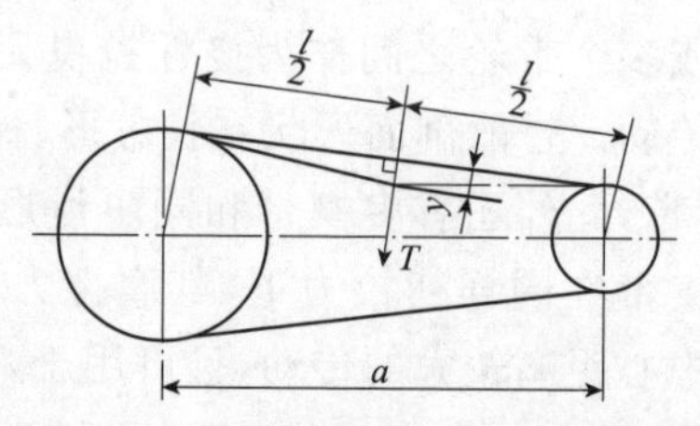

图 2-26　检验传动带预紧力加载示意图

调整张紧力的方法较多，常用的有改变皮带轮中心距；采用张紧轮装置（张紧轮一般应放在松边外侧，并靠近小皮带轮处，以增大其包角）；改变皮带长度（安装皮带时，使皮带周长稍小于皮带安装长度，皮带接好套上皮带轮之后，可使皮带产生一定初拉力）。

2. 链传动

链传动是在两个或多于两个链轮之间用链作为挠性拉曳元件的一种啮合传动。链传动具有效率高、传动轴间距离大、传动尺寸紧凑和没有滑动等优点。

(1)链传动的分类

按照工作性质的不同，链有传动链、起重链和曳引链 3 种。其中传动链有套筒链、套筒滚子链、齿形链和成形链。

(2)链传动装置技术要求

装配前应清洁干净。主动链轮与被动链轮齿中心线应重合，其偏差不得大于两轮中心距的 0.2%。链条工作边拉紧时，非工作边的弛垂度 f(见图 2-27)应符合设计规定。当无规定且链条与水平线夹角 α 小于 60°时，可按两链轮中心距 L 的 1%～4.5%调整，如从动边在上面，弛垂度宜取低值。

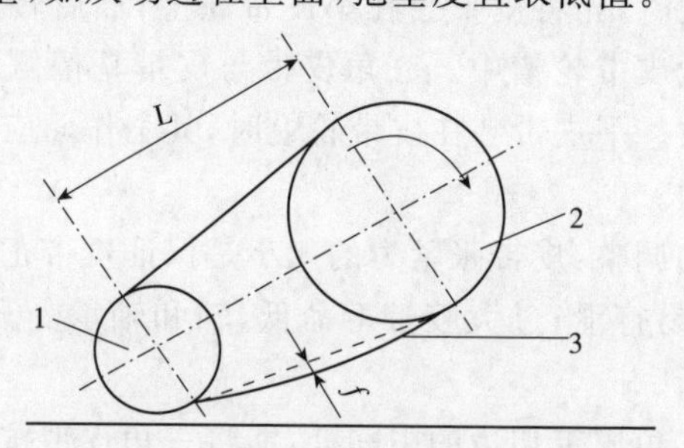

图 2-27　图 2－27　传动链条弛垂度

1-从动轮；2-主动轮；3-从动边链条

3. 齿轮传动

齿轮传动是靠齿轮间的啮合来传递运动和扭矩。按一对齿轮的相对运动，齿轮传动机构分为平面齿轮机构和空间齿轮机构两大类。

一对齿轮传动时，为了考虑到齿轮制造和装配时有误差以及齿轮工作时会发生变形和发热膨胀，同时又为了便于润滑起见，所以应使轮齿不受力的一侧齿廓间留有一些间隙，这空隙可沿两轮的节圆上来测量，称为齿侧间隙，它等于一轮节圆上的齿槽宽与另一轮节圆上的齿厚之差。这间隙可沿齿廓的公法线方向来测量，称为法向齿侧间隙。由于齿轮的齿侧间隙是在规定齿轮公差时予以考虑的，所以设计齿轮时仍假定没有齿侧间隙存在。

4. 液压传动

液体作为工作介质进行能量的传递，称为液体传动。其工作原理的不同，又可分为容积式和动力式液体两大类。前者是以液体的压力能进行工作，后者是以液体的动能进行工作。通常将前者称为液压传动，而后者称为液力传动。

(1)液压传动的基本工作原理

如图 2-28 所示机床液压系统图，电动机带动液压泵 1 从油箱 7 中通过滤油器 6 及吸油管 10 吸油，以较高的油压将油输出，这样，液压泵就把发动机的机械能转换成液压油的压力能。压力油经过油管 9 及换向阀 2 中的油液通道进入液缸 5，使液压缸的活塞杆伸缩，带动机床的工作台 T 沿着机床床身的导轨往复移动，这样，液压缸就把压力油的压力能转换成移动工作台的机械能。换向阀 2 的作用是控制液流的方向；溢流阀 3 用于维持液压系统压力近似恒定；工作台 T 的速度改变由可调节流阀 4 来控制；油箱 7 用于储存油液并散热，滤油器 6 的作用是滤去液压油中的杂质，压力表 8 用以观察系统压力。

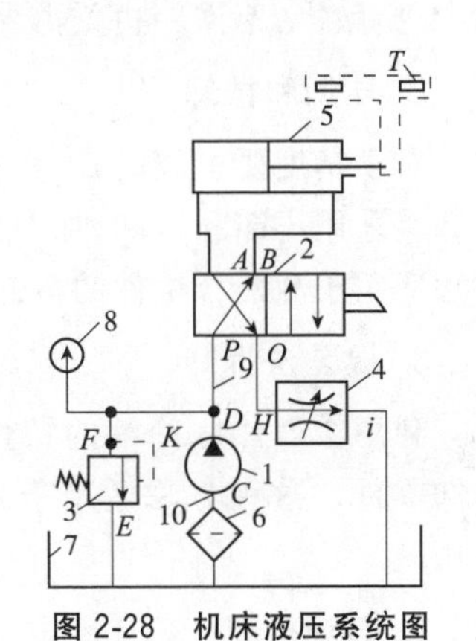

图 2-28　机床液压系统图

1-液压泵；2-换向阀；3-溢流阀；4-可调节流阀；5-液缸；6-滤油器；7-油箱；8-压力表；9-油管；10-吸油管传动

(2)液压系统的组成

从图 2-28 机床液压系统工作原理中可知，液压系统由以下四部分组成。

1)动力元件(液压泵)

其职能是将机械能转换为液体的压能，其吸油和压油过程(包括液压电机)都是利用空间密封容积的变化引起的。在液压泵中，柱塞泵压力较高，适于高压场合；螺杆泵噪声小、运转平稳和流量均匀。

2)控制调节元件(各种阀)

在液压系统中控制和调节各部分液体的压力、流量和方向,以满足机械的工作要求,完成一定的工作循环。

3)执行元件(液动机)

包括各种液压电机和液压缸,它是将液体的压力能转换成为机械能的机构。

4)辅助元件

它包括油箱(储存油液并散热)、滤油器(滤去油中杂质)、蓄能器、油管及管接头、密封件、冷却器、压力继电器及各种检测仪表等。

三、机械零、部件拆卸

1. 击卸

击卸是用手锤敲击的方法使配合的零件松动而达到拆卸的目的。拆卸时应根据零件的尺寸、重量和配合牢固程度,选择适当重量的手锤,受击部位应使用铜棒或木棒等保护措施。此方法适用于过渡配合机件的拆卸。击卸时要左右对称,交换敲击,不许一边敲击。

2. 压卸和拉卸

对于精度要求较高,不允许敲击或无法用击卸法拆卸的零件,可采用压卸和拉卸。采用压卸和拉卸,加力比较均匀,零件的偏斜和损坏的可能性较小。这种方法适用于静配合机件的拆卸。

3. 温差法拆卸

利用金属热胀冷缩的特性,采取加热包容件,或者冷却被包容件的方法来拆卸零件。这种方法适用于一般过盈较大、尺寸较大等到无法压卸的情况下应用。

4. 破坏拆卸

当必须拆卸焊接、铆接、密封连接等固定连接件或轴与套互相咬死,花键轴扭转变形及严重锈蚀等机件时,不得已而采取的这种方法,一般采用保存主件,破坏副件的方式。

拆卸较大零件时,如精密的细长轴丝杠、光杠等零件,为避免弯曲变形,拆下时应垂直悬挂存放。

四、机械零、部件清洗

1. 清洗步骤

(1)初洗主要是去掉设备旧油、污泥、漆片和锈层。

(2)细洗是对初洗后的机件，再用清洗剂将机件表面的油渍、渣子等脏物冲洗干净。

(3)精洗是用洁净的清洗剂作最后清洗，也可用压缩空气吹一下表面，再用油冲洗。

2. 清洗方法

设备的清洗方法很多，常见的有：擦洗、浸洗、喷洗、电解清洗和超声波清洗等方法。

(1)擦洗

擦洗就是利用棉布、棉纱浸上清洗剂对零件进行清洗。这种方法多用于对零件进行初洗。

(2)浸洗

浸洗是将零件放入盛有清洗剂的容器内浸泡一段时间。这种方法适用于清洗形状复杂的零件，或者油脂干涸、油脂变质的零件。必要时可对清洗剂加热来对零件进行清洗。零件清洗时间，根据清洗液的性质、温度和装配件的要求不同而有所不同，浸洗后的零件应进行干燥处理。

(3)喷洗

喷洗是利用清洗机对形状复杂、污垢黏附严重的装配件，采用溶剂油、蒸汽、热空气、金属清洗剂和三氯乙烯等清洗液进行清洗。喷洗方法不适用于精密零件、滚动轴承等。

(4)电解清洗

电解清洗是将被清洗的零件放入盛有碱液的电解槽中，然后通电利用化学反应清除零件上的矿物油、防锈油等。电解清洗适用于批量零件的清洗。

(5)超声波清洗

超声波清洗是利用超声波清洗装置产生的超声波作用，将零件上黏附的泥土、油污除掉。超声波清洗适用于对装配件进行最后清洗。

3. 清洗剂

常用的清洗剂有各种石油溶剂、碱性清洗剂和清洗漆膜溶剂等。

(1)石油溶剂

主要有汽油、煤油、轻柴油和机油等。

1)汽油：汽油是一种良好的清洗剂，对油脂、漆类的去除能力很强，是最常用的清洗剂之一。在汽油中加入2%～5%的油溶性缓释剂或防锈油，可使清洗的零件具有短期防锈能力。

2)煤油：煤油与汽油一样，也是一种良好的清洗剂，它的清洗能力不如汽油，挥发性和易燃性比汽油低，适用于一般机械零件的清洗。精密的零件一般不宜用煤油作最后的清洗。

3)轻柴油和机械油:轻柴油和机械油的黏度比煤油大,也可用作一般清洗剂,机械油加热后的使用效果较好,其加热温度不得超过120℃。

(2)碱性清洗剂

碱性清洗剂是一种成本较低的除油脱脂清洗剂,使用时一般加热至60~90℃进行清洗,浸洗或喷洗10分钟后,用清水清洗效果较好。

(3)清洗漆膜溶剂

主要有松香水、松节油、苯、甲苯、二甲苯和丙酮等。它们具有稀释调和漆、磁漆、醇酸漆、油基清漆和沥青漆等作用,因此常用来清洗上述漆膜。

五、机械零、部件装配

1. 装配的基本步骤

装配工作的基本顺序一般与拆卸工作的基本顺序相反,基本上由小到大,从里向外进行。其步骤如下。

(1)首先要熟悉图纸和设备构造,了解设备部件、零件或组合件之间的相互关系以及进行零件尺寸和配合精度的检查。

(2)先组装组合件,然后组装部件,最后总装配。每组装一个零件时,都应先清洗零件并涂上润滑油(脂),并检查其质量和清洁程度,以确保装配质量。

(3)总装配后的设备应进行试运行,对试运行中发现的问题应及时调整和处理。

(4)最后对设备进行防腐和涂漆保护。

2. 螺纹连接装配

(1)螺纹及螺纹连接的种类

根据母体形状,螺纹分圆柱螺纹和圆锥螺纹。根据牙形分三角形、矩形、梯形和锯齿形。普通螺纹的标记用M表示;梯形螺纹用Tr表示;非螺纹密封的管螺纹用G表示。

螺纹连接是利用螺纹零件构成的可拆连接。螺纹连接的连接零件除紧固件外,还包括螺母、垫圈以及防松零件等。其连接方式有螺栓连接、双头螺柱连接、螺钉连接和紧定螺钉连接。

(2)螺纹连接的拧紧

螺纹连接拧紧的目的是增强连接的刚性、紧密性和防松能力。控制拧紧力矩有许多方法,常用的有控制扭矩法、控制扭角法、控制螺纹伸长法及断裂法螺纹连接等方法。

1)控制扭矩法

用测力扳手或定扭矩扳手使预紧力达到给定值,直接测得数值。

2)控制螺纹伸长法

通过控制螺栓伸长量,以控制预紧力的方法,如图 2-29 所示。螺母拧紧前,螺栓的原始长度为 L_1(螺栓与被连接件间隙为零时的原始长度)。按预紧力要求拧紧后螺栓的伸长量为 L_2。

其计算式为:

$$L_2 = L_1 + P_0 / C_L \tag{2-2}$$

式中:P_0——预应力为设计或技术文件中要求的值,N;

C_L——螺栓刚度(按规范的规定计算)。

3)断裂法

如图 2-30 所示,在螺母上切一定深度的环形槽,拧紧时以环形槽断裂为标志控制预紧力大小。

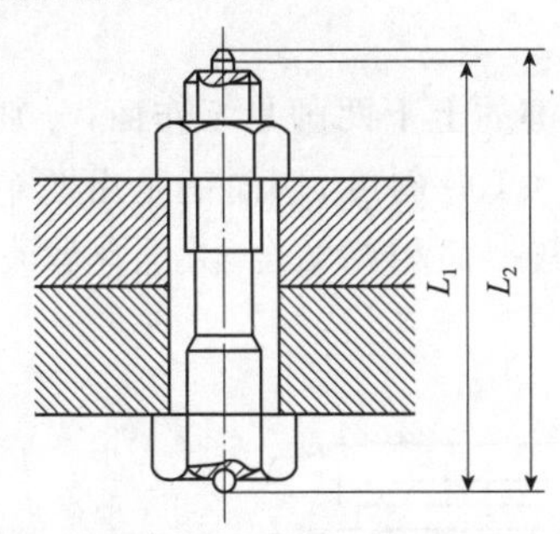

图 2-29　螺栓伸长的测量

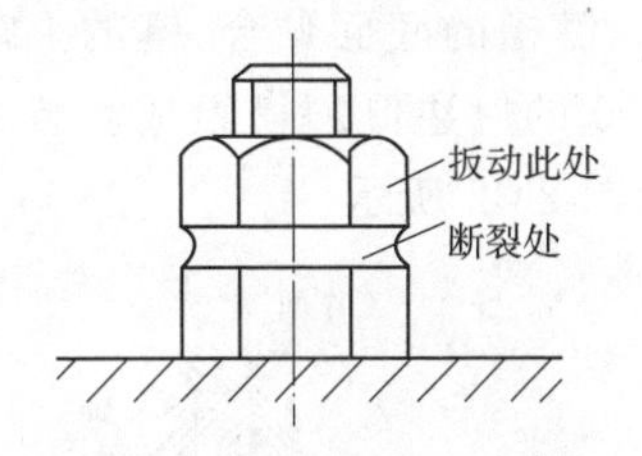

图 2-30　断裂法控制预紧力

(3)螺纹连接的防松

在静载荷下,螺纹连接能满足自锁条件,螺母、螺栓头部等支承面处的摩擦也有防松作用。但在冲击、振动或变载荷下,或当温度变化大时,连接有可能松动,甚至松开,所以螺纹连接时,必须考虑防松问题。

防松的根本目的在于防止螺纹副相对转动,防止摩擦力矩减小和螺母回转。具体的防松装置或方法很多,就工作原理来看,可分为利用摩擦防松、直接锁住防松和破坏螺纹副关系防松三种。

3. 键连接装配

键主要用于轴和毂零件(如齿轮、涡轮等),实现周向固定以传递扭矩的轴毂连接。其中,有些还能实现轴向以传递轴向力,有些则能构成轴向动连接。

(1)键连接类型

键是标准件,有松键连接、紧键连接和花键连接三大类型。

1)松键连接

松键连接包括平键和半圆键。平键分有普通平键、导向平键和滑键,用于固定、导向连接。普通平键用于静连接,导键和滑键用于动连接(零件轴向移动量较大),如图 2-31 所示。松键连接以键的两侧面为工作面,键与键槽的工作面间需要紧密配合,而键的顶面与轴上零件的键槽底面之间则留有一定间隙。

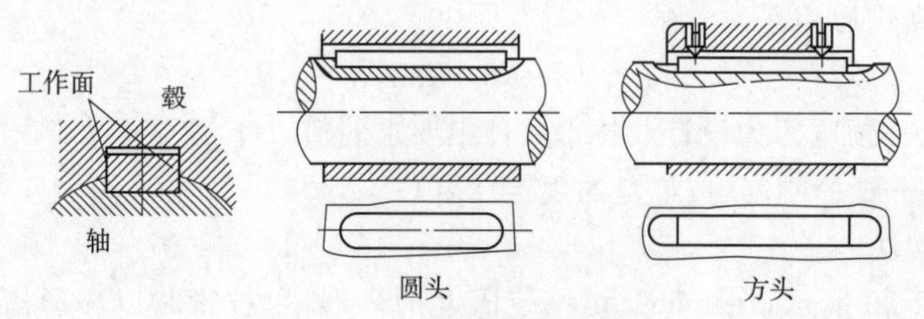

图 2-31　普通平键连接

2)紧键连接

用于静连接,常见的有楔键和切向键。楔键的上下两画是工作面,分别与毂和轴上一键槽的底面贴合,键的上表画具有 1∶100 斜度;切向键是由两个斜度为 1∶100 的单边倾斜楔组成。装配后,两楔其斜面相互贴合,共同楔紧在轴毂之间,如图 2-32 所示。

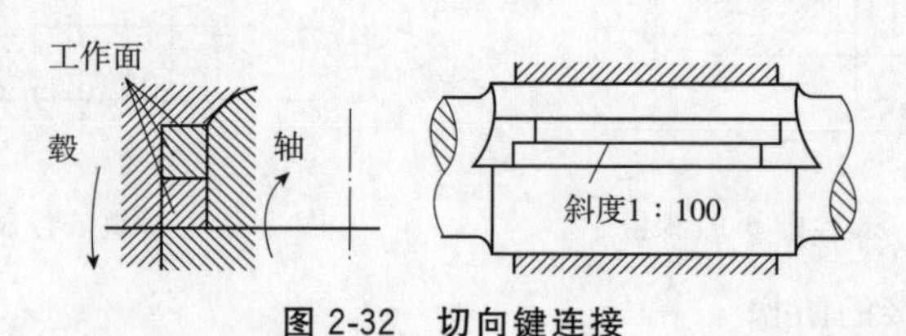

图 2-32　切向键连接

3)花键连接

靠轴和毂上的纵向齿的互压传递扭矩,可用于静或动连接。花键根据齿形不同,分为矩形、渐开形和三角形 3 种。其中矩形花键连接应用较广,它有 3 种定心方式(图 2-33)。

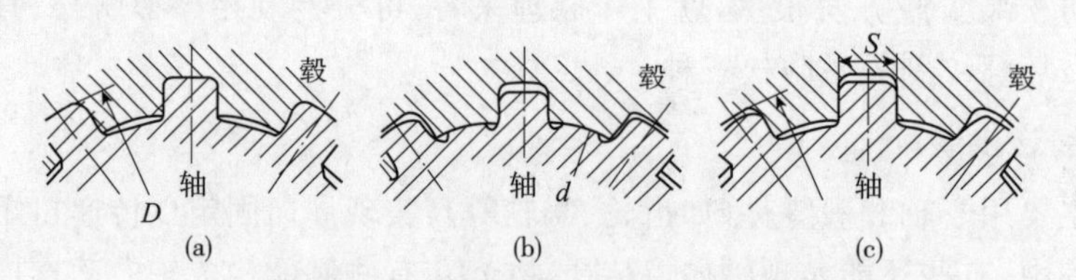

图 2-33　矩形花键连接及其定心方式

(a)按外径定心;(b)按内径定心;(c)按侧面定心

(2)键连接的装配

1)键连接前应将键与槽的毛刺清理干净,键与槽的表面粗糙度、平面度和尺寸在装配前均应检验。

2)普通平键、导向键、薄型平键和半圆键,两个侧面与键槽一般有间隙,重载荷、冲击、双向使用时,间隙宜小些,与轮毂键槽底面不接触。

3)普通楔键的两斜面间以及键的侧面与轴和轮毂键槽的工作面间,均应紧密接触;装配后,相互位置应采用销固定。

4)花键为间隙配合时,套件在花键轴上应能自由滑动,没有阻滞现象。但不能过松,用手摆动套件时,不应感觉到有明显的周向间隙。

4. 销连接

销连接通常只传递不大的载荷,或者作为安全装置。销的另一重要用途是固定零件的相互位置,起着定位、连接或锁定零件作用,是组合加工装配时的重要辅助零件。

(1)销的形式和规格,应符合设计及设备技术文件的规定。

(2)装配销时不宜使销承受载荷,根据销的性质来选择相应的方法装入。

(3)对定位精度要求高的销和销孔,装配前检查其接触面积,应符合设备技术文件的规定;当无规定时,宜采用其总接触面积的50%～75%。圆柱销不宜多次装拆,否则会降低定位精度和连接的紧固性。

5. 联轴器和离合器

联轴器和离合器是连接不同机构中的两根轴使之一同回转并传递扭矩的一种部件。前者只有在机器停车后用拆卸的方法才能把两轴分开;后者不必采用拆卸方法,在机器工作时就能使两轴分离或接合。

(1)联轴器

1)联轴器的分类

按照被连接两轴的相对位置和位置的变动情况,联轴器可分为两大类。

①固定式联轴器

用在两轴能严格对中并在工作中不发生相对位移的地方。

②可移动式联轴器

用在两轴有偏斜或在工作中有相对位移的地方。

可移式联轴器按照补偿位移的方法不同分为刚性可移式联轴器和弹性可移式联轴器两类。弹性联轴器又可按刚度性能不同分为定刚度弹性联轴器和变刚度弹性联轴器。

2)联轴器装配

①联轴器装配时,两轴的同轴度与联轴器端面间隙,必须符合设计规范或设

备技术文件的规定。

②联轴器的同轴度应根据设备安装精度的要求，采用不同的方法测量，如用刀口直尺、塞尺或百分表等。

③联轴器套装时，一般为过盈配合使联轴器和轴牢固地连在一起，有冷压装配和热装配法。如联轴器直径过小，过盈量又不大，可采用冷装配；联轴器直径较大，过盈量大时，应采用加热装配。

④联轴器装配前，应检查键的配合和测量轴与孔的过盈量。联轴器与轴装配好后，用百分表测量轴向和径向跳动值（即同心度和端面瓢偏度）并确定其偏差位置，用刀口直尺检查同轴度时应将误差点消除。

(2)离合器

根据工作原理的不同，离合器有嵌入式、摩擦式、磁力式等数种。它们分别利用牙或齿的啮合、工作表面间的摩擦力、电磁的吸力等来传递扭矩。

离合器的装配应使离合器结合和分开动作灵活，能传递足够的扭矩，传动平稳。摩擦式离合器装配时，各弹簧的弹力应均匀一致，各连接销轴部分应无卡住现象，摩擦片的连接铆钉应低于表面 0.5mm。圆锥离合器的外锥面应接触均匀，其接触面积应不小于 85%。牙嵌式离合器回程弹簧的动作应灵活，其弹力应能使离合器脱开。滚柱超越离合器的内外环表面应光滑无毛刺，各调整弹簧的弹力应一致，弹簧滑销应能在孔内自由滑动，不得有卡阻现象。

6. 具有过盈配合件装配

零件之间的配合，由于工作情况不同，有间隙配合、过盈配合和过渡配合。其中过盈配合在机械零件的连接中应用十分广泛。

过盈配合装配前应测量孔和轴的配合部位尺寸及进入端倒角角度与尺寸。测量孔和轴时，应在各位置的同一径向平面上互成 90°方向各测一次，求出实测过盈量平均值。根据实测的过盈量平均值，按设计要求和表 2-3 选择装配方法。

表 2-3　具有过盈的配合件装配方法

配合类别			配合特性	装配方法
装配形式	基孔制	基轴制		
过渡配合	$\frac{H_7}{H_6}$	$\frac{H_7}{h_6}$	用于稍有过盈的定位配合，例如为了消除振动用的定位配合	一般采木锤装配
	$\frac{H_7}{H_6}$	$\frac{H_7}{h_6}$	平均过盈比$\frac{H_6}{K_6}\left(或\frac{K_7}{h_6}\right)$大，用于有较大过盈的更精密的定位	用锤或压力机装配

（续）

配合类别			配合特性	装配方法
装配形式	基孔制	基轴制		
过盈配合	$\frac{H_7}{P_6}$	$\frac{P_7}{h_6}$	小过盈配合，用于定位精度特别重要，能以最好的定位精度达到部件的刚性及同轴度要求，但不能用来传递摩擦负荷，需要时易拆除	用压力机装配
	$\frac{H_7}{S_6}$	$\frac{S_7}{h_6}$	中等压入配合，用于钢制和铁制零件的半永久性和永久性装配，可产生相当大的结合力	一般用压力机装配，对于较大尺寸和薄壁零件需用温差法装配
	$\frac{H_7}{U_6}$	$\frac{U_7}{h_7}$	具有更大的过盈，依靠装配的结合力传递一定负荷	用温差法装配

过盈配合装配方法常用的有冷态装配和温差法装配。

(1)冷态装配

冷态装配是指在不加热也不冷却的情况下进行压入装配。压入配合应考虑压入时所需要的压力和压入速度，一般手压时为 1.5t；液压式压床时为 10～100t；机械驱动的丝杆压床为 5t。压入装配时的速度一般不宜超过 2～5m/s。冷态装配时，为保证装配工作质量，应遵守下列几项规定：

1)装配前，应检查互配表面有无毛刺、凹陷、麻点等缺陷；

2)被压入的零件应有导向装配，以免歪斜而引起零件表面的损伤；

3)为了便于压入，压入件先压入的一端应有 1.5～2mm 的圆角或 30°～45°的倒角，以便对准中心和避免零件的棱角边把互配零件的表面刮伤；

4)压入零件前，应在零件表面涂一薄层不含二硫化钼添加剂的润滑油，以减少表面刮伤和装配压力。

(2)温差法装配

温差法装配的零件，其连接强度比常温下零件的连接强度要大得多。过盈量大于 0.1mm 时，宜采用温差法装配。零件加热温度，对于未经热处理的装配件，碳钢的加热温度应小于 400℃；经过热处理的装配件，加热温度应小于回火温度。温度过高，零件的内部组织就会改变，且零件容易变形而影响零件的质量。最小装配间隙，可按表 2-4 选取。

表 2-4　最小装配间隙

配合直径 d/mm	≤3	3～6	6～10	10～18	18～30	30～50	50～80
最小间隙/mm	0.003	0.006	0.010	0.018	0.030	0.050	0.059
配合直径 d/mm	80～120	120～180	180～250	250～315	315～400	400～500	＞500
最小间隙/mm	0.069	0.079	0.090	0.101	0.111	0.123	

(3)热装配加热方法

热装配加热方法常用的有木柴(或焦炭)、氧、乙炔、热油、蒸汽和电感应加热。

热油装配时,机油加热温度不应超过 120℃。若使用过热蒸汽加热机件时,其加热温度可以比在机油中的加热温度略高,但应注意防止机件加工面生锈。

(4)冷却装配

对于零件尺寸较大的,热装配时不但需要花费很大能量和时间,而且还需要特殊装置和设备,这种零件装配时,一般选择冷却装配法。常用的冷却方式有利用液化空气和固态二氧化碳(干冰)或使用电冰箱冷却等。干冰加酒精加丙酮冷却温度可为－75℃;液氨冷却温度可为－120℃;液氮冷却温度可为－195～－190℃。

7. 滑动轴承

轴承是支承轴颈的部件,有时也用来支承轴上的同轴零件。按照承受载荷的方向,轴承可分为向心轴承和推力轴承两大类。根据轴承工作的摩擦性质,又可分为滑动摩擦轴承(具有滑动摩擦性质)和滚动摩擦轴承。

(1)滑动轴承分类

常见的向心滑动轴承有整体式和剖分式两大类,主要用于高速旋转机械。

1)整体式轴承

如图 2-34 所示,整体式轴承的轴承座用螺栓与机座连接,顶部设有装油杯的螺纹孔。轴承孔内压入用减摩材料制成的轴套,轴套内开有油孔,并在内表面上开油沟以输送润滑油。

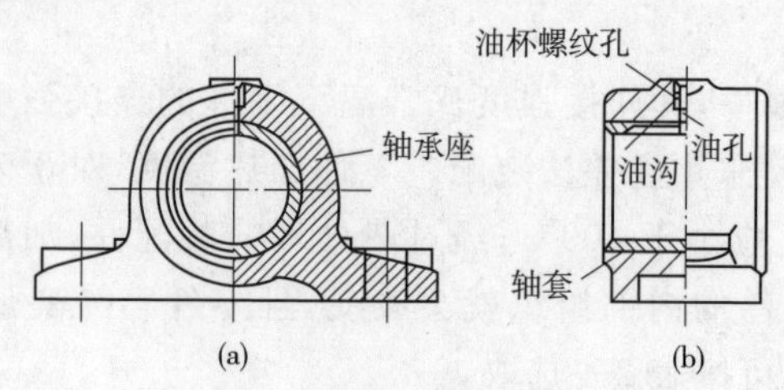

图 2-34　整体式向心滑动轴承

2)剖分式轴承

如图 2-35、图 2-36 所示，剖分式轴承由轴承座、轴承盖、剖分轴瓦、轴承盖螺柱等组成。轴瓦是轴承直接和轴颈相接触的零件。在轴瓦内壁不负担载荷的表面上开设油沟，润滑油通过油孔和油沟流进轴承间隙。对于轴承宽度与轴颈直径之比大于 1.5 的轴承，可以采用调心轴承，如图 2-36 所示，其特点是轴瓦外表面作成球面形状，与轴承盖及轴承座的球状内表面相配合，轴瓦可以自动调位以适应轴颈弯曲时所产生的偏斜。

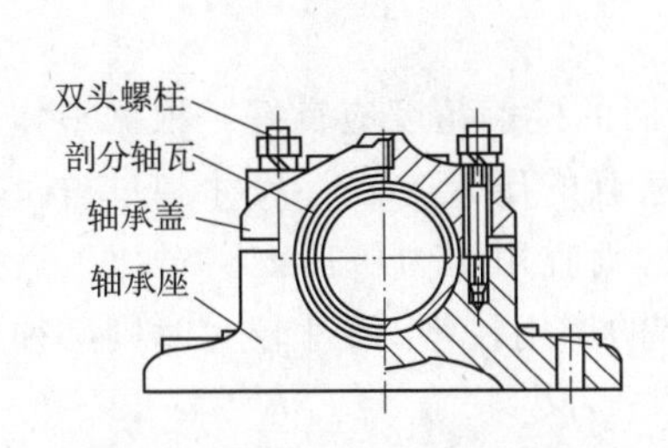

图 2-35　剖分式向心滑动轴承

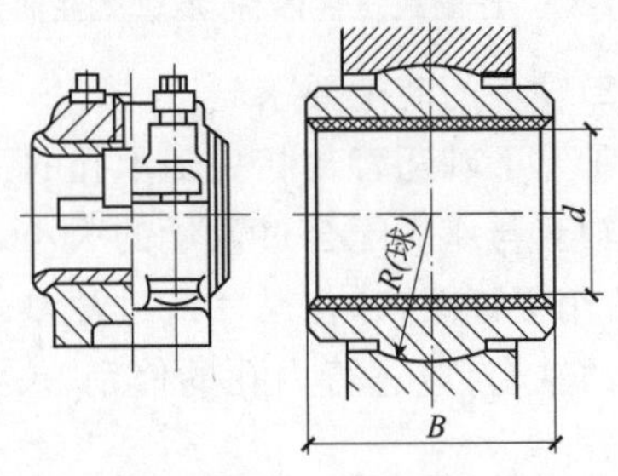

图 2-36　调心轴承

(2)滑动轴承的材料

轴瓦和轴承衬的材料统称为轴承材料。对轴瓦材料的主要要求是：

1)强度、塑性、顺应性和藏嵌性；

2)跑合性、减摩性和耐磨性；

3)耐腐蚀性；

4)润滑性能和热学性质(传热性及热膨胀性)；

5)工艺性。

轴瓦和轴承衬材料主要有轴承合金、轴承青铜、含油轴承和轴承塑料。

(3)轴承润滑方法

轴承润滑的目的主要是减少摩擦功耗，降低磨损率，同时还可起到冷却、防尘、防锈以及吸振等作用。润滑油润滑方式可以是间歇的或是连续的。用油壶和用压配式压注油杯或旋套式注油油杯供油只能达到间歇润滑如图 2-37 所示；采用滴点润滑、芯捻或线纱润滑、油环(轴转动时带动油环转动，把油箱中的油带到轴颈上进行润滑的方式)润滑、飞溅润滑及压力循环润滑能达到连续润滑，如图 2-38 所示。

(4)滑动轴承的安装

1)轴承座的安装

安装轴承座时，必须把轴瓦和轴套安装在轴承座上，按照轴套或轴瓦的中心进行找正，同一传动轴的所有轴承中心必须在一条直线上。找轴承座时，可通过拉钢丝或平尺的方法来找正它们的位置。

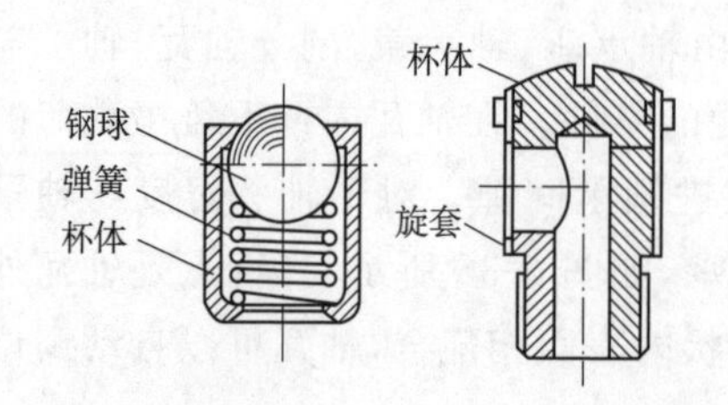

图 2-37　压配式压注油杯、旋套式注油油杯

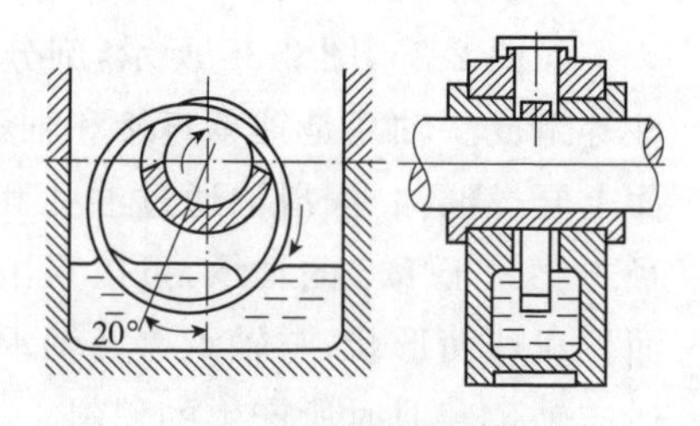

图 2-38　油环润滑

2)轴承的装配要求

①上下轴瓦背与相关轴承孔的配合表面的接触精度应良好。根据整体式轴承的轴套与座孔配合过盈量的大小,确定适宜的压入方法。尺寸和过盈量较小时,可用手锤敲入;在尺寸或过盈量较大时,则宜用压力机压入。对压入后产生变形的轴套,应进行内孔的修刮,尺寸较小的可用铰削;尺寸较大时则必须用刮研的方法。

剖式轴承上下轴瓦与相关轴颈的接触不符合要求时,应对轴瓦进行研刮,研瓦后的接触精度应符合设计文件的要求。研瓦时要在设备精平以后进行,对开式轴瓦一般先刮下瓦,后刮上瓦;四开式轴瓦先刮下瓦和侧瓦,再刮上瓦。

②轴瓦间隙要求应符合设计文件和规范的要求。厚壁轴瓦上下瓦的接合面应接触良好,未拧紧螺钉时,用 0.05mm 塞尺从外侧检查接合面,塞入深度不大于接合面宽度的 1/3;与轴颈的单侧间隙应为顶间隙的 1/2～2/3,可用塞尺检查,塞尺塞入的长度一般不小于轴颈的 1/4。顶间隙可用压铅法并配合塞尺检查。薄壁轴承轴瓦与轴颈的配合间隙及接触状况一般由机械加工精度保证,其接触面一般不允许刮研。

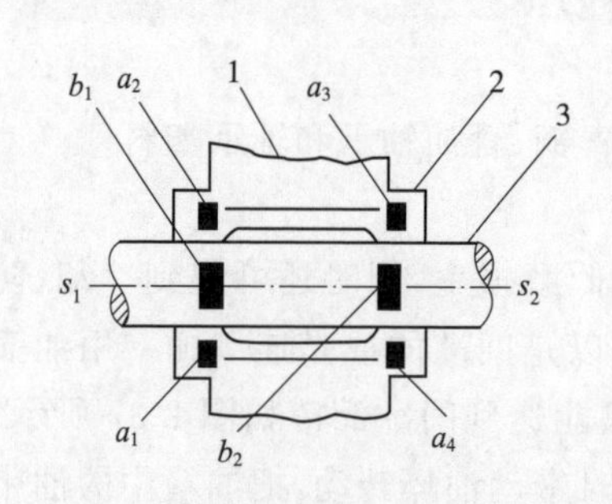

图 2-39　压铅法测量轴承间隙

1-轴承座;2-轴瓦;3-轴

用压铅法检查轴瓦与轴颈顶间隙时,铅丝直径不宜超过顶间隙的 3 倍,在轴瓦中分面处宜加垫片,并扣上瓦盖加以一定紧力进行测量。顶间隙可按下列公式计算,如图 2-39所示。

$$S_1=b_1(a_1+a_2)/2 \tag{2-3}$$

$$S_2=b_2(a_3+a_4)/2 \tag{2-4}$$

式中:　S_1——一端顶间隙,mm;

S_2——另一端顶间隙,mm;

b_2、b_1——轴颈上各段铅丝压扁后的厚度,mm;

a_1、a_2、a_3、a_4——轴瓦合缝处接合面上各垫片的厚度或铅丝压扁后的厚度,mm。

如果实测的顶间隙小于规定的值，应在上下轴瓦之间加垫片；若实测顶间隙的值大于规定值，则用刮削上下轴瓦结合面或减少垫片的方法来调整。

③润滑油通道应干净，位置应正确。

④在工作条件下，不发生烧瓦及“胶合”的情况。

⑤在轴承的所有零件中，只允许轴颈与轴衬之间发生滑动，上瓦与上瓦盖之间应有一定的紧力。

8. 滚动轴承

典型的滚动轴承构造，由内圈、外圈、滚动体和保持架四元件组成，如图 2-40(a)所示。内圈、外圈分别与轴颈及轴承座孔装配在一起。多数情况是内圈随轴回转，外圈不动；但也有外圈回转、内圈不转或内外圈分别按不同转速回转等使用情况。

(1)滚动轴承的分类和优点

1)按滚动体的形状可分为球形、圆柱形、锥柱形、鼓形等，如图 2-40(b)所示。

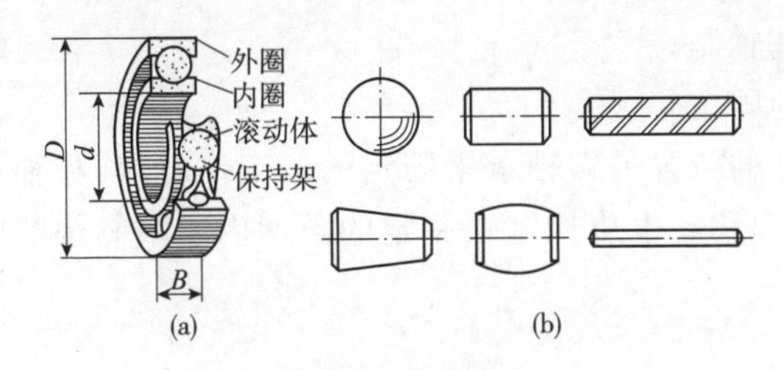

图 2-40　滚动轴承

(a)滚动轴承(球轴承)的构造；(b)滚动体的种类

2)按承受载荷的方向可分为：

①向心轴承，主要承受或只能承受径向载荷；

②推力轴承，只能承受轴向载荷；

③向心推力轴承，能同时承受径向和轴向载荷。

滚动轴承与滑动轴承相比，具有摩擦系数小、运行平稳、精度高、易启动；结构紧凑、消耗润滑剂少；对轴的材料和热处理要求不高及易于互换等优点。

(2)滚动轴承的失效形式

滚动轴承的失效形式主要有疲劳破坏和永久变形，有以下几种。

1)点蚀

滚动轴承受载荷后各滚动体的受力大小不同，对于回转的轴承，滚动体与套圈间产生变化的接触应力，工作若干时间后，各元件接触表面都可能发生疲劳点蚀。

2)塑性变形

在一定的静载荷或冲击载荷作用下,滚动体或套圈滚道上将出现不均匀的塑性变形凹坑。

3)磨损

在多尘条件下工作的滚动轴承,虽然采用密封装置,滚动体与套圈仍有可能磨损,并引起表面发热、胶合,甚至使滚动体回火。

4)其他还有由于操作、维护不当引起元件破裂、电腐蚀、锈蚀等失效形式。

(3)滚动轴承的装配

1)滚动轴承的配合

滚动轴承的内圈和轴的配合以及外圈和轴承座孔的配合将影响轴承的游隙,由于过盈配合所引起的内圈膨胀和外圈收缩,将使轴承的游隙减少。滚动轴承的配合,应根据滚动轴承的类型、尺寸、载荷的大小和方向以及工作情况决定。还要弄清在工作中它是内圈转动,还是外圈转动。因为转动的那一个座圈的配合,要比不转动的那个座圈的配合紧一些。滚动轴承与轴的配合按基孔制,与轴承座孔的配合按基轴制。

2)滚动轴承的固定

轴和轴承零件的位置是靠轴承来固定的。工作时,轴和轴承相对机座不允许有径向移动,轴向移动也应控制在一定的限度内。限制轴的轴向移动有两种方式。

①两端固定

使每一支承都能限制轴的单向移动,两个支承合在一起就能限制轴的双向移动,即利用内圈和轴肩、外圈和轴承盖来完成。

②一端固定一端游动

使一个支承限制轴的双向移动,另一个支承游动。

内圈在轴上的轴向固定方法,如图 2-41 所示。

a. 用轴肩固定,见图 2-41(a)。

b. 用装在轴端的压板固定,见图 2-41(b)。

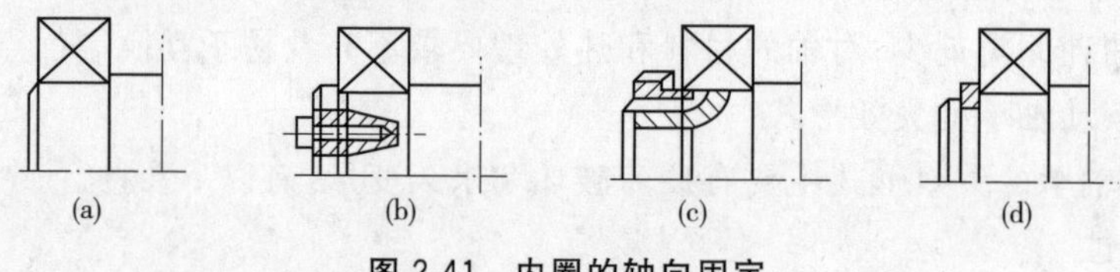

图 2-41　内圈的轴向固定

③用圆螺母和止动垫圈固定,见图 2-41(c)。

④用弹性挡圈紧卡在轴上的槽中固定,见图 2-41(d)。外圈的轴向固定方

法，如图 2-42 所示。

a. 用轴承座上的凸肩固定，见图 2-42(a)。

b. 用轴承盖端压紧固定，见图 2-42(b)。

c. 用弹性挡圈固定，见图 2-42(c)。

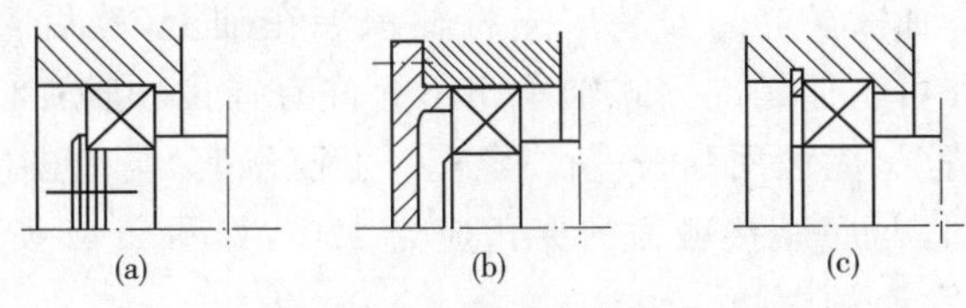

图 2-42　外圈的轴向固定

⑤滚动轴承的安装方法

一般情况下，用压力机将内圈压到轴颈上。中小型轴承采用软锤直接安装或加一段管子间接敲击内圈安装。尺寸大的轴承可用加热轴承的热装法或冷却轴颈的冷却法。

a. 热装法。热装原理是先将轴承在热油内加热，使轴承内径产生热膨胀，然后安装到轴颈上。具体做法是先将轴承放在机油中加热 15 分钟左右，温度不应超过 100℃，然后迅速取出，安装到轴上。

b. 锤击法。安装前，在轴颈或轴承内座圈的表面涂上一层机油，然后将轴承套在轴颈端部，靠内座圈的边缘垫上一根紫铜棒，棒中心线与轴中心线平行，再对称而均匀地锤击，即在轴承座圈的两侧交替地垫上棒锤击，直到内座圈与轴肩靠紧为止，如图 2-43(a)所示。

为了使轴承受力对称，也常采用一根套管作为锤击时传递力量的工具。如图 2-43(b)所示。套管以紫铜的最好，用低碳钢管也可以。套管的端面要平，而且应该与套管的中心线垂直。使用时将轴承套在轴端上，再把套管的一个端面与轴承座内圈的端面贴合。在套管的另一个端面上焊上用锤敲击管子的端盖。这时座圈受力对称，装起来也顺利，但是它的适用范围不大。

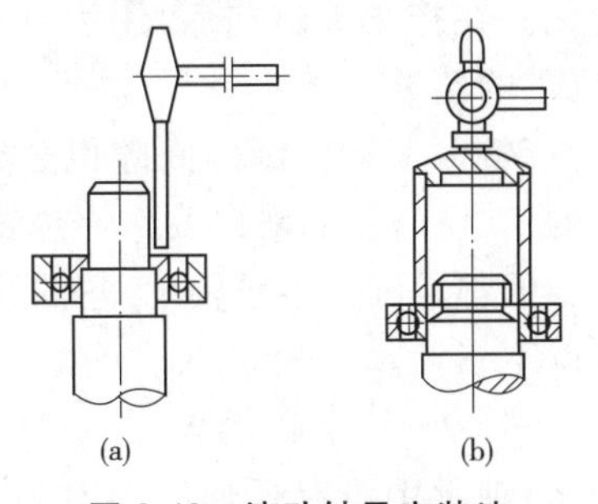

图 2-43　滚动轴承安装法

c. 压力机压入法。用锤击法，不论采用紫铜棒，还是采用套管，都不十分理想，因为它们传到轴承上的力都是冲击力，而且又不均匀。为了使轴承受力对称、均匀，避免冲击，常采用压入的方法，即用压力机代替锤头，传递力量仍然利用套管，具体做法如图 2-43(b)所示。

d. 在剖分式轴承座上的安装应先将轴承装在轴上，然后整体放在轴承座里，盖上轴承盖即可。但是剖分式轴承座不允许有错位和轴瓦口两侧间隙过小的现象，若有此情况，应该用刮刀进行修整。轴瓦(轴套)与上盖接触面的夹角应在 80°～120°之间，与底座接触面的夹角应为 120°，如图 2-44 所示。并且上、下接触面都应在座孔面的中间。

e. 止推轴承的安装。止推轴承的活套圈与机座之间应保证有 0.25～1.0mm 的间隙，如图 2-45 所示。若它的两个座圈内径不一致时，应把内径小的座圈安装在紧靠轴肩处。因此安装前要进行测量，否则容易装错。

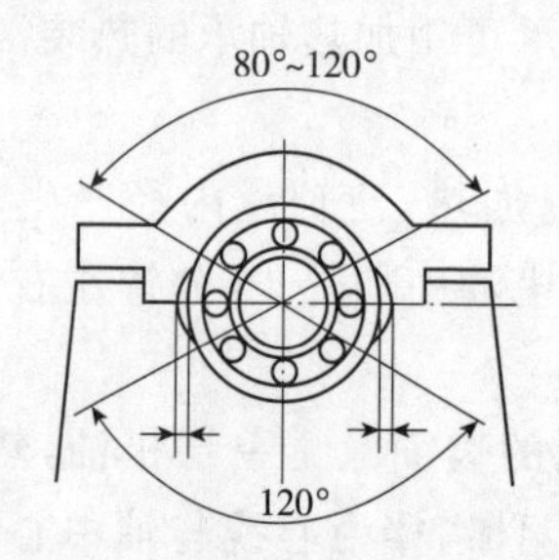

图 2-44 轴承外套与轴承座接触面的角度

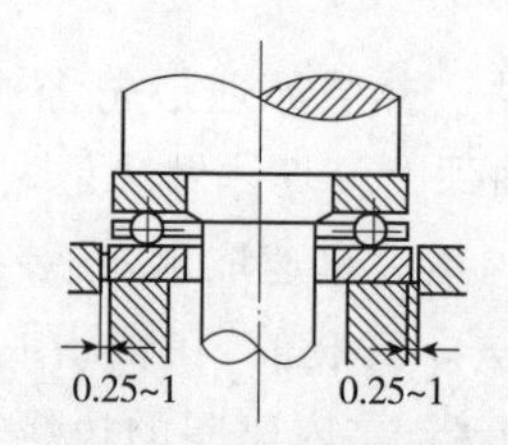

图 2-45 止推轴承的活套与机座之间的装配间隙

所有滚动轴承座盖上的止口都不应偏斜，止口端面应垂直于盖的对称中心线；如有偏斜，要加以修正。油毡，皮胀圈等密封装置，必须严密。迷宫式的密封装置，在装配时应填入干油。装配轴承时还要检查轴承外圈是否堵住油孔及油路。

滚动轴承径向有一定的游隙，其最大间隙位置应在上面，当轴承座上盖拧紧螺钉后，其间隙不应有变化。在拧紧螺钉前后，用手轻轻转动轴承时，感觉应当同样轻快、平稳，不应有沉重的感觉。

⑥滚动轴承间隙量的调整。滚动轴承的间隙也分为径向和轴向两种，间隙的作用，在于保证滚动体的正常运转、润滑以及作为热膨胀的补偿量。滚动轴承安装时，一般需要调整间隙的都是圆锥滚子轴承，它的调整是通过轴承外圈来进行的，主要的调整方法有以下三种。

a. 垫片调整

先用螺钉将卡盖拧紧到轴承中没有任何间隙时为止，如图 2-46 所示，同时最好将轴转动，然后用塞尺量出卡盖与机体间的间隙，再加上所需要的轴向间隙，即等于所需要加垫的厚度。假定需要几层垫片叠起来用时，其厚度一定要以螺钉拧紧之后再卸下来测量的结果为准，不能以几层垫片直接相加的厚度计算，否则会造成误差。

b. 螺钉调整

如图 2-47(a)所示，先把调整螺钉 1 上的锁紧螺母 2 松开，然后拧紧调整螺钉，使它压到止推环上，止推环挤向外座圈，直到轴转动时吃力为止。最后，根据轴向间隙的要求，将调整螺钉倒转一定的角度，并把锁紧螺母 2 拧紧，以防调整螺钉在设备运转中产生松动。

c. 止推环调整

如图 2-47(b)所示，先拧紧止推环 3，直到轴转动吃力时为止，然后根据轴向间隙的要求，将止推环轴承安装好之后，倒拧一定的角度，最后用止动片 4 予以固定。

轴承间隙调整好以后，还要进一步检查调整的是否正确，可以用塞尺或百分表测量轴向间隙值，以达到检查目的。

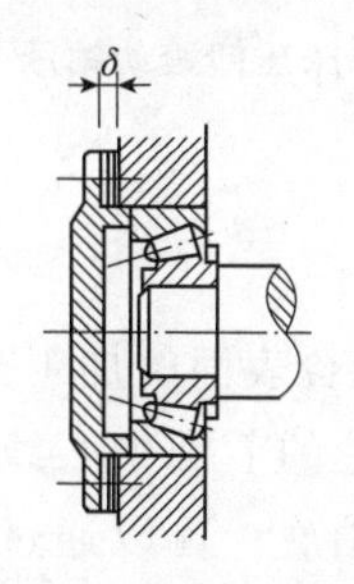

图 2-46　垫片调整法

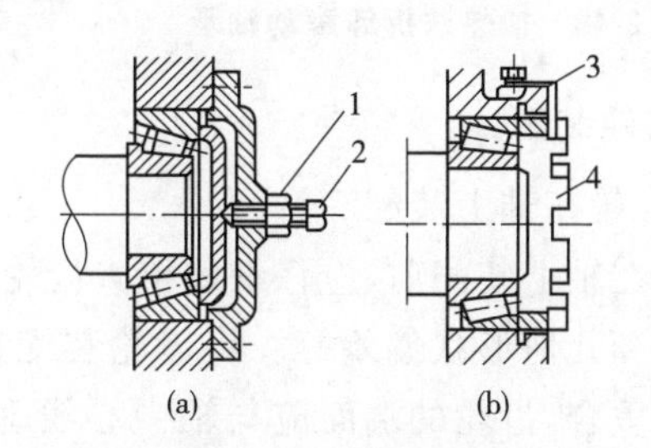

图 2-47　螺钉调整

(a)螺钉调整；(b)止推环调整

1—调整螺钉；2—锁紧螺母；3—止推环；4—止动片

3)滚动轴承的拆卸

①锤击拆卸

锤击拆卸是把连同滚动轴承的部件安装在台虎钳上，然后用锤头击卸，击卸时应谨慎小心，以免打坏零件。锤击要左右对称地交换着进行，切不可只在一面敲击，否则座圈很可能会破裂。

②加热拆卸

根据金属热胀冷缩的特性，来拆卸零件。这种方法适用于过盈量大、尺寸也大的滚动轴承拆卸。

加热拆卸轴承时，机油的加热温度约 100℃左右。并将轴承放置成如图2-48所示位置，稍微拧紧钩爪器上的丝杆，然后将热油浇在滚动轴承的内圈上，使内圈受热膨胀，此时尽可能不让热油与轴接触，可将轴端用浸湿的冷布包扎起来，当内圈受热膨胀与轴配合松动时，即可轻松地将轴承卸下来。拆卸时，钩爪器的丝杠要顶住轴端，再拧紧丝杠即可。

③压力拆卸

这种拆卸方法加力比较均匀，也能控制方向，适用于大尺寸的滚动轴承，如图 2-49 所示为用压床压出滚动轴承的方法。

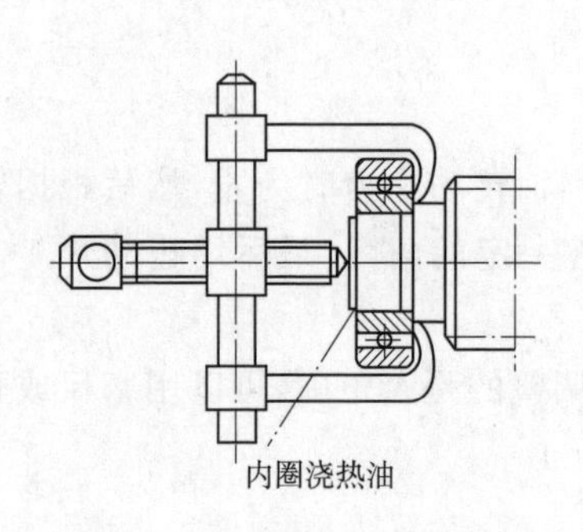

图 2-48　加热法拆卸滚动轴承

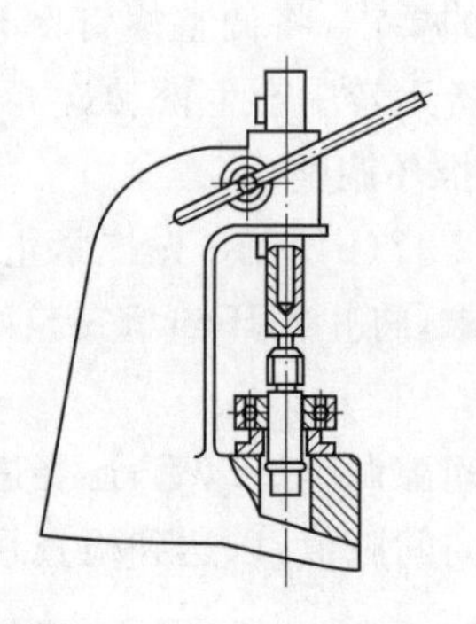

图 2-49　用压床压卸滚动轴承

9. 齿轮装配

(1)齿轮在轴上装配

齿轮在轴上装配前，应仔细地检查齿轮轴孔和轴的配合表面的加工光洁度、尺寸公差和几何形状偏差等。将齿轮装配在轴上时，齿轮的节圆中心线应与轴中心线相重合，齿轮的端面应与轴中心线垂直并应紧靠轴肩。可以通过测量齿轮轮缘的径向跳动和端面跳动来检查齿轮装配正确与否。

当传动力矩较大时，常采用较大过盈量来配合。装配时可采用压力装配或加热装配。

(2)装配检查与要求

影响齿轮传动的准确性是由于存在着加工和装配误差，影响齿轮啮合质量的好坏主要是齿轮中心距和齿轮轴的平行度，其中安装中心距是影响齿侧间隙大小的主要因素。

1)齿侧间隙的检查

齿侧间隙的检查方法有塞尺法、压铅法和百分表法。

①塞尺法：用塞尺直接测量齿轮的顶间隙和侧间隙。

②压铅法：如图 2-50 所示，压铅法是测量顶间隙和侧间隙最常用的方法。测量时将直径不超过间隙 3 倍的铅丝，用油脂粘在直径较小的齿轮上；铅丝长度不应小于 5 个齿距；对于齿宽较大的齿轮，沿齿宽方向应均匀放置至少 2 根铅

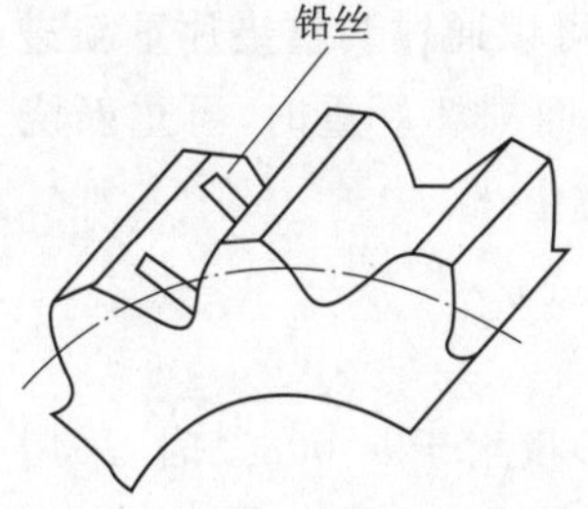

图 2-50 压铅法检查侧隙

条。然后使齿轮啮合滚压，压扁后的铅丝厚度，就相当于顶间隙和侧间隙的数值，其值可用千分尺测量。铅丝最后部分的厚度为顶间隙，相邻最薄处部分的厚度之和为侧间隙。齿侧间隙应符合设备技术文件的规定。

2)接触斑点的检查

安装现场检查齿轮的接触斑点常采用涂色法检查。一般用加少量机油的红丹粉涂色于直径较小的齿轮上，用小齿轮驱动直径较大的齿轮，使大齿轮转动3～4圈，然后在大齿轮上(也可在小齿轮上)观察接触痕迹，作为接触斑息，对于双向工作的齿轮，应在正反方向都做接触斑点的检查。圆柱齿轮和蜗轮的接触斑点应趋于齿轮侧面的中部；圆锥齿轮的接触斑点应趋于齿侧面的中部并接近小端。

10. 典型及精密部件的检修与刮研

(1)齿轮副的检修

齿轮副经过一定时间的运转，会产生不同程度的磨损。齿轮磨损严重或齿崩碎，一般情况下均更换新的。由于小齿轮和大齿轮啮合，往往小齿轮磨损快，所以应及时更换小齿轮，以免加速大齿轮磨损。更换时要注意齿轮的压力角要相同，以免加速机构及齿轮的磨损。蜗轮副的修理，主要包括蜗轮座和蜗轮副的修理，圆锥齿轮因磨损造成侧间隙时，其修理方法是沿轴线移动调整。

对于大模数齿轮的齿轮局部崩裂，可用气焊把金属熔化堆积在损坏的部分，然后经过回火，再加工成准确的齿形。

(2)滑动轴承的检修

1)整体式滑动轴承的修理

这种轴承一般采用更换的方法，但对大型轴承或贵重金属材料的轴承，可采用金属喷镀的方法或将轴套切去部分，然后合拢以缩小内孔，再在缺口上用铜焊补满，最后通过喷镀或镶套以增大外径。

2)内柱外锥式滑动轴承的修理

这类轴承修理应根据损坏情况进行。如工作表面没有严重擦伤，而仅作精度修整时，可以通过螺母来调整间隙。当工作表面有严重擦伤时，应重新刮研轴承，恢复其配合精度。当没有调节余量时，可采用加大轴承外锥圆直径的方法，如采用电化铜的方法，增加它的调节余量。另外，也可在轴承小端，车去部分圆锥以加长螺纹长度，从而增加了它的调节范围，当轴承变形或磨损严重时，则应更换新的轴承。

3)剖分式(对开式)滑动轴承的修理

对开式滑动轴承经使用后，如工作表面轻微磨损，可以通过调整垫片重新进行修刮，以恢复其精度。对于巴氏合金轴瓦，如工作表面损坏严重时，可重新浇巴氏合金，并经机械加工，再进行修刮，直至符合要求为止。

(3)轴的修理

1)一般轴的修复工艺

①轴变形弯曲。当轴颈小于50mm，轴的弯曲变形量大于0.006%时，采用冷校直，用百分表检验其弯曲量，并在最大弯曲点做记号，然后放在专用的工具或压力机上进行校直。当轴颈大于50mm，不适于冷校直的轴，可采用热校法，它是用气焊加热最大弯曲处或相邻部位，使轴的局部受热膨胀，使伸长量达到原轴最大弯曲值的2～3倍(根据轴的直径大小而定)，然后迅速冷却使轴校直。采用热校直的方法简单可靠，精度可达0.03mm。

②当轴颈的磨损量小于0.2mm，需要具有一定硬度时，可采用镀铬的方法进行修复，镀铬层的厚度一般为0.1～0.2mm，为保证原尺寸精度，镀层应具有0.03～0.1mm的磨削余量。受冲击荷载的零件，因镀铬层受冲击易剥落，故不宜镀铬。

2)主轴的修复工艺

主轴的精度比一般的轴要求高，主轴容易磨损和损伤的部位主要是在轴颈和主轴锥孔部分。主轴轴颈可用百分尺测量轴颈的椭圆度、锥度。如轴颈表面粗糙度磨损小且均匀，可用调整轴承间隙的方法来消除，如轴颈圆度或圆柱度超差，可以用磨削加工来提高精度。

(4)机床导轨的修理

机床导轨的主要功能是导向和承载，如工作导轨(动导轨)和床身导轨(静止的支承导轨)等，导轨在工作中必须满足其基本要求：导向精度、导轨精度的保持性、低速运动的均匀性、导轨面加工精度、表面粗糙度及承载能力等。

机床导轨的检修，不但直接影响被加工零件的精度，而且是其他部件精度检查的基准。因此机床导轨的修理，要保证它本身的表面质量和尺寸、形状精度，以及保证它与其他有关部件的位置精度。

1)导轨面检修的一般要求

导轨的检修一般有刮削、精刨和磨削等方法，刮削具有精度高、耐磨性好但劳动强度大，目前对于大型导轨一般采用精刨，中小型导轨采用磨削。

①选择合适的导轨作为刮削的基准导轨；

②对相同截面形状的组合导轨，应先刮削原设计导轨面或刮削工作量少的导轨面，并以此作为基准来刮削与其组合的另一导轨；

③刮削导轨时，一般应将导轨放置在坚实的基础上，保证其处于自然状

态下；

④当机床导轨面磨损大于 0.3mm 时，为减少刮研工作量，应磨削或精刨后再进行刮研。

2)导轨几何精度的检查

导轨几何精度的检查方法很多，如研点法、直尺拉表比较法、垫塞法、拉钢丝检测法和水平仪检测法。常用的水平仪检测法检查导轨几何精度值，是根据每测量段(200 或 500mm)所测量的数据，通过计算或作图来确定导轨误差的大小。

第三章　土石方机械

应用于各类基本建设工程中,对土方、石方或其他材料进行切削、挖掘、凿岩、放炮、铲运(短距离运输)、回填、平整及压实等施工作业的机械和设备称为土石方施工机械。

在各类基本建设施工中,土石方工程是最基本,也是工程量和劳动强度最大、施工期限长、施工条件复杂的工程之一。土石方工程所应用的机械设备,具有功率大、机型大、机动性大、生产效率高和类型复杂等特点。常用的土石方机械有挖掘机、铲运机、推土机、装载机和平地机等。

目前,土石方工程施工的大部分工序都可由土石方施工机械来完成。它不但可以节省劳动力,减轻繁重的体力劳动,而且施工质量好,作业效率高(据有关资料表明:土石方工程机械施工是人力施工生产率的 15～20 倍),工程造价低,经济效益好,深受广大施工企业和工程业主的欢迎。

在工程施工作业中,由于工作环境复杂,机械承受负载大,因此,要求机械管理人员要熟练掌握机械的各种构造特征、性能要求并做好维护保养工作,以保证机械有较高的工作生产能力。

第一节　单斗挖掘机

挖掘机械简称"挖掘机",是用来进行土、石方开挖的一种工程机械,按作业特点分为周期性作业式和连续性作业式两种,前者为单斗挖掘机,后者为多斗挖掘机。由于单斗挖掘机是挖掘机械的一个主要机种,也是各类工程施工中普遍采用的机械,可以挖掘四类以下的土层和爆破后的岩石,因此,本节着重介绍单斗挖掘机。

单斗挖掘机的主要用途是在建筑工程中用来开挖地基,在筑路工程中用来开挖堑壕,在水利工程中用来开挖沟渠、运河和疏通河道,在采石场、露天采矿等工程中用于矿石的剥离和挖掘等;此外还可对碎石、煤等松散物料进行装载作业;更换工作装置(如图 3-24 所示)后还可进行起重、浇筑、安装、打桩、夯土和拔桩等工作。

一、单斗挖掘机的分类

单斗挖掘机的种类很多,一般按下列方式分类。

(1)按传动的类型不同单斗挖掘机可分为机械式(图 3-1)和液压式,目前,在建筑工程中主要采用单斗液压式挖掘机(图 3-2)。

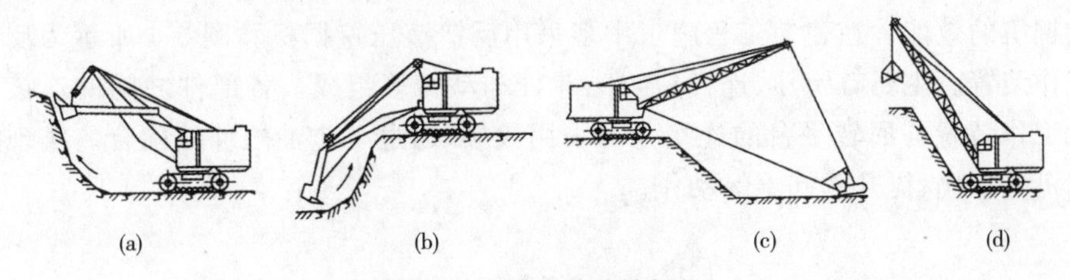

图 3-1 机械式单斗挖掘机

(a)正铲;(b)反铲;(c)拉铲;(d)抓斗

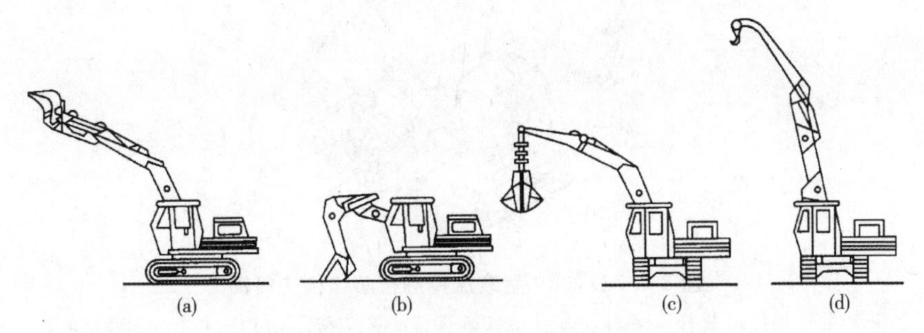

图 3-2 单斗液压式挖掘机

(a)反铲;(b)正铲或装载;(c)抓斗;(d)起重

(2)按行走装置不同,单斗挖掘机可分为履带式、轮胎式和步履式,如图 3-3 所示。

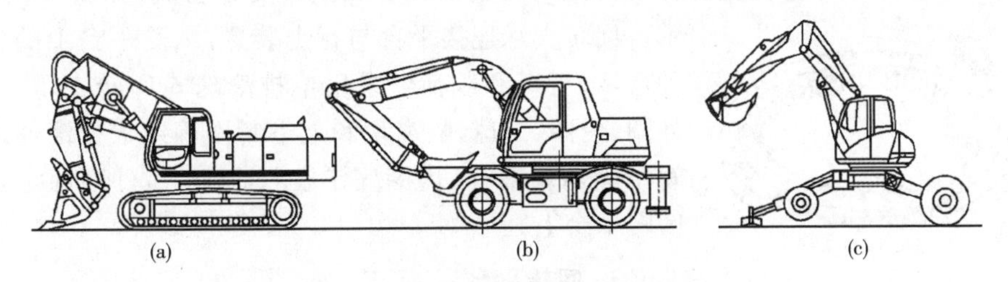

图 3-3 挖掘机行走装置的结构形式

(a)履带式;(b)轮胎式;(c)步履式

(3)按工作对象不同,单斗挖掘机可分为反铲、正铲、拉铲和抓斗等(见图 3-1 和图 3-2)。

二、单斗挖掘机的构造组成

1. 工作装置

单斗液压式挖掘机的常用工作装置有反铲、抓斗、正铲、起重和装载等，同一种工作装置也有许多不同形式的结构，以满足不同工况的需求，最大限度地发挥挖掘机的效能。在建筑工程施工中多采用反铲液压挖掘机。图 3-4 所示为反铲工作装置。主要有铲斗、连杆、摇杆、斗杆和动臂等组成。各部件之间的连接以及工作装置与回转平台的连接全部采用铰接，通过 3 个油缸伸缩配合。实现挖掘机的挖掘、提升和卸土等动作。

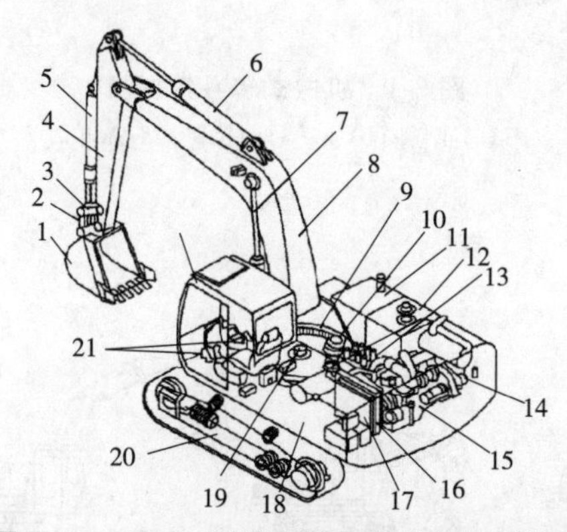

图 3-4　EX200V 型液压挖掘机总体构造简图

1-铲斗；2-连杆；3-摇杆；4-斗杆；5-铲头油缸；6-斗杆油缸；7-动臂油缸；8-动臂；9-回转支承；10-回转驱动装置；11-燃油箱；12-液压油箱；13-控制阀；14-液压泵；15-发动机；16-水箱；17-液压油冷却器；18-平台；19-中央回转接头；20-行走装置；21-操作系统；22-驾驶室

2. 回转机构

EX200 单斗挖掘机回转机构由回转驱动装置和回转支承组成，如图 3-5 所示。回转支承连接平台与行走装置，承受平台上的各种弯矩、扭矩和载荷。采用单排滚珠式回转支承，由外圈、内圈、滚球、隔离块和上下封圈等组成。滚球之间用隔离块隔开，内圈固定在行走架上，外圈固定在回转平台上。

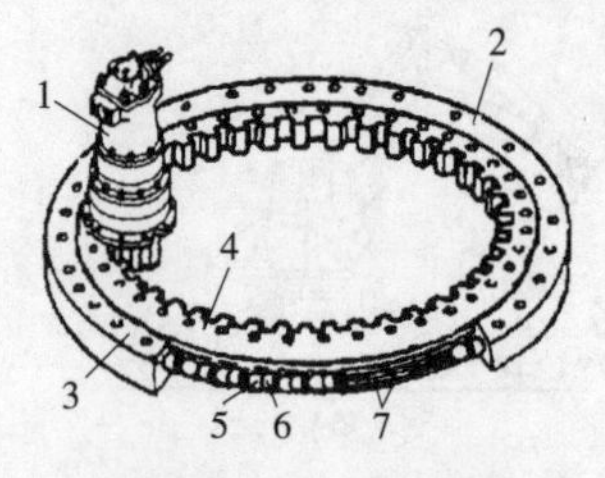

图 3-5　回转机构

1-回转驱动装置；2-回转支撑；3-外圈；4-内圈；5-滚球；6-隔离块；7-上下密封圈

3. 回转平台

回转平台上布置有回转支承、回转驱动装置、柴油箱、液压油箱、多路控制阀、液压泵装置、发动机等部件。工作装置铰接在平台的前端。回转平台通过回转支承与行走装置连接，回转驱动装置使平台相对底盘360°全回转，从而带动工作装置绕回转中心转动。

4. 履带行走装置

单斗液压挖掘机的行走装置是整个挖掘机的支承部分，支承整机自重和工作荷载，完成工作性和转场性移动。行走装置分为履带式和轮胎式，常用的为履带式底盘。

履带式行走装置如图3-6所示，由行走架、中心回转接头、行走驱动装置、驱动轮、托链轮、支重轮、引导轮和履带及履带张紧装置等组成。

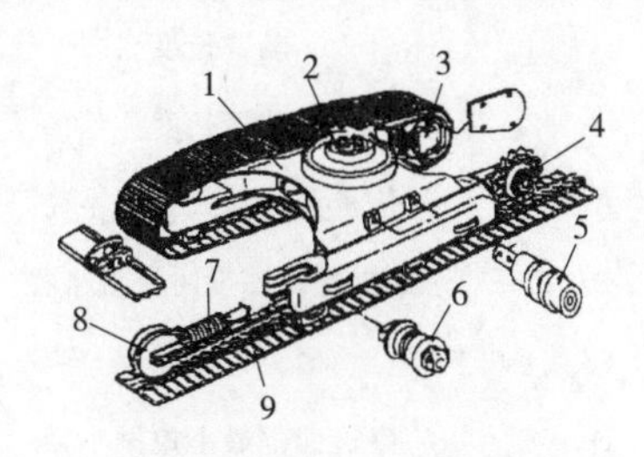

图3-6　履带式行走装置

1-行走架；2-中心回转接头；3-行走驱动装置；4-驱动轮；5-托链轮；6-支重轮；7-履带张紧装置；8-引导轮；9-履带

履带行走装置的特点是牵引力大、接地比压小、转弯半径小、机动灵活，但行走速度慢，通常在0.5～0.6km/h，转移工地时需用平板车搬运。

5. 轮胎式行走装置

轮胎式行走装置有多种形式，采用轮式拖拉机底盘和标准汽车底盘改装的单斗液压挖掘机斗容量小。对斗容量0.5m³以上的较大斗容量，工作性能要求较高的轮胎式挖掘机采用专用底盘。

三、单斗挖掘机的性能与规格

单斗液压挖掘机的主要技术性能参数见表3-1～表3-3。

表3-1　正铲挖土机技术性能

工作项目	符号	单位	W_1-50		W_1-100		W_1-200	
动臂倾角	a	°	45°	60°	45°	60°	45°	60°
最大挖土高度	H_1	m	6.5	7.9	8.0	9.0	9.0	10.0
最大挖土半径	R	m	7.8	7.2	9.8	9.0	11.5	10.8
最大卸土高度	H_2	m	4.5	5.6	5.6	6.8	6.0	7.0
最大卸土高度时卸土半径	R_2	m	6.5	5.4	8.0	7.0	10.2	8.5
最大卸土半径	R_3	m	7.1	6.5	8.7	8.0	10.0	9.6
最大卸土半径时卸土高度	H_3	m	2.7	3.0	3.3	3.7	3.75	4.7
停机面处最大挖土半径	R_1	m	4.7	4.35	6.4	5.7	7.4	6.25
停机面处最小挖土半径	R_1'	m	2.5	2.8	3.3	3.6	—	—

注：W_1-50型斗容量为0.5m³；W_1-100型斗容量为1.0m³；W_1-200型斗容量为2.0m³。

表 3-2　单斗液压反铲挖掘机技术性能

符号	名称	单位	机型			
			WY40	WY60	WY100	WY160
	铲斗容量	m^3	0.4	0.6	1～1.2	1.6
	动臂长度	m	—	—	5.3	—
	斗柄长度	m	—	—	2	2
A	停机面上最大挖掘半径	m	6.9	8.2	8.7	9.8
B	最大挖掘深度时挖掘半径	m	3.0	4.7	4.0	4.5
C	最大挖掘深度	m	4.0	5.3	5.7	6.1
D	停机面上最小挖掘半径	m	—	3.2	—	3.3
E	最大挖掘半径	m	7.18	8.63	9.0	10.6
F	最大挖掘半径时挖掘高度	m	1.97	1.3	1.8	2
G	最大卸载高度时卸载半径	m	5.27	5.1	4.7	5.4
H	最大卸载高度	m	3.8	4.48	5.4	5.83
I	最大挖掘高度时挖掘半径	m	6.37	7.35	6.7	7.8
J	最大挖掘高度	m	5.1	6.0	7.6	8.1

表 3-3　抓铲挖掘机型号及技术性能

项目	型号							
	W－501				W01001			
抓斗容量/m^3	0.5				1.0			
伸臂长度/m	10				13		16	
回转半径/m	4.0	6.0	8.0	9.0	12.5	4.5	14.5	5.0
最大卸载高度/m	7.6	7.5	5.8	4.6	1.6	10.8	4.8	13.2
抓斗开度/m	—				2.4			
对地面的压力/MPa	0.062				0.093			

四、挖掘机的选择

1. 挖掘机的选择

挖掘机选择应根据以下几个方面考虑。

(1)按施工土方位置选择:当挖掘土方在机械停机面以上时,可选择正铲挖掘机;当挖掘土方在停机面以下时,一般选择反铲挖掘机。

(2)按土的性质选择：挖取水下或潮湿泥土时，应选用拉铲或反铲挖掘机；如挖掘坚硬土或开挖冻土时，应选用重型挖掘机；装卸松散物料时，应采用抓斗挖掘机。

(3)按土方运距选择：如挖掘不需将土外运的基础、沟槽等，可选用挖掘装载机；长距离管沟的挖掘，应选用多斗挖掘机；当运土距离较远时，应采用自卸汽车配合挖掘机运土，选择自卸汽车的容量与挖土斗容量能合理配合的机型。

(4)按土方量大小选择：当土方工程量不大而必须采用挖掘机施工时，可选用机动性能好的轮胎式挖掘机或装载机；而大型土方工程，则应选用大型、专用的挖掘机，并采用多种机械联合施工。

按照上述各因素选型时，还必须进行综合评价。挖掘机的容量应根据土方工程量、土层厚度和土的性质综合考虑。如正铲挖掘机的最小工程量和工作面最小高度的关系见表3-4。

表3-4　一般正铲挖掘机工程量和工作面高度关系

挖土斗容量/m^3	最小工程量/m^3	土的类别	工作面最小高度/m
0.5	15000	Ⅰ～Ⅱ	1.5
		Ⅲ	2.0
		Ⅳ	2.5
1.0	20000	Ⅰ～Ⅱ	2.0
		Ⅲ	2.5
		Ⅳ	3.0
1.5	40000	Ⅰ～Ⅱ	2.5
		Ⅲ	3.0
		Ⅳ	3.5

2. 挖掘机需用台数选择

挖掘机需用台数N可用式(3-1)计算：

$$N=\frac{W}{QT} \tag{3-1}$$

式中：W——设计期限内应由挖掘机完成的总工程量，m^3；

Q——所选定挖掘机的实际生产率，m^3/h；

T——设计期限内挖掘机的有效工作时间，h。

3. 运输机械的选配

运输机械配合挖掘机运土时，为保证流水作业连续均衡，提高总的生产效率。如采用自卸汽车时,汽车的车厢容量应是挖掘机斗容量的整倍数,一般选用3倍。

挖掘机与自卸汽车联合施工时,每台挖掘机应配自卸汽车的台数可按式(3-2)计算:

$$N_{汽}=\frac{T_{汽}}{nt_{挖}} \tag{3-2}$$

式中:$T_{汽}$——汽车运土循环时间,min;

$t_{挖}$——挖掘机工作循环时间;

n——每台汽车装土的斗数。

五、单斗挖掘机生产率的计算

单斗挖掘机每小时生产量Q可按式(3-3)计算:

$$Q=\frac{3600}{T}\cdot q\cdot K\cdot \eta\cdot f_{c}\cdot f_{L}\cdot c_{1}\cdot c_{2}\,(m^3/h) \tag{3-3}$$

式中:T——工作循环时间,s;

q——铲斗容量,m^3;

K——铲斗装满系数,按表3-5取;

η——时间利用系数,按表3-6取;

f_c——工作难易系数,按表3-7取;

f_L——装料松紧方换算系数,按表3-8取;

c_1——回转角度与挖掘深度修正系数,按表3-9取;

c_2——挖掘工具修正系数,按表3-10取。

表3-5　装满系数 K

材料	装满系数 K	材料	装满系数 K
湿壤土,砂黏土,表皮土	1.00～1.25	爆破良好岩石	0.65～0.85
砂砾石,压实土壤	0.95～1.25	爆破不好岩石	0.50～0.65
硬黏土	0.80～1.00		

表3-6　时间利用系数 η

效率高低	每小时纯工作时间/min	时间利用系数 η	效率高低	每小时纯工作时间/min	时间利用系数 η
卓越	55	0.92	低于平均	40	0.67
良好	50	0.83	不利条件	35	0.58
平均	45	0.75			

表 3-7　工作难易系数 f_c

可装性，土壤条件	工作难易系数 f_c	可装性，土壤条件	工作难易系数 f_c
容易挖掘	0.95～1.10	难挖	0.60～0.70
中等难度挖掘	0.80～0.95	最难挖	0.50～0.60
中等～难挖	0.70～0.80		

表 3-8　材料重量与装料系数 f_L

材料		松方容重/(kg/m³)	紧方容重/(kg/m³)	装料系数
盐基石		1425	1900	0.75
铁碴		560	860	0.65
铀矿		1630	2200	0.74
黏土	自然态	1660	2020	0.82
	干态	1480	1840	0.81
	湿态	1660	2080	0.84
黏土与砾石	干态	1425	1660	0.86
	湿态	1540	1840	0.80
无烟煤	未洗	1190	1600	0.74
	已洗	1100	1480	0.74
烟煤	未洗	950	1275	0.74
	已洗	830	1130	0.74
风化石	含石 75%	1960	2790	0.70
	含石 50%	1720	2280	0.75
	含石 25%	1570	1960	0.85
压实干土		1510	1900	0.80
挖土湿土		1600	2020	0.79
壤土		1245	1540	0.81
表土		950	1360	0.70
破碎花岗岩		1660	2730	0.61
砾石	干	1930	2170	0.89
	干 5～50/mm	1510	1690	0.89
	湿	1690	1900	0.89
	湿 6～50/mm	2020	2260	

（续）

材料		松方容重/(kg/m³)	紧方容重/(kg/m³)	装料系数
石膏	破碎	1810	3180	0.57
	粉碎	1600	2790	0.57
赤铁矿		1810～2450	2130～2900	0.85
破碎石灰岩		1540	2610	0.59
磁铁矿		2790	3260	0.85
黄铁矿		2580	3020	0.85
砂	干	1420	1600	0.89
	潮润	1690	1900	0.89
	湿	1840	2080	0.89
砂黏土	松	1600	2020	0.79
	压实		2400	
砂砾	干	1720	1930	0.89
	湿	2020	2230	0.91
砂岩		1510	2520	0.60
铁渣		1750	2940	0.60
碎石		1600	2670	0.60
破碎淡黑色岩		1750	2610	0.67

表 3-9　回转角度和掘深修正系数 c_1

最佳深度/(%)	回转角度						
	45°	60°	75°	90°	120°	150°	180°
50	0.97	0.95	0.93	0.90	0.86	0.83	0.80
100	1.08	1.05	1.03	1.00	0.96	0.92	0.89
150	1.03	1.00	0.98	0.95	0.91	0.87	0.85
200	0.98	0.96	0.94	0.91	0.87	0.84	0.81
250	0.94	0.91	0.90	0.87	0.84	0.80	0.77
300	0.90	0.87	0.85	0.83	0.80	0.76	0.74
400	0.83	0.81	0.79	0.77	0.74	0.71	0.69

表 3-10　挖掘工具修正系数 c_2

挖掘工具	反铲	底卸式正铲	掘土抓斗
修正系数 c_2	1.0	1.1	0.85

六、单斗挖掘机的安全操作

(1)单斗挖掘机的作业和行走场地应平整坚实,松软地面应用枕木或垫板垫实,沼泽或淤泥场地应进行路基处理,或更换专用湿地履带。

(2)轮胎式挖掘机使用前应支好支腿,并应保持水平位置,支腿应置于作业面的方向,转向驱动桥应置于作业面的后方。履带式挖掘机的驱动轮应置于作业面的后方。采用液压悬挂装置的挖掘机,应锁住两个悬挂液压缸。

(3)作业前应重点检查下列项目,并应符合相应要求:

1)照明、信号及报警装置等应齐全有效;

2)燃油、润滑油、液压油应符合规定;

3)各铰接部分应连接可靠;

4)液压系统不得有泄漏现象;

5)轮胎气压应符合规定。

(4)启动前,应将主离合器分离,各操纵杆放在空挡位置,并应发出信号,确认安全后启动设备。

(5)启动后,应先使液压系统从低速到高速空载循环10～20min,不得有吸空等不正常噪声,并应检查各仪表指示值,运转正常后再接合主离合器,再进行空载运转,顺序操纵各工作机构并测试各制动器,确认正常后开始作业。

(6)作业时,挖掘机应保持水平位置,行走机构应制动,履带或轮胎应揳紧。

(7)平整场地时,不得用铲斗进行横扫或用铲斗对地面进行夯实。

(8)挖掘岩石时,应先进行爆破。挖掘冻土时,应采用破冰锤或爆破法使冻土层破碎。不得用铲斗破碎石块、冻土,或用单边斗齿硬啃。

(9)挖掘机最大开挖高度和深度,不应超过机械本身性能规定。在拉铲或反铲作业时,履带式挖掘机的履带与工作面边缘距离应大于1.0m,轮胎式挖掘机的轮胎与工作面边缘距离应大于1.5m。

(10)在坑边进行挖掘作业,当发现有塌方危险时,应立即处理险情,或将挖掘机撤至安全地带。坑边不得留有伞状边沿及松动的大块石。

(11)挖掘机应停稳后再进行挖土作业。当铲斗未离开工作面时,不得作回转、行走等动作。应使用回转制动器进行回转制动,不得用转向离合器反转制动。

(12)作业时,各操纵过程应平稳,不宜紧急制动。铲斗升降不得过猛,下降时,不得撞碰车架或履带。

(13)斗臂在抬高及回转时,不得碰到坑、沟侧壁或其他物体。

(14)挖掘机向运土车辆装车时,应降低卸落高度,不得偏装或砸坏车厢。回转时,铲斗不得从运输车辆驾驶室顶上越过。

(15)作业中,当液压缸将伸缩到极限位置时,应动作平稳,不得冲撞极限块。

(16)作业中,当需制动时,应将变速阀置于低速挡位置。

(17)作业中,当发现挖掘力突然变化,应停机检查,不得在未查明原因前调整分配阀的压力。

(18)作业中,不得打开压力表开关,且不得将工况选择阀的操纵手柄放在高速挡位置。

(19)挖掘机应停稳后再反铲作业,斗柄伸出长度应符合规定要求,提斗应平稳。

(20)作业中,履带式挖掘机短距离行走时,主动轮应在后面,斗臂应在正前方与履带平行,并应制动回转机构。坡道坡度不得超过机械允许的最大坡度。下坡时应慢速行驶。不得在坡道上变速和空挡滑行。

(21)轮胎式挖掘机行驶前,应收回支腿并固定可靠,监控仪表和报警信号灯应处于正常显示状态。轮胎气压应符合规定,工作装置应处于行驶方向,铲斗宜离地面lm。长距离行驶时,应将回转制动板踩下,并应采用固定销锁定回转平台。

(22)挖掘机在坡道上行走时熄火,应立即制动,并应揳住履带或轮胎,重新发动后,再继续行走。

(23)作业后,挖掘机不得停放在高边坡附近或填方区,应停放在坚实、平坦、安全的位置,并应将铲斗收回平放在地面,所有操纵杆置于中位,关闭操作室和机棚。

(24)履带式挖掘机转移工地应采用平板拖车装运。短距离自行转移时,应低速行走。

(25)保养或检修挖掘机时,应将内燃机熄火,并将液压系统卸荷,铲斗落地。

(26)利用铲斗将底盘顶起进行检修时,应使用垫木将抬起的履带或轮胎垫稳,用木楔将落地履带或轮胎揳牢,然后再将液压系统卸荷,否则不得进入底盘下工作。

第二节 推 土 机

推土机是在工业拖拉机或专用牵引车的前端装有推土装置,依靠主机的顶推力,对土石方或散状物料进行切削或搬运的铲土运输机械。推土机在建筑、筑路、采矿、油田、水电、港口、农林及国防等各类工程中,均获得十分广泛的应用。

它担负着切削、推运、开挖、堆积、回填、平整、疏松、压实等多种繁重的土石方作业，是各类工程施工中必不可缺的关键设备。

一、推土机的分类

推土机的种类很多，通常按以下方式分类。

(1)按行走装置可分为：履带式推土机和轮胎式推土机。

(2)按操作方式不同可分为：机械式推土机和液压式推土机。

(3)按发动机功率可分为：小型推土机(37kW 以下)；中型推土机(37～250kW)；大型推土机(250kW 以上)。

(4)按推土板安装形式可分为：固定式铲刀推土机和回转式推土机。

(5)按用途不同可分为：普通型推土机和专用型推土机。

二、推土机的构造组成

推土机主要由发动机、底盘、液压系统、电气系统、工作装置和辅助设备等组成，如图 3-7 所示。发动机是推土机的动力装置，大多采用柴油机。发动机往往布置在推土机的前部，通过减震装置固定在机架上。电气系统包括发动机的电启动装置和全机照明装置。辅助设备主要由燃油箱、驾驶室等组成。

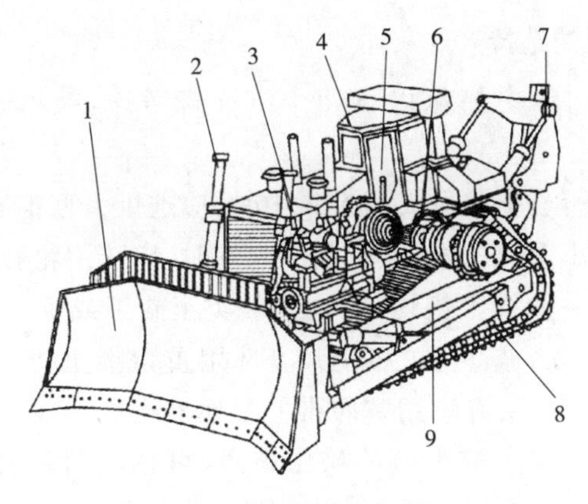

图 3-7　推土机的总体构造

1—铲刀；2—液压系统；3—发动机；4—驾驶室；5—操纵机构；6—传动系统；7—松土器；8—行走装置；9—机架

三、推土机的性能与规格

常用推土机型号及技术性能参数见表 3-11。

表 3-11 常用推土机型号及技术性能

项目＼型号	T_3－100	T－120	上海－120A	T－180	TL－180	T－220
铲刀(宽×高)/mm	3030×1100	3760×1100	3760×1000	4200×1100	3190×990	3725×1315
最大提升高度/mm	900	1000	1000	1260	900	1210
最大切土深度/mm	180	300	330	530	400	540
移动速度:前进/(km/h)	2.36～10.13	2.27～10.44	2.23～10.23	2.43～10.12	7～49	2.5～9.9
后退/(km/h)	2.79～7.63	2.73～8.99	2.68～8.82	3.16～9.78	—	3.0～9.4
额定牵引力/kN	90	120	130	188	85	240
发动机额定功率/hP	100	135	120	180	180	220
对地面单位压力/MPa	0.065	0.059	0.064	—	—	0.091
外形尺寸(长×宽×高)/m	5.0×3.03×2.992	6.506×3.76×2.875	5.366×3.76×3.01	7.176×4.2×3.091	6.13×3.19×2.84	6.79×3.725×3.575
总重量/t	13.43	14.7	16.2	—	12.8	27.89

四、推土机的选择

1. 推土机类型的选择

推土机类型选择，主要从以下四个方面来考虑，技术性和经济性适合的机型。

(1)土方工程量：当土方量大而且集中时，应选用大型推土机；土方量小而且分散时，应选用中、小型推土机；土质条件允许时，应选用轮胎式推土机。

(2)土的性质：一般推土机均适合Ⅰ、Ⅱ类土施工或Ⅲ、Ⅳ类土预松后施工。如土质比较密实、坚硬，或冬季的冻土，应选用重型推土机，或带松土器的推土机；如土质属潮湿软泥，最好选用宽履带的湿地推土机。

(3)施工条件：修筑半挖半填的傍山坡道，可选用角铲式推土机；在水下作业，可选用水下推土机；在市区施工，应选用低噪声推土机。

(4)作业条件：根据施工作业的多种要求，为减少投入机械台数和扩大机械作业范围，最好选用多功能推土机。

对推土机选型时，还必须考虑其经济性，即单位成本最低。单位土方成本决定于机械使用费和机械生产率，因此，在选择机型时，可根据使用经验资料，结合施工现场情况，合理选择有关参数，计算其生产率，然后按台班费用定额计算单位成本，经过分析比较，选择生产率高，单位成本低的机型。

2. 推土机铲土方式的选择

(1)直铲作业:直铲作业是推土机常用的作业方法,用于土和石碴的向前铲推和场地平整作业。推运的经济距离:小型推土机一般为50m以内;大、中型推土机为50～100m,最远可达150m。上坡推土时采用最小经济运距,下坡推土时则采用最大经济运距。轮胎式推土机的推运距离一般为50～80m,最远可达150m。

(2)斜铲作业:斜铲作业主要用于傍山铲土、单侧弃土或落方推运。作业时铲刀的水平回转角一般为左右各25°。并能在切削土的同时将土移至一侧。推土机在进行斜铲作业时,应特别注意防止机身因受侧向力而转动。斜铲作业的经济距离较短,生产率也较低。

(3)侧铲作业:侧铲作业主要用于坡度不大的斜坡上铲削硬土以及挖沟等作业,推土铲刀可在垂直面上下倾斜9°。工作场地的纵向坡度以不大于30°,横向坡度以不大于25°为宜。

3. 推土机自行压实的选择

在工程量较小的情况下,利用推土机运行过程压实土,代替压实机械,可获得较高的经济效益。推土机自行压实的方法主要有以下两种。

(1)推填压实法。在砂质土中填筑土方,采用推填压实法的生产率最高。方法:推土机将土成堆地向前推挤,待土层厚为0.5～1m时,再纵向平整和碾压。

(2)分层压实法。在黏性土中填筑土方,为保证压实质量,将土铺成0.2～0.3m的土层,在继续前进铺土的过程中碾压一遍;为保证土层普遍被碾压,要求推土机的运行路线适当错开。当铺填两层(纵向延长20m以上)之后,应在纵向再平整压实3～5次,然后继续填筑。

五、推土机生产率的计算

推土机用直铲进行铲推作业时的生产率计算见式(3-4):

$$Q_1=\frac{3600gK_BK_y}{T}\quad (m^3/h) \tag{3-4}$$

式中:K_B——时间利用系数,一般为0.80～0.85;

K_y——坡度影响系数,平坡时$K_y=1.0$,上坡时(坡度5%～10%)$K_y=0.5～0.7$,下坡时(坡度5%～15%)$K_y=1.3～2.3$;

g——推土机一次推运土壤的体积,按密度土方计量(m^3)计算见式(3-5)。

$$g=\frac{LH^2K_n}{2K_p\tan\varphi_0} \tag{3-5}$$

式中：L——推土板长度，m；

H——推土板高度，m；

φ_0——土壤自然坡度角，(°)，对于砂土 $\varphi_0=35°$；黏土 $\varphi_0=35°\sim45°$；种植土 $\varphi_0=25°\sim40°$。

K_n——运移时土壤的漏损系数，一般为 0.75～0.95；

K_p——土壤的松散系数，一般为 1.08～1.35；

T——每一工作循环的延续时间(s)计算见式(3-6)：

$$T=\frac{S_1}{v_1}+\frac{S_2}{v_2}+\frac{S_1+S_2}{v_3}+2t_1+t_2+t_3 \tag{3-6}$$

式中：S_1——铲土距离，m，一般土质 S1＝6～10m；

S_2——运土距离，m；

v_1、v_2、v_3——分别为铲土、运土和返回时的行驶速度，m/s；

t_1——换挡时间，s，推土机采用不调头的作业方法时，需在运行路线两头停下换挡即起步，$t_1=4\sim5$s；

t_2——放下推土板(下刀)的时间，s，$t_2=1\sim2$s；

t_3——推土机采用调头作业方法的转向时间，s，$t_3=10$s。采用不调头作业方法时，则 $t_3=0$。

(2)推土机平整场地时生产率 Q_2。

$$Q_2=\frac{3600L(l\cdot\sin\varphi-b)K_B H}{n\left(\dfrac{L}{v}+t_n\right)}(\mathrm{m^3/h}) \tag{3-7}$$

式中：L——平整地段长度，m；

l——推土板长度，m；

n——在同一地点上的重复平整次数，次；

v——推土机运行速度，m/s；

b——两相邻平整地段重叠部分宽度，b＝0.3～0.5m；

φ——推土板水平回转角度，(°)；

t_n——推土机转向时间，s。

六、推土机的安全操作

(1)推土机在坚硬土壤或多石土壤地带作业时，应先进行爆破或用松土器翻松。在沼泽地带作业时，应更换专用湿地履带板。

(2)不得用推土机推石灰、烟灰等粉尘物料，不得进行碾碎石块的作业。

(3)牵引其他机构设备时，应有专人负责指挥。钢丝绳的连接应牢固可靠。在坡道或长距离牵引时，应采用牵引杆连接。

(4)作业前应重点检查下列项目,并应符合相应要求:

1)各部件不得松动,应连接良好;

2)燃油、润滑油、液压油等应符合规定;

3)各系统管路不得有裂纹或泄漏;

4)各操纵杆和制动踏板的行程、履带的松紧度或轮胎气压应符合要求。

(5)启动前,应将主离合器分离,各操纵杆放在空挡位置,并应按照相应的规定启动内燃机,不得用拖、顶方式启动。

(6)启动后应检查各仪表指示值、液压系统,并确认运转正常,当水温达到55℃、机油温度达到45℃时,全载荷作业。

(7)推土机机械四周不得有障碍物,并确认安全后开动,工作时不得有人站在履带或刀片的支架上。

(8)采用主离合器传动的推土机接合应平稳,起步不得过猛,不得使离合器处于半接合状态下运转;液力传动的推土机,应先解除变速杆的锁紧状态,踏下减速器踏板,变速杆应在低挡位,然后缓慢释放减速踏板。

(9)在块石路面行驶时,应将履带张紧。当需要原地旋转或急转弯时,应采用低速挡。当行走机构夹入块石时,应采用正、反向往复行驶使块石排除。

(10)在浅水地带行驶或作业时,应查明水深,冷却风扇叶不得接触水面。下水前和出水后,应对行走装置加注润滑脂。

(11)推土机上、下坡或超过障碍物时应采用低速挡。推土机上坡坡度不得超过25°,下坡坡度不得大于35°,横向坡度不得大于10°。在25°以上的陡坡上不得横向行驶,并不得急转弯。上坡时不得换挡,下坡不得空挡滑行。当需要在陡坡上推土时,应先进行填挖,使机身保持平衡。

(12)在上坡途中,当内燃机突然熄灭,应立即放下铲刀,并锁住制动踏板。在推土机停稳后,将主离合器脱开,把变速杆放到空挡位置,并应用木块将履带或轮胎揳死后,重新启动内燃机。

(13)下坡时,当推土机下行速度大于内燃机传动速度时,转向操纵的方向应与平地行走时操纵的方向相反,并不得使用制动器。

第三节　铲　运　机

铲运机是一种挖土兼运土的机械设备,可以在一个工作循环中独立完成挖土、装土、运输和卸土等工作,还兼有一定的压实和平地作用。铲运机动土距离较远,铲斗的容量也较大,是土方工程中应用最广泛的重要机种之一,主要用于大土方量的填挖和运输作业。

一、铲运机的分类

(1)根据行走方式可分为拖式铲运机(图 3-8)和自行式铲运机(图 3-9)。其中拖式铲运机经济运距为 100～800m,自行式铲运机经济运距为 800～2000m。

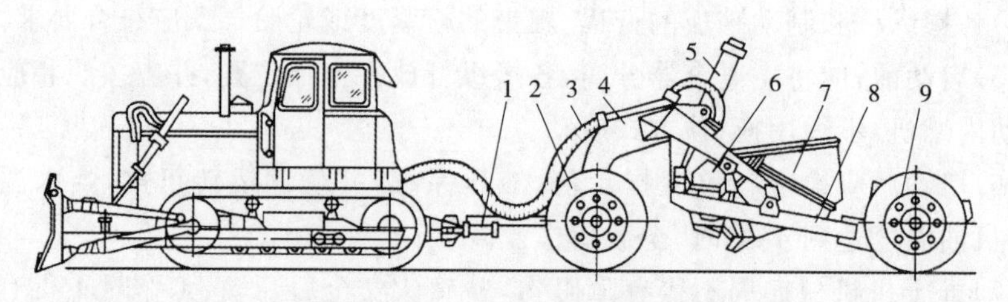

图 3-8　CTY2.5 型铲运机的构造

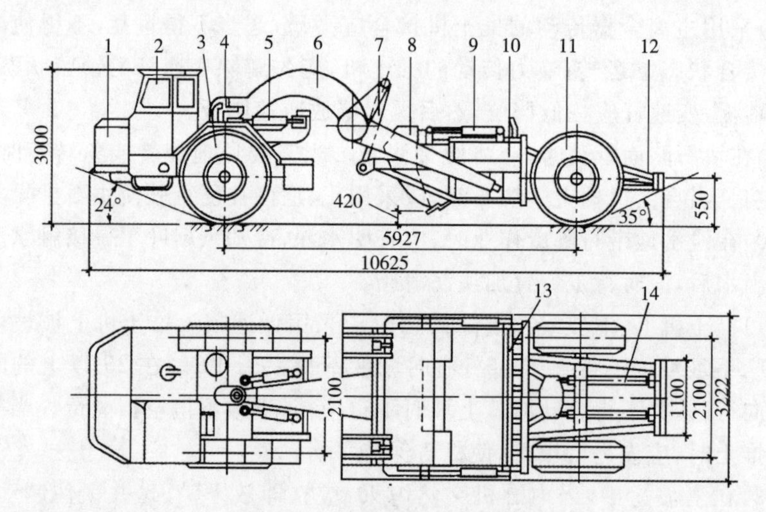

图 3-9　CL7 型铲运机(mm)

1—发动机;2—单轴牵引车;3—前轮;4—转向支架;5—转向液压缸;6—辕架;7—提升油缸;8—斗门;9—斗门油缸;10—铲斗;11—后轮;12—尾架;13—卸土板;14—卸土油缸

(2)按铲斗容量可分为小型铲运机($3m^3$ 以下)、中型铲运机($4～14m^3$)、大型铲运机($15～30m^3$)和特大型铲运机($30m^3$ 以上)四种。

(3)按操纵系统形式不同可分为钢索滑轮式铲运机和液压操纵式铲运机。

(4)按卸土方式可分为强制式铲运机、半强制式铲运机和自由式铲运机。

二、铲运机的性能与规格

常用铲运机技术性能和规格见表 3-12。

表 3-12 铲运机的技术性能和规格

项目	拖式铲运机			自行式铲运机		
	C6～2.5	C5～6	C3～6	C3～6	C4～7	CL7
铲斗:几何容量/m^3	2.5	6	6～8	6	7	7
堆尖容量/m^3	2.75	8	—	8	9	9
铲刀宽度/mm	1900	2600	2600	2600	2700	2700
切土深度/mm	150	300	300	300	300	300
铺土厚度/mm	230	380	—	380	400	—
铲土角度(°)	35～68	30	30	30	—	—
最小转弯半径/m	2.7	3.75	—	—	6.7	—
操纵形式	液压	钢绳	—	液压及钢绳	液压及钢绳	液压
功率/hP	60	100	—	120	160	180
卸土方式	自由	强制式	—	强制式	强制式	—
外形尺寸(长×宽×高)/m	5.6×2.44×2.4	8.77×3.12×2.54	8.77×3.12×2.54	10.39×3.07×3.06	9.7×3.1×2.8	9.8×3.2×2.98
重量/t	2.0	7.3	7.3	14	14	15

三、铲运机的选择

铲运机应根据挖运的土的性质、运距长短、土方量大小以及气候条件等因素,选择合适的机型。

1. 按运土距离选择

(1)当运距小于 70m 时,使用铲运机不经济,应采用推土机施工。

(2)当运距在 70～300m 时,可选择小型(斗容量 4m^3 以下)拖式铲运机,其经济运距为 100m 左右。

(3)当运距在 800m 以内时,可选择中型(斗容量 6～9m^3)拖式铲运机,其经济距离为 200～350m。

(4)当运距超过 800m 时,可选择自行式铲运机,其经济运距为 800～1500m,最大运距可达 5000m;也可采用挖掘机配自卸汽车挖运;此时,应进行经济分析和比较,选择施工成本最低的方案。

2. 按土的性质选择

(1)铲运Ⅰ、Ⅱ类土时,各型铲运机都能适用;铲运Ⅲ类土时,应选择大功率的液压操纵式铲运机;铲运Ⅳ类土时,应预先进行翻松。如果采用助铲式预松土的施工方法,即使遇到Ⅲ、Ⅳ类土,一般铲运机也可以胜任。

(2)当土的含水量在 25%以下时,最适宜用铲运机施工;如土的湿度较大或雨季施工，应选择强制式或半强制式卸土的铲运机；如施工地段为软泥或沙地，应选择履带式拖拉机牵引的铲运机。

3. 按土方数量选择

铲运机的斗容量越大，不仅施工速度快，经济效益也高。如用斗容量 25m³ 自行式铲运机与斗容量 8～10m³ 拖式铲运机相比，使用前者成本可降低 30%～50%，生产率提高 2～3 倍。因此，土方量较大的工程，应尽量选用大容量的自行式铲运机。对于零星土方，选用小容量铲运机较为合算。

四、铲运机的生产率计算

铲运机的生产率(Q)可用式(3-8)计算：

$$Q_c=\frac{60Vk_Hk_B}{t_Tk_s}\quad (m^3/h) \tag{3-8}$$

式中：V——铲斗的几何容积，m^3；

k_H——铲斗的充满系数(表 3-13)；

k_B——时间利用系数(0.75～0.8)；

k_s——土的松散系数(表 3-14)；

t_T——铲运机每一工作循环所用的时间，min，由式(3-9)计算：

$$t_T=\frac{L_1}{v_1}+\frac{L_2}{v_2}+\frac{L_3}{v_3}+\frac{L_4}{v_4}+nt_1+2t_2 \tag{3-9}$$

式中：L_1、L_2、L_3、L_4——铲土、运土、卸土、回驶的行程，m；

v_1、v_2、v_3、v_4——铲土、运土、卸土、回驶的运程，m；

t_1——换挡时间，min；

t_2——每循环中始点和终点转向用的时间，min；

n——换挡次数。

表 3-13 铲运机铲斗的充满系数

土的种类	充满系数	土的种类	充满系数
干砂	0.6～0.7	砂土与黏性土(含水量 4%～6%)	1.1～1.2
湿砂(含水量 12%～15%)	0.7～0.9	干黏土	1.0～1.1

表 3-14 土的松散系数

土的种类和等级		土的松散系数		土的种类和等级		土的松散系数	
		标准值	平均值			标准值	平均值
Ⅰ	植物性以外的土	1.08～1.17	1.0	Ⅳ	—	1.24～1.30	1.25
Ⅱ	植物土、泥炭黑土	1.20～1.30	1.0	Ⅴ	除软石灰外	1.26～1.32	1.30
Ⅲ	—	1.4～1.28	1.0	Ⅵ	软石灰石	1.33～1.37	1.30

五、铲运机的安全操作

1. 拖式铲运机

(1)拖式铲运机牵引使用时应符合本章第二节推土机的安全操作的有关规定。

(2)铲运机作业时,应先采用松土器翻松。铲运作业区内不得有树根、大石块和大量杂草等。

(3)铲运机行驶道路应平整坚实,路面宽度应比铲运机宽度大2m。

(4)启动前,应检查钢丝绳、轮胎气压、铲土斗及卸土板回缩弹簧、拖把万向接头、撑架以及各部滑轮等,并确认处于正常工作状态;液压式铲运机铲斗和拖拉机连接叉座与牵引连接块应锁定,各液压管路应连接可靠。

(5)开动前,应使铲斗离开地面,机械周围不得有障碍物。

(6)作业中,严禁人员上下机械,传递物件,以及在铲斗内,拖把或机架上坐立。

(7)多台铲运机联合作业时,各机之间前后距离应大于10m(铲土时应大于5m),左右距离应大于2m,并应遵守下坡让上坡、空载让重载、支线让干线的原则。

(8)在狭窄地段运行时,未经前机同意,后机不得超越。两机交会或超车时应减速,两机左右间距应大于0.5m。

(9)铲运机上、下坡道时,应低速行驶,不得中途换挡,下坡时不得空挡滑行,行驶的横向坡度不得超过6°,坡宽应大于铲运机宽度2m。

(10)在新填筑的土堤上作业时,离堤坡边缘应大于1m。当需在斜坡横向作业时,应先将斜坡挖填平整,使机身保持平衡。

(11)在坡道上不得进行检修作业。在陡坡上不得转弯、倒车或停车。在坡上熄火时,应将铲斗落地、制动牢靠后再启动。下陡坡时,应将铲斗触地行驶,辅助制动。

(12)铲土时,铲土与机身应保持直线行驶。助铲时应有助铲装置,并应正确开启斗门,不得切土过深。两机动作应协调配合,平稳接触,等速助铲。

(13)在下陡坡铲土时,铲斗装满后,在铲斗后轮未达到缓坡地段前,不得将铲斗提离地面,应防铲斗快速下滑冲击主机。

(14)在不平地段行驶时,应放低铲斗,不得将铲斗提升到高位。

(15)拖拉陷车时,应有专人指挥,前后操作人员应配合协调,确认安全后起步。

(16)作业后,应将铲运机停放在平坦地面,并应将铲斗落在地面上。液压操纵的铲运机应将液压缸缩回，将操纵杆放在中间位置，进行清洁、润滑后，锁好门窗。

(17)非作业行驶时，铲斗应用锁紧链条挂牢在运输行驶位置上；拖式铲运机不得载人或装载易燃、易爆物品。

(18)修理斗门或在铲斗下检修作业时，应将铲斗提起后用销子或锁紧链条固定，再采用垫木将斗身顶住，并应采用木楔揳住轮胎。

2. 自行式铲运机

(1)自行式铲运机的行驶道路应平整坚实，单行道宽度不宜小于5.5m。

(2)多台铲运机联合作业时，前后距离不得小于20m，左右距离不得小于2m。

(3)作业前，应检查铲运机的转向和制动系统，并确认灵敏可靠。

(4)铲土或在利用推土机助铲时，应随时微调转向盘，铲运机应始终保持直线前进。不得在转弯情况下铲土。

(5)下坡时，不得空挡滑行，应踩下制动踏板辅助以内燃机制动，必要时可放下铲斗，以降低下滑速度。

(6)转弯时，应采用较大回转半径低速转向，操纵转向盘不得过猛；当重载行驶或在弯道上、下坡时，应缓慢转向。

(7)不得在大于15°的横坡上行驶，也不得在横坡上铲土。

(8)沿沟边或填方边坡作业时，轮胎离路肩不得小于0.7m，并应放低铲斗，降速缓行。

(9)在坡道上不得进行检修作业。遇在坡道上熄火时，应立即制动，下降铲斗，把变速杆放在空挡位置，然后启动内燃机。

(10)穿越泥泞或松软地面时，铲运机应直线行驶，当一侧轮胎打滑时，可踏下差速器锁止踏板。当离开不良地面时，应停止使用差速器锁止踏板。不得在差速器锁止时转弯。

(11)夜间作业时，前后照明应齐全完好，前大灯应能照至30m；非作业行驶时，铲斗应用锁紧链条挂牢在运输行驶位置上；拖式铲运机不得载人或装载易燃、易爆物品。

六、铲运机常见故障及排除方法

以拖式液压铲运机为例，下面介绍一下铲运机常见故障及排除方法(表3-15)。

表 3-15　拖式液压铲运机常见故障及排除方法

故障	原因	排除方法
斗门打不开或抬不到相应高度	管路漏油	焊修漏缝或更换
	斗门网丝绳松紧度不适	调整网丝绳长度
	斗门钢丝松紧度不适	调整钢丝绳长度
铲斗下插或抬起力不足，达不到最大深度要求	检查提斗两液压缸是否工作正常	不正常调整
	检查提斗两液压缸漏损情况	有漏损更换密封件
	提斗液压缸漏损	检查管路并修理；检查密封件并更换
卸土板与斗门动作失调	单向顺序阀失调	检查并调整
	转阀失调	检查并调整
	检查联动拉杆机构长度	调整适当并紧固
动作时出现冲击声，有金属摩擦噪声	拖把牵引销轴螺母间隙过大	调整间隙到适度
	球铰链间隙变大	调整间隙到适度
	其他铰链和配合处间隙过大	调整间隙到适度
	相应润滑部位缺油	按时加足润滑油脂
轮胎压力不足	气门嘴漏气	更换气门嘴
	内胎慢性漏气	修补内胎或更换

第四节　装　载　机

装载机是一种作业效率很高的铲装机械，它不仅能对松散物料进行装、运、卸作业，还能对爆破后的矿石以及土壤作轻度的铲掘工作。如果交换相应的工作装置后，还可以完成挖土、推土、起重及装卸等工作。因此，装载机被广泛应用于建筑工程施工中。

一、装载机的分类

装载机的分类及主要特点见表 3-16。

表 3-16　装载机的分类及主要特点

分类方法	类型	主要特点
按行走装置分	(1)履带式：采用履带行走装置； (2)轮胎式：采用两轴驱动的轮胎行走装置	(1)接地比压低，牵引力大，但行驶速度低，转移不灵活； (2)行驶速度快，转移方便，可在城市道路上行驶，使用广泛

（续）

分类方法	类型	主要特点
按机身结构分	(1)刚性式:机岙系刚性结构; (2)铰接式:机身前部和后部采用铰接	(1)转弯半径大,因而需要较大的作业活动场地; (2)转弯半径小,可在狭小地方作业
按回转方式分	(1)全回转:回转台能回转360°; (2)90°回转:铲斗的动臂可左右回转90°; (3)非回转式:铲斗不能回转	(1)可在狭窄的场地作业,卸料时对机械停放位置无严格要求; (2)可在半圆范围内任意位置卸料,在狭窄的地方也能发挥作用; (3)要求作业场地较宽
按传动方式分	(1)机械传动:这是传统的传动方式; (2)液力机械传动:当前普遍采用的传动方式; (3)液压传动:一般用于110kW以下的装载机上	(1)牵引力不能随外载荷的变化而自动变化,不能满足装载作业要求; (2)牵引力和车速变化范围大,随着外阻力的增加,车速自动下降而牵引力能增大,并能减少冲击,减少动载荷; (3)可充分利用发动机功率,提高生产率,但车速变化范围窄,车速偏低

二、装载机的构造组成

装载机主要由工作装置、行走装置、发动机、传动系统、转向制动系统、液压系统、操作系统和辅助系统组成。轮式装载机总体结构如图3-10所示。

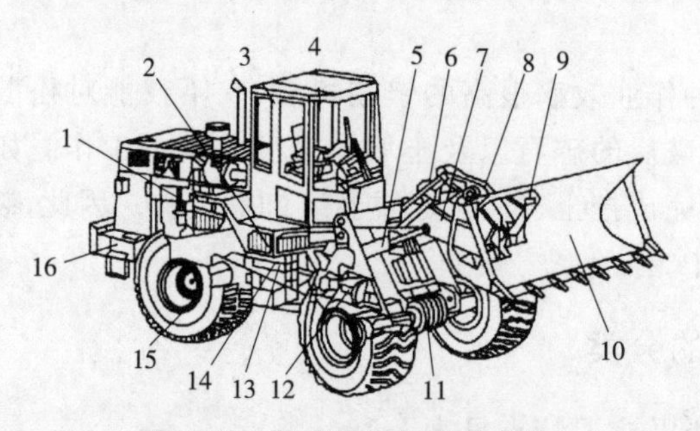

图3-10　轮式装载机总体结构

1—发动机;2—变矩器;3—驾驶室;4—操纵系统;5—动臂油缸;6—转斗油缸;7—动臂;8—摇臂;9—连杆;10—铲斗;11—前驱动桥;12—传动轴;13—转向油缸;14—变速箱;15—后驱动桥;16—车架

1. 工作装置

装载机的工作装置主要由动臂、摇臂、铲斗、连杆等部件组成。动臂和动臂油缸铰接在前车架上,动臂油缸的伸或缩使工作装置举升或下降,从而使铲斗举起或放下。转斗油缸的伸或缩使摇臂前或后摆动，再通过连杆控制铲斗的上翻收斗或下翻卸料。由于作业的要求，在装载机的工作装置设计中，应保证铲斗的举升平移和下降放平，这是装载机工作装置的一个重要特性。这样就可减少操作程序，提高生产率。

2. 传动系统

装载机的传动系统由液力变矩器、行星换挡变速器、驱动桥及轮边减速器等组成，以 ZL50 型装载机为例，其传动系统结构简图如图 3-11 所示。发动机装在后架上，发动机的动力经液力变矩器传至行星换挡变速箱，再由变速箱把动力经传动轴传到驱动桥及轮边减速器，以驱动车轮转动。发动机的动力还经过分动箱驱动变速液压泵工作。

采用液力变矩器后，使装载机具有良好的自动适应性能，能自动调节输出的扭矩和转速。使装载机可以根据道路状况和阻力大小自动变更速度和牵引力，以适应不断变化的工程情况。当铲削物料时，它能以较大的速度切入料堆，并随着阻力增大而自动减速，提高轮边牵引力，以保证切削。

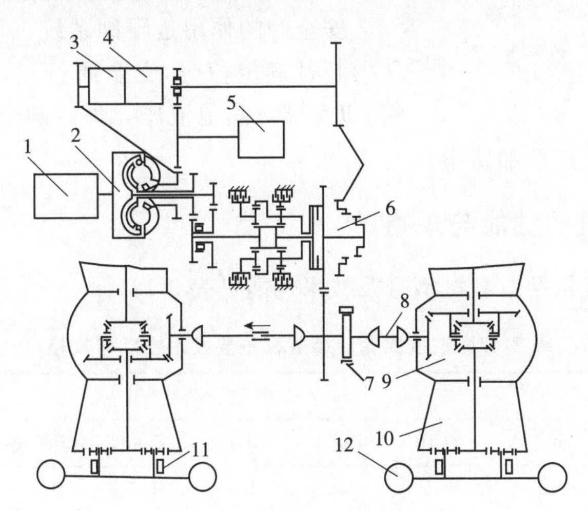

图 3-11　ZL50 型装载机传动系统

1—发动机；2—液力变矩器；3—变速液压泵；4—工作液压泵；5—转向液压泵；6—变速器；7—手制动；8—传动轴；9—驱动桥；10—轮边减速器；11—脚制动器；12—轮胎

3. 制动系统

(1)行车制动系统。行车制动系统常用于经常性的一般行驶中速度控制、停车。

(2)紧急和停车制动系统。紧急和停车制动系统主要用于停车后的制动，或者在行车制动失效后的应急制动。另外，当制动气压低于安全气压(0.28～

0.3MPa)时，该系统自动起作用，以确保其安全使用。

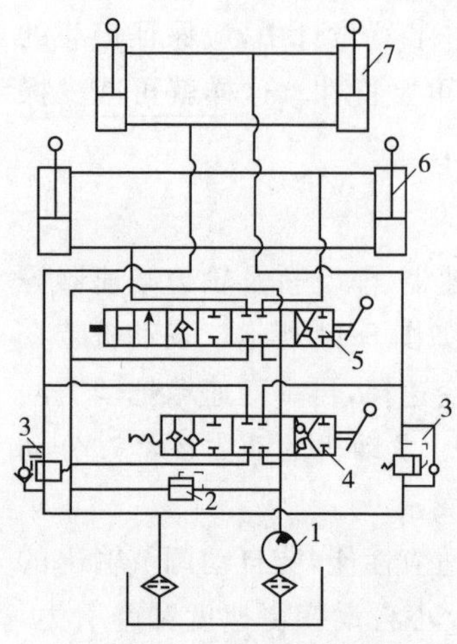

图 3-12 ZL50 型装载机工作装置液压系统原理图

1—液压泵；2、3—溢流阀；4、5—换向阀；6—动臂液压缸；7—铲斗液压缸

4. 液压系统

图 3-12 为 ZL50 型装载机的工作装置液压系统。发动机驱动液压泵，液压泵输出的高压油通向换向阀控制铲斗油缸和换向阀控制动臂油缸。图示位置为两阀都放在中位，压力油通过阀后流回油箱。

换向阀 4 为三位六通阀，可控制铲斗后倾、固定和前倾 3 个动作。换向阀 5 为四位六通阀，控制动臂上升、固定、下降和浮动 4 个动作。动臂的浮动位置是装载机在作业时，由于工作装置的自重支于地面，铲料时随着地形的高低而浮动。这两个换向阀之间采用顺序回路组合，保证液压缸推力大，以利于铲掘。

安全阀的作用是限制系统工作压力，当系统压力超过额定值时，安全阀打开，高压油流回油箱，以免损坏其他液压元件。两个双作用溢流阀并联在铲斗液压缸的油路中。

三、装载机的性能与规格

常用铰接式轮胎装载机型号及技术性能见表 3-17。

表 3-17 铰接式轮胎装载机主要技术性能与规格

项目	型号						
	WZ_2A	ZL10	ZL20	ZL30	ZL40	ZL0813	ZL08A(ZL08E)
铲斗容量/m^3	0.7	0.5	1.0	1.5	2.0	0.4	0.4(0.4)
装载量/t	1.5	1.0	2.0	3.0	4.0	0.8	0.8
卸料高度/m	2.25	2.25	2.6	2.7	2.8	2.0	2.0
发动机功率/hP	40.4	40.4	59.5	73.5	99.2	17.6	24(25)
行走速度/(km/h)	18.5	10～28	0～30	0～32	0～35	21.9	21.9(20.7)
最大牵引力/kN	—	32	64	75	105	—	14.7
爬坡能力/(°)	18	30	30	25	28～30	30	24(30)
回转半径/m	4.9	4.48	5.03	5.5	5.9	4.8	4.8(3.7)
离地间隙/m	—	0.29	0.39	0.40	0.45	0.25	0.20(0.25)

（续）

项目	型号						
	WZ_2A	ZL10	ZL20	ZL30	ZL40	ZL0813	ZL08A(ZL08E)
外形尺寸（长×宽×高）/m	7.88×2.0×3.23	4.4×1.8×2.7	5.7×2.2×2.5	6.0×2.4×2.8	6.4×2.5×3.2	4.3×1.6×2.4	4.3×1.6×2.4(4.5×1.6×2.5)
总重/t	6.4	4.5	7.6	9.2	11.5	—	2.65(3.2)

注：①WZ_2A型带反铲，斗容量$0.2m^3$，最大挖掘深度4.0m，挖掘半径5.25m，卸料高度2.99m。

②转向方式均为铰接液压缸。

四、装载机的选择

1. 按铲斗容量选择

（1）应根据装卸物料的数量和要求完成时间来选择。物料装运量大时，应选择大容量装载机；否则可选用较小容量的装载机。

（2）装载机与运输车辆配合装料时，运输车辆的车厢容量应为装载机斗容量的整倍数，以保证装运合理。

2. 按运距及作业条件选择

在运距不大，或运距和道路经常变化的情况下，如采用装载机与自卸汽车配合装运作业使工效下降、费用增高时，可单独使用轮胎式装载机作自铲自运使用。一般情况下，如果自装自运的作业持续时间不少于3min时，在经济上是可行的。自装自运时，选择铲斗容量大的效果更好。当然，还需要对以上两种装运方式通过经济分析来选择装载机自装自运时的合理运距。

五、装载机生产率计算

（1）装载机在单位时间内不考虑时间利用情况时，其生产率称为技术生产率，见式(3-10)：

$$Q_T=\frac{3600qk_Ht_T}{tk_s}(m^3/h) \tag{3-10}$$

式中：q——装载机额定斗容量，m^3；

k_H——铲斗充满系数(表3-18)；

t_T——每班工作时间，h；

k_S——物料松散系数；

t——每装一斗的循环时间，s，其值计算见式(3-11)。

$$t = t_1 + t_2 + t_3 + t_4 + t_5 \tag{3-11}$$

式中：t_1、t_2、t_3、t_4、t_5——分别为铲装、载运、卸料、空驶和其他所用的时间，s。

表 3-18 装载和铲斗充满系数

土石种类	充满系数	土石种类	充满系数
砂石	0.85～0.9	普通土	0.9～1.0
湿的土砂混合料	0.95～1.0	爆破后的碎石、卵石	0.85～0.95
湿的砂黏土	1.0～1.1	爆破后的大块岩石	0.85～0.95

(2)装载机实际可能达到的生产率 Q_T：

$$Q_T = \frac{3600qk_Hk_Bt_T}{tk_s}(m^3/h) \tag{3-12}$$

式中：k_B——时间利用系数。

六、装载机的安全操作

(1)装载机与汽车配合装运作业时，自卸汽车的车厢容积应与装载机铲斗容量相匹配。

(2)装载机作业场地坡度应符合使用说明书的规定。作业区内不得有障碍物及无关人员。

(3)轮胎式装载机作业场地和行驶道路应平坦坚实。在石块场地作业时，应在轮胎上加装保护链条。

(4)作业前应重点检查下列项目，并应符合相应要求：

1)照明、信号及报警装置等应齐全有效；

2)燃油、润滑油、液压油应符合规定；

3)各铰接部分应连接可靠；

4)液压系统不得有泄漏现象；

5)轮胎气压应符合规定。

(5)装载机行驶前，应先鸣笛示意，铲斗宜提升，离地 0.5m。装载机行驶过程中应测试制动器的可靠性。装载机搭乘人员应符合规定。装载机铲斗不得载人。

(6)装载机高速行驶时应采用前轮驱动；低速铲装时，应采用四轮驱动。铲斗装载后升起行驶时，不得急转弯或紧急制动。

(7)装载机下坡时不得空挡滑行。

(8)装载机的装载量应符合使用说明书的规定。装载机铲斗应从正面铲料，铲斗不得单边受力。装载机应低速缓慢举臂翻转铲斗卸料。

(9)装载机操纵手柄换向应平稳。装载机满载时,铲臂应缓慢下降。

(10)在松散不平的场地作业时,应把铲臂放在浮动位置,使铲斗平稳地推进;当推进阻力增大时,可稍微提升铲臂。

(11)当铲臂运行到上下最大限度时,应立即将操纵杆回到空挡位置。

(12)装载机运载物料时,铲臂下铰点宜保持离地面 0.5m,并保持平稳行驶。铲斗提升到最高位置时,不得运输物料。

(13)铲装或挖掘时,铲斗不应偏载。铲斗装满后,应先举臂,再行走、转向、卸料。铲斗行走过程中不得收斗或举臂。

(14)当铲装阻力较大,出现轮胎打滑时,应立即停止铲装,拆除过载后再铲装。

(15)在向汽车装料时,铲斗不得在汽车驾驶室上方越过。如汽车驾驶室顶无防护,驾驶室内不得有人。

(16)向汽车装料,宜降低铲斗高度,减小卸落冲击。汽车装载不得超载、偏载。

(17)装载机在坡、沟边卸料时,轮胎离边缘应保留安全距离,安全距离宜大于 1.5m;铲斗不宜伸出坡、沟边缘。在大于 3°的坡面上,装载机不得朝下坡方向俯身卸料。

(18)作业时,装载机变矩器油温不得超过 110℃,超过时,应停机降温。

(19)作业后,装载机应停放在安全场地,铲斗应平放在地面上,操纵杆应置于中位,制动应锁定。

(20)装载机转向架未锁闭时,严禁站在前后车架之间进行检修保养。

(21)装载机铲臂升起后,在进行润滑或检修等作业时,应先装好安全销,或先采取其他措施支住铲臂。

(22)停车时,应使内燃机转速逐步降低,不得突然熄火,应防止液压油因惯性冲击而溢出油箱。

七、装载机的保养与维护

1. 工作装置

(1)工作装置各活动部位的销子,均进行了密封防尘,以延长销轴和轴套的使用寿命,故各销轴工作中每隔 50h 应加一次润滑油,以保证其正常工作。

(2)整机工作 2000h 后,应检查各销轴与轴套之间的间隙,如超过规定间隙则应更换销轴或轴套。

(3)定期检查工作装置各零部件焊缝,如有裂纹和弯曲变形情况,应及时修理。

2. 液压系统

(1)装载机在使用1200h后,必须更换液压油。

(2)液压元件拆装时必须保证作业场所清洁,以防灰尘、污垢、杂物落入元件中。

(3)液压元件拆装时不得严重敲打、撞击,以免损坏零件。

(4)维修后重新装配的液压元件,对原有的橡胶油封、O形密封圈必须检查,如有变形、老化、划伤等影响密封性能的,必须更换。原有的密封垫片也应全部换新。

3. 转向离合器和制动器

(1)定期检查转向离合器摩擦片,检查是否有打滑现象,必要时应进行清洗。

1)放净旧油,加注煤油。

2)冲洗转向离合器室内壁上的油泥,此时转向离合器不应分离,装载机前后行驶5～10min。

3)冲洗主、从动片,此时应彻底分离转向离合器,装载机用I挡空转5～10min。

(2)定期检查和调整制动器,保证制动带与转向离合器外鼓间的间隙在正确的范围内。

八、装载机的常见故障及排除

装载机的常见故障、原因分析及排除方法见表3-19。

表3-19 装载机的常见故障、原因分析及排除方法

故障	原因	排除方法
主离合器打滑、接合不上	摩擦片磨损	调整或更换摩擦片
	调整环松动	重新调整后固定
	调整环调整过量,摩擦片间隙过小	回松调整环
	操纵杆调整不当,助力阀不能与活塞联动	调整操纵杆系,检查助力阀
机械突然熄火,主离合器分离不开	助力阀失灵后,人力分离时,助力阀背部形成真空	操纵手把,往复运动滑阀;逐渐消除真空,即可分离
变速器变速不灵	结合轮与结合套齿轮倒角损坏	更换损坏的结合轮、结合套
	联锁轴位置不对	调整
	拨叉滑杆弯曲变形或铜套脱落	修复或更换铜套并将端面铆死
	操纵机构各零件位置不对	重新装配
	操纵部分固定螺栓松动	检查拧紧

（续）

故障	原　因	排除方法
制动器制动不灵，打滑	调整不良，间隙大	调整
	制动带磨损严重，甚至已露出铆钉头	更换制动带
	制动带损坏	更换制动带
	操纵杆系位置	调整
履带脱落	履带张紧力不足	调整张紧力
	支重轮、托链轮、引导轮的凸缘磨损	修理更换
	链轮、支重轮、引导轮中心没有对准	调整对准中心
	引导轮叉头滑铁槽断裂	焊复或更换新件
履带不能张紧	油嘴单向阀或放油塞漏油	修复或更换
	密封环磨损或损坏	换新件
	紧固螺栓松动，相对运动件卡死	拧紧螺栓，消除被卡现象
	活塞衬套磨损	更换
链轮部分	链轮轮齿一侧磨损	调整使之与引导轮等对准中心
	链轮螺栓松动	拧紧
	密封环损坏引起漏油	更换密封环

第五节　平　地　机

平地机是一种功能多、效率高的工程机械，适用于公路、铁路、矿山、机场等大面积的场地平整作业，还可进行轻度铲掘、松土、路基成型、边坡修整、浅沟开挖及铺路材料的推平成型等作业。

一、平地机的分类和主要特点

平地机的分类和主要特点见表 3-20。

表 3-20　平地机的分类和主要特点

分类方法	类型	主要特点
按行走装置分	(1)拖式：需要有拖拉机牵引，其行走装置为双轴铁轮式； (2)自行式：又称轮胎式，其行走装置为自行轮胎式	(1)机动性差，操作费力，已不再生产； (2)能长距离行驶，机动灵活，作业效率高

（续）

分类方法	类型	主要特点
按轮轴数目分	(1)双轴4轮； (2)三轴6轮	(1)用于轻型自行式平地机； (2)用于大中型自行式平地机
按转向轮对数、驱动轮对数、车轮总对数分	四轮有： (1)1×1×2 前轮转向、后轮驱动； (2)2×2×2 全轮转向、全轮驱动。 六轮有： (3)1×2×3 前轮转向、中后轮驱动； (4)1×3×3 前轮转向、全轮驱动； (5)3×2×3 全轮转向、中后轮驱动； (6)3×3×3 全轮转向、全轮驱动	转向轮越多，机械转弯半径越小；驱动轮越多，机械附着牵引力越大。因此，这六种类型中以3×3×3型(全轮转向、全轮驱动)性能最好，但结构也最复杂
按铲刀长度及发动机功率分	(1)轻型：铲刀长度3m及以下；发动机功率70kW及以下； (2)中型：铲刀长度3～3.7m；发动机功率70～110kW； (3)重型：铲刀长度3.7～4.2m；发动机功率120kW及以上	(1)生产效率低，适用于零星场地平整； (2)生产效率较高，适用于一般场地平整； (3)生产效率极高，适用于大范围场地或坚实土的平整
按操纵方式分	(1)机械操纵：机械传动结构； (2)液压操纵：液压传动结构	(1)操作费力，效率低，现已不生产； (2)操作轻便，效率高，已普遍采用

二、平地机的构造组成

国产平地机主要为PY160型和PY180型液压平地机，其构造是由发动机、传动系统、液压系统、制动系统、行走转向系统、工作装置、驾驶室和机架等组成。其结构如图3-13所示。

1. 传动系统

传动系统为液力机械式，发动机输出的动力通过单级三元件液力变矩器、单片干式摩擦离合器、传动轴、机械换挡变速器，然后以某一挡的速度，通过传动轴分别传到前后桥、再驱动车轮，实现机械前进或后退运动。前桥有差速器以减少转弯阻力，后桥无差速器，后轮装在平衡箱上，使四个车轮受力均匀。

2. 液压系统

发动机驱动齿轮泵输出液压油，先进入两个带有溢流阀的多路换向阀，以串联形式组成的操纵排阀，然后根据需要分配到相应的液压缸，从而完成铲刀的升

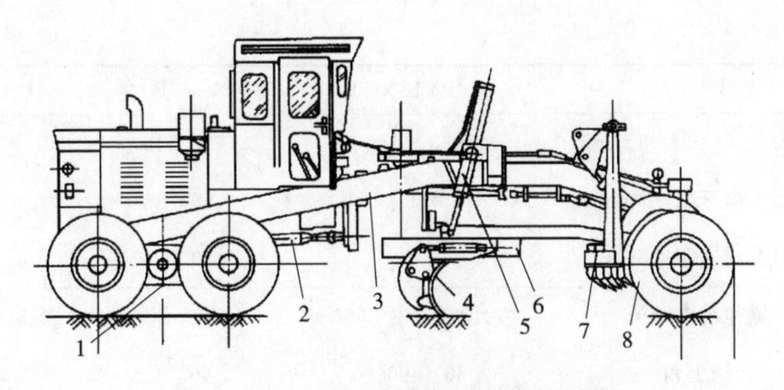

图 3-13　自行式液压平地机结构示意

1—平衡箱；2—传动轴；3—车架；4—铲土刀；5—铲刀升降液压缸；
6—铲刀回转盘；7—松土器；8—前轮

降、伸出、回转、角度变换以及前后轮转向等动作。

3. 制动系统

制动系统采用液压操纵中央制动，由前、后制动器、制动总泵及传动机构等组成。制动器为对称自动增力式内蹄制动器。

4. 行走及转向系统

行走及转向系统采用 3×3×3 型，即三轴全轮转向、全轮驱动。前轮转向器为曲柄双销式，并有液压助力器，最大转角为 50°；后轮为液压转向，最大转角为 15°。当液压系统发生故障时，仍可进行机械转向。

5. 工作装置

工作装置有铲土刀和松土器以及辅助作业的推土板等。铲刀装置由牵引架回转盘、铲刀等组成，由升降液压缸、回转液压缸、侧伸液压缸及切土角变换液压缸等进行操纵，可使铲刀处于各种工作状态。切土角的变换为 45°～60°。

三、平地机的主要技术性能

表 3-21 为国内几种平地机的主要技术性能。

表 3-21　平地机的主要技术性能

型号		PY180	PY160B	PY160A
外形尺寸(长×宽×高)/mm		10280×3965×3305	8146×2575×3340	8146×2575×3258
总重量(带耙子)/kg		15400	14200	14700
发动机	型号	6110Z－2J	6135K－10	6135K－10
	功率/kW	132	118	118
	转速/(r/min)	2600	2000	2000

（续）

	型号	PY180	PY160B	PY160A
铲刀	铲刀尺寸(长×高)/mm	3965×610	3660×610	3705×555
	最大提升高度/mm	480	550	540
	最大切土深度/mm	500	490	500
	侧伸距离/mm	左1270　右2550	—	1245(牵引架居中)
	铲土角	36°～60°	40°	30°～65°
	水平回转角	360°	360°	360°
	倾斜角	90°	90°	90°
	工作装置操纵方式	液压式	液压式	液压式
耙子	松土宽度/mm	1100	1145	1240
	松土深度/mm	150	185	180
	提升高度/mm	—	—	380
	齿数/个	6	6	5
液压系统	齿轮液压泵型号	—	CBGF1032	CBF－E32
	额定压力/MPa	18.0	15.69	16.0
	系统工作压力/kPa	—	—	12500
	最小转变半径/mm	7800	8200	7800
	爬坡能力	20°	20°	20°
传动系统	传动系统型式	液力机械	液力机械	液力机械
	液力变矩器变矩系数	—	—	≥2.8
	液力变矩器传动比	—	—	—
行驶速度	Ⅰ挡(后退)/(km/h)	—	4.4	4.4
	Ⅱ挡(后退)/(km/h)		15.1	15.1
	Ⅰ挡(前进)/(km/h)	0～4.8	4.3	4.3
	Ⅱ挡(前进)/(km/h)	0～10.1	7.1	7.1
	Ⅲ挡(前进)/(km/h)	0～10.2	10.2	10.2
	Ⅳ挡(前进)/(km/h)	0～18.6	14.8	14.8
	Ⅴ挡(前进)/(km/h)	0～20.0	24.3	24.3
	Ⅵ挡(前进)/(km/h)	0～39.4	35.1	35.1

（续）

型号		PY180	PY160B	PY160A
车轮及轮距	车轮型式	3×2×3	3×2×3	3×2×3
	轮胎总数	6	6	6
	轮向轮数	6	6	6
	轮胎规格	17.5－25	14.00－24	14.00－24
	前轮倾斜角	±17°	±18°	±18°
	前轮充气压力/kPa	—	—	260
	后轮充气压力/kPa	—	254.8	260
	轮距/mm	2150	2200	2200
	轴距（前后桥）/mm	6216	6000	6000
	轴距（中后桥）/mm	1542	1520	1468～1572
	驱动轮数	4	4	4
最小离地间隙/mm		630	380	380

注：①PY180的倒退挡与前进挡相同。

②PY180的作业挡为Ⅰ、Ⅱ、Ⅴ挡，行驶挡为Ⅲ、Ⅳ、Ⅵ挡。

四、平地机的安全操作

（1）起伏较大的地面宜先用推土机推平，再用平地机平整。

（2）平地机作业区内不得有树根、大石块等障碍物。

（3）作业前应重点检查下列项目，并应符合相应要求：

1）照明、信号及报警装置等应齐全有效；

2）燃油、润滑油、液压油应符合规定；

3）各铰接部分应连接可靠；

4）液压系统不得有泄漏现象；

5）轮胎气压应符合规定。

（4）平地机不得用于拖拉其他机械。

（5）启动内燃机后，应检查各仪表指示值并应符合要求。

（6）开动平地机时，应鸣笛示意，并确认机械周围不得有障碍物及行人，用低速挡起步后，应测试并确认制动器灵敏有效。

（7）作业时，应先将刮刀下降到接近地面，起步后再下降刮刀铲土。铲土时，应根据铲土阻力大小，随时调整刮刀的切土深度。

（8）刮刀的回转、铲土角的调整及向机外侧斜，应在停机时进行；刮刀左右端的升降动作，可在机械行驶中调整。

(9)刮刀角铲土和齿耙松地时应采用一挡速度行驶；刮土和平整作业时应用二、三挡速度行驶。

(10)土质坚实的地面应先用齿耙翻松，翻松时应缓慢下齿。

(11)使用平地机清除积雪时，应在轮胎上安装防滑链，并应探明工作面的深坑、沟槽位置。

(12)平地机在转弯或调头时，应使用低速挡；在正常行驶时，应使用前轮转向；当场地特别狭小时，可使用前后轮同时转向。

(13)平地机行驶时，应将刮刀和齿耙升到最高位置，并将刮刀斜放，刮刀两端不得超出后轮外侧。行驶速度不得超过使用说明书规定。下坡时，不得空挡滑行。

(14)平地机作业中变矩器的油温不得超过120℃。

(15)作业后，平地机应停放在平坦、安全的场地，在地面上，手制动器应拉紧。

第六节　压实机械

压实机械是一种适用于对黏性土壤和非黏性土壤进行压实作业的机械，广泛应用在建筑物基础、道路基础、路面、堤坝、机场跑道等工程施工中，以提高土石方基础的强度，降低透水性，保持基础稳定，使之具有足够的承载能力，不致因载荷的作用而产生沉陷。

压实机械的种类按其工作原理，可分为静作用碾压、振动碾压、夯实三类，见表3-22。

表3-22　压实机械的种类

分类方法	类别		说　明
按压实力原理分	静作用碾压机械		用碾轮沿被压实材料表面反复滚动，靠自重产生的静压力作用，使被压层产生永久变形，达到压实的目的
	振动碾压机械		碾轮沿被压实材料表面既作往复滚动，又以一定的频率、振幅振动，使被压层同时受到碾轮的静压力和振动力的综合作用，以提高压实效果
	夯实机械	夯实	夯实机械是利用重物自一定高度落下，冲击被压层来进行夯实工作
		振动夯实	振动夯实是除上述冲击夯实力之外，还有附加的振动力，同时作用于被压层

一、静作用压路机

1. 静作用压路机的分类

静作用压路机分类、特点及适用范围见表 3-23。

表 3-23　静作用压路机的分类、特点及适用范围

<table>
<tr><th>碾轮形状</th><th>行走方式</th><th>结构特征</th><th>主要特点</th><th>适用范围</th></tr>
<tr><td>凸块式</td><td>拖式</td><td>单筒、双筒、并联</td><td>凸块的形状如羊足，又称羊足碾。有单筒和双筒并联两种。一般为拖式，由拖拉机牵引，爬坡能力强。凸块对土壤单位压力大(6MPa)，压实效果好，但易翻松土壤</td><td>碾压大面积分层填土层</td></tr>
<tr><td rowspan="2">光轮式</td><td rowspan="2">自行式</td><td>两轴两轮</td><td>发动机驱动，机械传动，液压转向，两滚轮整体机架，一般为 6～8t、6～10t 的中型压路机。滚压面平整，但压层深度浅</td><td>碾压土、碎石层，面层平整碾压</td></tr>
<tr><td>两轴三轮</td><td>除后轴为双轮外，结构与两轴两轮相似，一般为 10～12t、12～15t 的中、重型压路机</td><td>碾压土、碎石层，最终压实</td></tr>
<tr><td rowspan="2">轮胎式</td><td>拖式</td><td>单轴</td><td>由安装轮胎(5～6 个)的轮轴和机架及配重箱组成，需拖拉机牵引，能利用增减配重来调整碾压能力，还能增减轮胎充气压力来调整轮胎线压力，以适应土壤的极限强度。具有质量大、压实深度大、生产率高的特点</td><td rowspan="2">既可碾压土、碎石基础，又可碾压路面层，由于轮胎的搓揉作用，最适于碾压沥青路面</td></tr>
<tr><td>自行式</td><td>双轴</td><td>是具有双排轮胎的特种车辆，前排轮胎为转向从动轮，一般配置 4～5 个；后排轮胎为驱动轮，一般配置 5～6 个，前后排轮胎的行驶轨迹既叉开，又部分重叠，一次碾压即可达到压实带的全宽</td></tr>
</table>

2. 光轮压路机

(1)分类及应用范围

按质量的分类见表 3-24。

表 3-24　凸块式压路机按单位压力的分类

分类	加载后质量/t	单位线压力/(N/cm)	应用范围
轻型	≤5	200～400	碾压人行道、简易沥青混凝土路面和土路路基

（续）

分类	加载后质量/t	单位线压力/（N/cm）	应用范围
中型	6～10	400～600	碾压路基、砾石和碎石铺砌层、黑色路面、沥青混凝土路面及土路基础
重型	12～15	600～800	碾压砾石、碎石路面或沥青混凝土路面的终压作业以及路基或路面底层
特重型	≥16	800～1200	碾压大块石堆砌基础和碎石路面

注：加载后质量是压路机增加额定配重后达到的质量。

光轮压路机（图3-14）是建筑工程中使用最广泛的一种压实机械，按机架的结构形式可分为整体式和铰接式；按传动方式可分为液压传动和机械传动；根据滚轮和轮轴数目可分为二轮二轴式、三轮二轴式和三轮三轴式。

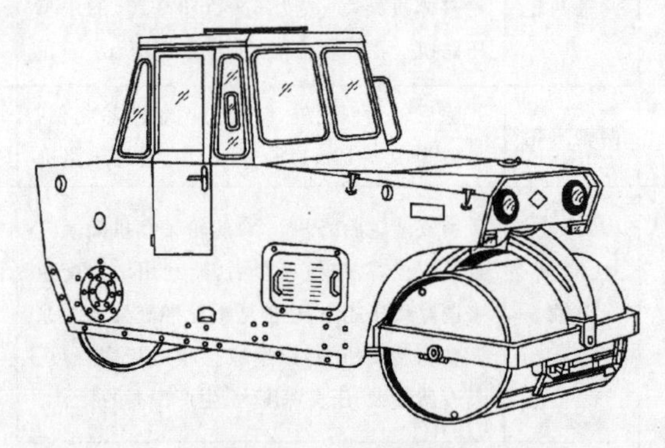

图3-14　光轮压路机

(2)结构组成

光轮压路机主要由工作装置、传动系统、操纵系统、行驶滚轮、机架和驾驶室等部分组成。发动机（多采用柴油机）作为其动力装置，安装在机架的前部。机架由型钢和钢板焊接而成，分别支承在前后轮轴上。前轮为方向轮，后轮为驱动轮。

(3)工作原理

光轮压路机的工作原理为当柴油发动机启动后，挂上某一挡位，结合主离合器和换向离合器，压路机即可按该挡速度行驶。行驶中滚压轮对土壤施加静压力，由于滚轮和土壤呈线性接触或线性扩展形态接触，滚轮对地面的最大静压力均匀分布在滚轮瞬时回转轴线之前横贯滚轮圆柱表面的一条直线上。土壤颗粒在此直线压力作用下，被挤密呈压实状态。随着机械的运动，整片面积的土层即得到了压实。

(4)性能指标

常用光轮压路机技术性能与规格见表3-25。

表3-25　常用静作用压路机技术性能与规格

项目			型号				
			两轮压路机 2Y 6/8	两轮压路机 ZY 8/10	三轮压路机 3Y 10/12	三轮压路机 3Y 12/15	三轮压路机 3Y 15/18
重量/t		不加载	6	6	10	12	15
		加载后	8	10	12	15	18
压轮直径/mm		前轮	1020	1020	1020	1120	1170
		后轮	1320	1320	1500	1750	1800
压轮宽度/mm			1270	1270	530×2	530×2	530×2
单位压力/(kN/cm)	前轮	不加载	0.192	0.259	0.332	0.346	0.402
		加载后	0.259	0.393	0.445	0.470	0.481
	后轮	不加载	0.290	0.385	0.632	0.801	0.503
		加载后	0.385	0.481	0.724	0.930	1.150
行走速度/(km/h)			2～4	2～4	1.6～5.4	2.2～7.5	2.3～7.7
最小转弯半径/m			6.2～6.5	6.2～6.5	7.3	7.5	7.5
爬坡能力/(%)			14	14	20	20	20
牵引功率/kW			29.4	29.4	29.4	58.9	73.5
转速/(r/min)			1500	1500	1500	1500	1500
外形尺寸/mm (长×宽×高)			4440×1610×2620	4440×1610×2620	4920×2260×2115	5275×2260×2115	5300×2260×2140

(5)安全操作要点

1)压路机碾压的工作面,应经过适当平整,对新填的松软土,应先用羊足碾或打夯机逐层碾压或夯实后,再用压路机碾压。

2)工作地段的纵坡不应超过压路机最大爬坡能力,横坡不应大于20°。

3)应根据碾压要求选择机种。当光轮压路机需要增加机重时,可在滚轮内加砂或水。当气温降至0℃及以下时,不得用水增重。

4)大块石基础层表面强度大,需要用线压力高的压轮,不要使用轮胎压路机。

5)作业前,应检查并确认滚轮的刮泥板应平整良好,各紧固件不得松动;轮胎压路机应检查轮胎气压，确认正常后启动。

6)启动后，应检查制动性能及转向功能并确认灵敏可靠。开动前，压路机周围不得有障碍物或人员。

7)不得用压路机拖拉任何机械或物件。

8)碾压时应低速行驶。速度宜控制在3km/h～4km/h范围内，在一个碾压行程中不得变速。碾压过程中应保持正确的行驶方向，碾压第二行时应与第一行重叠半个滚轮压痕。

9)变换压路机前进、后退方向应在滚轮停止运动后进行。不得将换向离合器当作制动器使用。

10)在新建场地上进行碾压时，应从中间向两侧碾压。碾压时，距场地边缘不应少于0.5m。

11)在坑边碾压施工时，应由里侧向外侧碾压，距坑边不应少于1m。

12)上下坡时，应事先选好挡位，不得在坡上换挡，下坡时不得空挡滑行。

13)两台以上压路机同时作业时，前后间距不得小于3m，在坡道上不得纵队行驶。

14)在行驶中，不得进行修理或加油。需要在机械底部进行修理时，应将内燃机熄火，刹车制动，并揳住滚轮。

15)对有差速器锁定装置的三轮压路机，当只有一只轮子打滑时，可使用差速器锁定装置，但不得转弯。

16)作业后，应将压路机停放在平坦坚实的场地，不得停放在软土路边缘及斜坡上，并不得妨碍交通，并应锁定制动。

17)严寒季节停机时，宜采用木板将滚轮垫离地面，应防止滚轮与地面冻结。

18)压路机转移距离较远时，应采用汽车或平板拖车装运。

(6)光轮压路机的维护保养

常用光轮压路机的维护保养见表3-26。

表3-26　光轮压路机的保养内容

项目	技术要求及说明
日保养 (运转8～10h)	(1)检查变速器、分动器和液压油箱中油位及油质，必要时添加油； (2)必要时向终传动齿轮副或链传动装置加注润滑油或润滑脂； (3)清洁各个部位，尤其要注意调节和清洁刮泥板； (4)检查与调试手制动、脚制动器和转向机构； (5)紧固各部螺栓，检视防护装置，清洁机体； (6)检查燃油箱油位，检查空气滤清器集尘指示器

（续）

项目	技术要求及说明
周保养 （运转 50h）	(1)更换油底壳润滑油； (2)清洗空气滤清器滤芯； (3)更换机油滤清器； (4)检查蓄电池； (5)检查油管及管接头是否有渗漏现象； (6)检查变速器和分动器油位； (7)润滑传动轴十字节及轴头，润滑主离合器分离轴承滑套及踏板轴支座，润滑侧传动齿轮副及中间齿轮轴承，润滑换向离合器压紧轴承，润滑踏板和踏板轴支座，润滑变速拉杆座
半月保养 （运转 100h）	柴油机散热器表面清洗；液压油冷却器表面清洗
月保养 （运转 200h）	(1)更换液压油滤清器滤芯，更换油底壳油和机油滤清器； (2)清洗空气滤清器的集尘器； (3)检查并调整换向离合器的间隙； (4)检查风扇和发电机 V 带的张紧力； (5)检查并调整制动系统的各部间隙及制动油缸的油平面； (6)清除液压油箱中的冷凝水； (7)检查各油管接头处是否漏油； (8)检查变速器、分动器、中央传动及行星齿轮式最终传动中的油平面； (9)对全机各个轴承点加注润滑油
季保养 （运转 500h）	进行柴油机气门间隙的调整；更换液压油箱滤清器的滤芯
半年保养 （运转 1000h）	更换柴油滤清器的滤芯；清洗柴油箱；清洗柴油机供油泵中的粗滤器
年保养 （运转 2000h）	更换液压轴；更换变速器、分动器、主传动和末端传动中的润滑油

3. 轮胎压路机

轮胎压路机（图 3-15）具有接触面积大，压实效果好等特点，适用于黏土的压实作业，广泛用于压实各类建筑基础、路面和路基及沥青混凝土路面。

图 3-15　轮胎压路机

(1)构造组成

轮胎压路机由发动机、底盘和特制轮胎所组成。底盘包括机架、传动系统、操纵系统、轮胎气压调节装置、制动系统、洒水装置和电器设备等。

(2)生产率计算

轮胎压路机的生产率可按下式计算：

$$Q=\frac{L(B-A)H_0k}{\left(\frac{L}{v}+t\right)n} \tag{3-13}$$

式中：Q——体积生产率，m^3/h；

L——滚压区段长度，m；

B——滚压带宽度，m；

A——次一遍与前一遍的重叠量，A＝0.2m；

H_0——压实深度，m；

v——压路机的运行速度，m/h；

t——自行式轮胎压路机的换向时间，t＝1～2s；或拖式轮胎压路机的调头时间，t＝0.02h；

k——工作时间利用系数；

n——压路机同一个地点滚压的遍数。

(3)安全操作要点

轮胎压路机除必须遵照光轮压路机的安全操作要点外，还须注意：

1)避免紧急制动。

2)根据表3-27选择运行速度。

表3-27　轮胎压路机行驶速度选择表

质量	允许速度/(km/h)	
	平坦道路	不平道路
自重时	Ⅰ～Ⅳ速　24	Ⅰ～Ⅳ速　15
加压重水	Ⅰ～Ⅳ速　20	Ⅰ～Ⅲ速　10
加压重铁	Ⅰ～Ⅳ速　20	Ⅰ～Ⅲ速　10
加压重水和铁	Ⅰ～Ⅲ速　10	Ⅰ～Ⅱ速　6

3)严禁用换向离合器作制动用。

4)不能碾压有尖利棱角的碎石块。

5)当碾压热铺沥青混合料时，应在工艺规定的混合料温度下进行碾压作业。为了防止压轮粘带沥青混合料，要向胎面喷洒或涂刷少量柴油，但由于柴油有腐蚀橡胶的作用，应尽可能少用或不用。

6)调整平均接地比压，使轮胎压路有较宽的适用范围。可通过试验和经验进行粗略调整，使平均接地压力适应最佳碾压效果和施工作业要求。

7）当轮胎压路机具有整体转向的转向压轮时，为避免转向搓移压实层材料，在碾压过程中，转向角度不应过大和转向速度不应过快。

8）碾压时，各压轮的气压应保持一致，其相对值不应大于10～20Pa。

9）终压时，应将转向轮定位销插入销孔中，锁死摆动，使压实层具有平整的表面。

（4）维护保养

1）每班均应检查和紧固各部件的螺栓，检查轮胎气压，检查轴承是否发热。

2）按规定加注润滑油脂。

3）经常检查和调整碾压轮轴向间隙。正常的轴向间隙为0.10～0.15mm。调整好的轴向间隙应能使碾压轮转动自如，并无明显的轴向窜动。

4）在使用中，若各碾压轮气压不一致、轴承松旷、轴向间隙过大、前轮槽钢和叉脚变形、后轮支架变形等均会引起轮胎的偏磨。当轮胎出现偏磨后，将出现碾压轮的晃动或振动，影响压实质量。因此，当压路机工作500～600h或半年后，应调换各碾压轮的安装位置，使轮胎磨损趋于均匀。

5）轮胎压路机在转场运行时，轮胎气压应保持在0.6～0.65MPa，行驶距离不宜过远，行驶速度应符合相应机种说明书中的规定。

6）压路机长期停置，应将机身架起，减小轮胎受压变形。

7）经常检查和维护制动器工作的可靠性。

8）根据具体情况修复或更换已损坏的零部件，保证压路机的正常功能。

4. 静作用压路机的选择

（1）按土壤条件选择机型

1）对于黏性土压实，可选用光轮或轮胎压路机。对于含水量较小、黏性较大的黏土，或填土干密度很高时，应选用羊足碾；当含水量较高且填土干密度较低时，以采用轮胎压路机为宜，如在小型工程也可选用光轮压路机。

2）对于无黏性土压实，可选用轮胎或光轮压路机，但较均匀的砂土则只能选用轮胎压路机。

3）在作用于土层上的单位压力不超过土壤的极限强度条件下，应尽可能选用比较重型的碾压机械，以达到较大的压实效果，并能提高生产率。

4）当填土含水量较小且难以进行加水湿润时，应采用重型碾压机械；当填土含水量较大且填土干密度较低时，应采用轻型碾压机械。

（2）机械作业参数的选择

正确选择机械作业参数，以保证土方压实质量和提高生产率。

1）填筑土壤的最佳含水量：当土壤的含水量为最佳时，压实机械消耗定量功所得到的土壤压实密度为最大值。因此施工前必须测定土壤的含水量,并采取措施使土壤含水量达到最佳值。一般填筑土壤的最佳含水量见表3-28。在施工过程中,要求实际含水量不得超过最佳含水量的2%,也不低于3%,否则应采取措施,达到规定范围,才能进行碾压。

表3-28 各种土壤的最佳含水量和最大密实度

土壤类别	最佳含水量/(%)	最大密实度/(g/cm³)	土壤类别	最佳含水量/(%)	最大密实度/(g/cm³)
砂土	8～12	1.80～1.88	粉质黏土	12～15	1.85～1.95
砂质粉土	9～15	1.85～2.08	重亚黏土	16～20	1.67～1.79
粉土	16～22	1.61～1.80	黏土	19～23	1.58～1.70
黏质粉土	18～21	1.65～1.74			

注:表列数值是由标准击实法测定(相当于8～9t的中型光轮压路机的压实效果)。

2)压实土层的最优厚度:土壤离地面越深,所受的压实效果越差。为了达到所要求的密实度,机械在同一位置的压实次数需增加,从而使机械功能的消耗增大。压实厚度应根据压实机械的类型和土壤的性质而定,最优厚度是使用最少的压实功能而达到所需的密度。常用压实机械在土壤最佳含水量附近时的最优厚度见表3-29。在保证压实质量的条件下,可以取较大值,以提高压实机械的生产率。

表3-29 常用压实机械的作业参数

机械名称	规格/t	最佳压实土层厚度/m	碾压次数	适用范围
凸块式压路机	5	0.25～0.35	8～10	黏性土壤
光轮式压路机	5	0.10～0.15	12～16	各类土壤及路面
	10	0.15～0.25	8～10	
	12	0.20～0.30	6～8	
轮胎式压路机	10	0.15～0.20	8～10	各类土壤
	25	0.25～0.45	6～8	
	50	0.40～0.70	5～7	

3)压实机械在同一地方行程的次数,必须根据土壤含水量和土层厚度而定,当土壤在最佳含水量、土层为最优厚度时,压实机械的行程次数即碾压次数亦可参考表3-28,表中下限适合于砂性土壤,上限适合于黏性土壤。在实际作业中,由于上述参数是变化的,因此应预先进行试验,在达到设计密度要求的条件下,

确定机械的压实次数。一般含水量较低时，应选用较重型的压实机械或增加行程次数。在达到设计要求时，不应过多碾压，否则还会引起弹性变形，降低压实强度。

4)压实机械的碾压速度：土壤塑性变形的大小(压实程度)，决定于荷载作用的时间，时间越长，其压实程度越高，因此要求压实机械的速度越慢越好，但太慢则生产率太低。一般碾压速度可参照表3-30，对于拖拉机牵引的压实机械，行驶不应超过拖拉机2挡速度，过快会降低压实效果。在压实过程中，应先轻后重，先慢后快，最后两遍的速度应放慢些，以保证表面平实的质量。

表3-30　压实机械碾压速度(km/h)

机械名称	初压		复压		终压	
	适宜	最大	适宜	最大	适宜	最大
光轮式压路机	1.5～2	3	2.5～3.5	5	2.5～3.5	5
轮胎式压路机	—	—	3.5～4.5	8	4～6	8

二、振动压路机

振动压路机利用机械自重和激振器产生的激振力，迫使土产生强迫振动，急剧减少土颗粒间的内摩擦力，达到压实土的目的。振动压路机的压实深度和压实生产率均高于静力作用压路机，最适宜压实各种非黏性土(砂、碎石、碎石混合料)及各种沥青混凝土等。振动压路机是建筑和工程中必备的压实设备，已成为现代压路机的主要机型。

1. 构造组成

振动压路机由工作装置、传动系统、振动装置、行走装置和驾驶操纵等部分组成。

图3-16所示为YZC12型振动压路机总体结构。采用全液压传动、双轮驱动、双轮振动、自行式结构。前后车架通过中心铰接架连接在一起，采用铰接式转向方式。动力系统装在后车架上，其他系统的主要部件均装在前车架上。

2. 工作原理

振动压路机的光面碾轮兼作振动轮，利用与振动轮轴心偏心的振动装置所产生的频率为1000～3000次/min的振动，使之接近被压实材料的自振频率而引起压实材料的共振，使土颗粒间的摩擦力大大下降，并填满颗粒间的空隙，增加土的密实度而达到压实的目的。

3. 性能指标

常用振动压路机的型号及技术性能见表3-31。

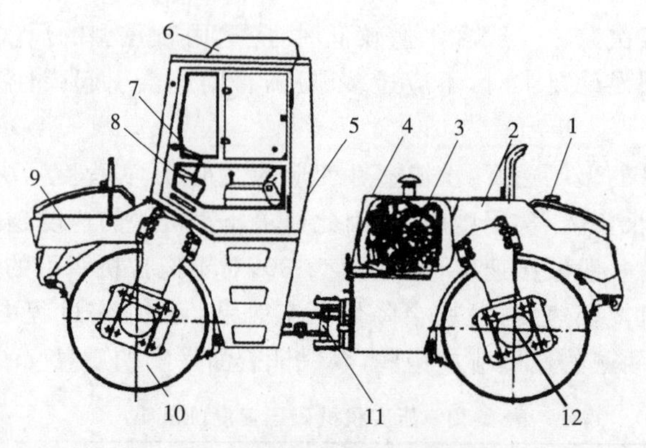

图 3-16 YZC12 型压路机总体结构

1—洒水系统；2—后车架；3—发动机；4—机罩；5—驾驶室；6—空调系统；7—操纵台；8—电气系统；9—前车架；10—振动轮；11—中心铰接架；12—液压系统

表 3-31 常用振动压路机技术性能与规格

项目	型号				
	YZS0.5B 手扶式	YZ2	YZJ7	YZ10P	YZJ14 拖式
重量/t	0.75	2.0	6.53	10.8	13.0
振动轮直径/mm	405	750	1220	1524	1800
振动轮宽度/mm	600	895	1680	2100	2000
振动频率/Hz	48	50	30	28/32	30
激振力/kN	12	19	19	197/137	290
单位线压力/(N/cm)					
静线压力	62.5	134	—	257	650
动线压力	100	212	—	938/652	1450
总线压力	162.5	346	—	1195/909	2100
行走速度/(km/h)	2.5	2.43～5.77	9.7	4.4～22.6	—
牵引功率/kW	3.7	13.2	50	73.5	73.5
转速/(r/min)	2200	2000	2200	1500/2150	1500
最小转弯半径/m	2.2	5.0	5.13	5.2	—
爬坡能力/(%)	40	20	—	30	—
外形尺寸/mm (长×宽×高)	2400×790 ×1060	2635×1063 ×1630	4750×1850 ×2290	5370×2356 ×2410	5535×2490 ×1975

4. 安全操作要点

(1)作业时，压路机应先起步后起振，内燃机应先置于中速，然后再调至高速。

(2)压路机换向时应先停机;压路机变速时应降低内燃机转速。

(3)压路机不得在坚实的地面上进行振动。

(4)压路机碾压松软路基时,应先碾压1遍～2遍后再振动碾压。

(5)压路机碾压时,压路机振动频率应保持一致。

(6)换向离合器、起振离合器和制动器的调整,应在主离合器脱开后进行。

(7)上下坡时或急转弯时不得使用快速挡。铰接式振动压路机在转弯半径较小绕圈碾压时不得使用快速挡。

(8)压路机在高速行驶时不得接合振动。

(9)停机时应先停振,然后将换向机构置于中间位置,变速器置于空挡,最后拉起手制动操纵杆。

(10)振动压路机的使用除应符合上述要求外,还应符合静作用压路机安全操作的有关规定。

5. 保养与维护

振动压路机除执行静作用压路机的保养与维护要求外,还需注意下列几点:

(1)振动轮的偏心轴轴承是采用润滑油润滑,驱动轴承是采用润滑脂润滑。

(2)每天要检查偏心轴头处是否有漏油现象。

(3)定期检查偏心轴箱内的油液平面,不足时应添加。每两个月对左右驱动轴承加注润滑脂。

(4)经常注意偏心轴承处的温度。

(5)要定期对偏心轴箱内的润滑油进行清洗及更换。

三、夯实机械

小型打夯机有冲击式和振动式之分,由于体积小,重量轻,构造简单,机动灵活,实用,操纵、维修方便,夯击能量大,夯实工效较高,在建筑工程上使用很广。常用的小型打夯机有蛙式打夯机、柴油打夯机、电动立夯机等,适用于黏性较低的土(砂土、粉土、粉质黏土)基坑(槽)、管沟及各种零星分散、边角部位的填方的夯实,以及配合压路机对边缘或边角碾压不到之处的夯实。

1. 电动蛙式打夯机

(1)构造组成

电动蛙式打夯机是我国自行研制成功的打夯机,由于其构造简单、操作灵活、方便,受到了广大用户的欢迎。如图3-17所示,蛙式打夯机由偏心块、夯头架、传动装置、电动机等组成。

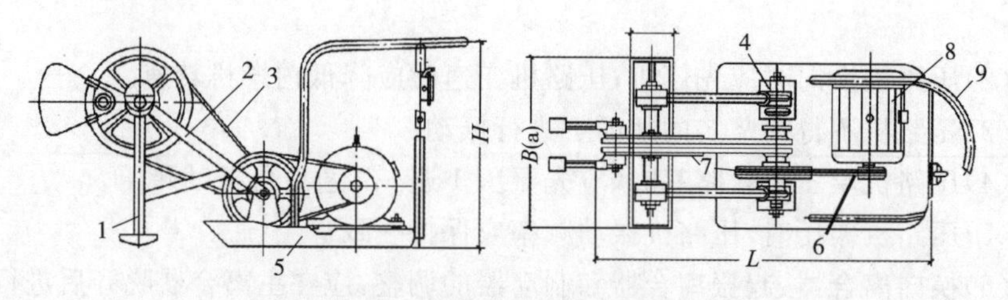

图 3-17　蛙式打夯机外形构造图

1—夯头；2—夯架；3，6—三角胶带；4—传动轴架；5—底盘；7—三角胶带轮；8—电动机；9—扶手

(2)技术性能

蛙式夯土机的主要技术性能见表 3-32。

表 3-32　蛙式夯土机的主要技术参数和工作性能

机型		HW－20	HW－20A	HW－25	HW－60	HW－70
机重/kg		125	130	151	280	110
夯头总重/kg		—	—	—	124.5	—
偏心块重/kg		—	23±0.005	—	38	—
夯板尺寸	长(a)/mm	500	500	500	750	500
	宽(b)/mm	90	80	110	120	80
夯击次数/(次/min)		140～150	140～142	145～156	140～150	140～145
跳起高度/mm		145	100～170	—	200～260	150
前进速度/(m/min)		8～10	—	—	8～13	—
最小转弯半径/mm		—	—	—	800	—
冲击能量/(kg·m)		20	—	20～25	62	68
生产率/(m^3/台班)		100	—	100～120	200	50
外形尺寸	长(L)/mm	1006	1000	1560	1283.1	1121
	宽(B)/mm	500	500	520	650	650
	高(H)/mm	900	850	900	748	850
电动机	型号	YQ22－4	YQ32－4 或 YQ2－21－4	YQ2－224	YQ42－4	YQ32－4
	功率/kW	1.5	1 或 1.1	1.5～2.2	2.8	1
	转数/(r/min)	1420	1421	1420	1430	1420

(3)安全操作要点

1)蛙式夯实机宜适用于夯实灰土和素土。蛙式夯实机不得冒雨作业。

2)作业前应重点检查下列项目,并应符合相应要求:

①漏电保护器应灵敏有效,接零或接地及电缆线接头应绝缘良好;

②传动皮带应松紧合适,皮带轮与偏心块应安装牢固;

③转动部分应安装防护装置,并应进行试运转,确认正常;

④负荷线应采用耐气候型的四芯橡皮护套软电缆。电缆线长不应大于50m。

3)夯实机启动后,应检查电动机旋转方向,错误时应倒换相线。

4)作业时,夯实机扶手上的按钮开关和电动机的接线应绝缘良好。当发现有漏电现象时,应立即切断电源,进行检修。

5)夯实机作业时,应一人扶夯,一人传递电缆线,并应戴绝缘手套和穿绝缘鞋。递线人员应跟随夯机后或两侧调顺电缆线。电缆线不得扭结或缠绕,并应保持3m～4m的余量。

6)作业时,不得夯击电缆线。

7)作业时,应保持夯实机平衡,不得用力压扶手。转弯时应用力平稳,不得急转弯。

8)夯实填高松软土方时,应先在边缘以内100mm～150mm夯实2遍～3遍后,再夯实边缘。

9)不得在斜坡上夯行,以防夯头后折。

10)夯实房心土时,夯板应避开钢筋混凝土基础及地下管道等地下物。

11)在建筑物内部作业时,夯板或偏心块不得撞击墙壁。

12)多机作业时,其平行间距不得小于5m,前后间距不得小于10m。

13)夯实机作业时,夯实机四周2m范围内,不得有非夯实机操作人员。

14)夯实机电动机温升超过规定时,应停机降温。

15)作业时,当夯实机有异常响声时,应立即停机检查。

16)作业后,应切断电源,卷好电缆线,清理夯实机。夯实机保管应防水防潮。

2. 内燃式打夯机

(1)构造组成

内燃夯土机是根据两冲程内燃机的工作原理制成的一种夯实机械。除具有一般夯实机械的优点外,还能在无电源地区工作。在经常需要短距离变更施工地点的工作场所,更能发挥其独特的优势。

内燃式夯土机主要由汽缸头、汽缸套、活塞、卡圈、锁片、连杆、夯足、法兰盘、内部弹簧、密封圈、夯锤、拉杆等部分组成，如图 3-18 所示。

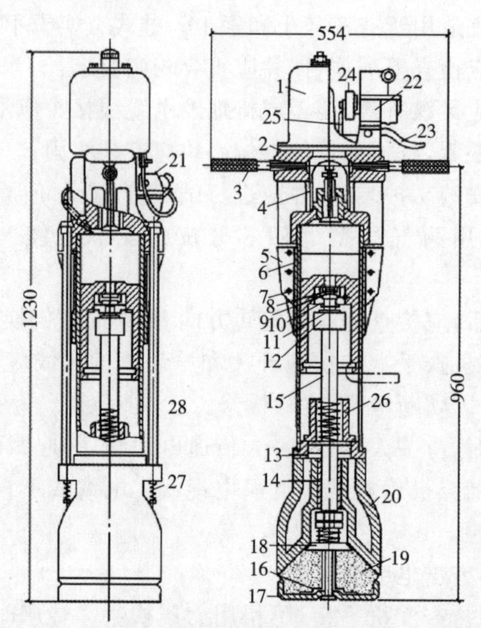

图 3-18 HN－80 型内燃式夯土机外形尺寸和构造

1—油箱；2—汽缸盖；3—手柄；4—气门导杆；5—散热片；6—汽缸套；7—活塞；8—阀片；9—上阀门；10—下阀门；11—锁片；12、13—卡圈；14 —夯锤衬套；15—连杆；16—夯底座；17—夯板；18—夯上座；19 —夯足；20—夯锤；21—汽化器；22—磁电机；23—操纵手柄；24—转盘；25—连杆；26—内部弹簧；27—拉杆弹簧；28—拉杆

(2)技术性能

内燃式夯土机主要技术性能及技术参数见表 3-33。

表 3-33 内燃式夯土机主要技术参数和工作性能

机型	HN－60(HB－60)	HN－80(HB－80)	HZ－120(HB－120)
机重/kg	60	85	120
外形尺寸/mm			
机高	1228	1230	1180
机宽	720	554	410
手柄高	315	960	950
夯板面积/m^2	0.0825	0.42	0.0551
夯击力/kg	4000	—	—
夯击次数/(次/min)	600～700	60	60～70

（续）

机型		HN－60(HB－60)	HN－80(HB－80)	HZ－120(HB－120)
跳起高度/mm		—	600～700	300～500
生产率/(m^2/h)		64	55～83	—
动力设备		IE50F2.2kW 汽油机改装	无压缩自由活塞式汽油机	无压缩自由活塞式汽油机
燃料	汽油	—	66号	66号
	机油	—	15号	15号
	混合比(汽油：机油)	20：1	16：1	16：1～20：1
油箱容量/L		2.6	1.7	2

(3)安全操作要点

1)振动冲击夯适用于压实黏性土、砂及砾石等散状物料，不得在水泥路面和其他坚硬地面作业。

2)内燃机冲击夯作业前，应检查并确认有足够的润滑油，油门控制器应转动灵活。

3)内燃机冲击夯启动后，应逐渐加大油门，夯机跳动稳定后开始作业。

4)振动冲击夯作业时，应正确掌握夯机，不得倾斜，手把不宜握得过紧，能控制夯机前进速度即可。

5)正常作业时，不得使劲往下压手把，以免影响夯机跳起高度。夯实松软土或上坡时，可将手把稍向下压，能增加夯机前进速度。

6)根据作业要求，内燃冲击夯应通过调整油门的大小，在一定范围内改变夯机振动频率。

7)内燃冲击夯不宜在高速下连续作业。

8)当短距离转移时，应先将冲击夯手把稍向上抬起，将运转轮装入冲击夯的挂钩内，再压一下手把，使重心后倾，再推动手把转移冲击夯。

9)振动冲击夯除应符合本节的规定外，还应符合电动蛙式打夯机安全操作要点的规定。

3. 电动振动式夯土机

(1)构造组成

HZ－380A型电动振动式夯土机是一种平板自行式振动夯实机械，适用于含水量小于12%和非黏土的各种砂质土壤、砾石及碎石，建筑工程中的地基、水池的基础，道路工程中铺设小型路面、修补路面及路基等工程的压实工作。其外形尺寸和构造，如图3-19所示。它以电动机为动力，经二级三角皮带减速，驱动振动体内的偏心转子高速旋转，产生惯性力，使机器发生振动，以达到夯实土壤之目的。

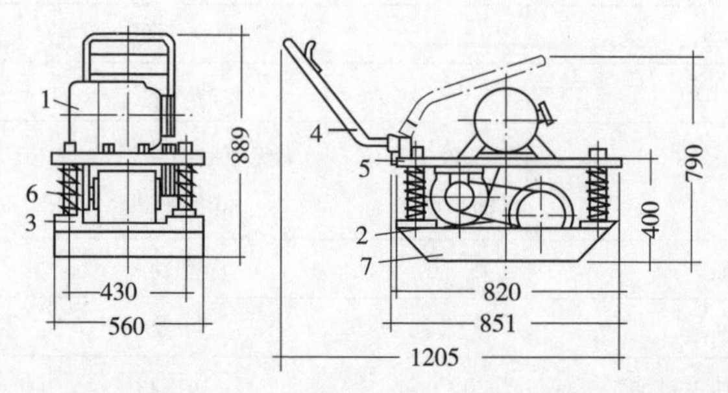

图 3-19 HZ－380A 型电动振动式夯土机外形尺寸和构造示意图

1—电动机；2—传动胶带；3—振动体；4—手把；5—支撑板；6—弹簧；7—夯板

(2)性能指标

电动振动式夯土机的主要技术性能见表 3-34。

表 3-34 电动振动式夯土机的主要技术参数和工作性能

机型		HZ－380A 型
机重/kg		380
夯板面积/m^2		0.28
振动频率/(次/min)		1100～1200
前行速度/(m/min)		10～16
振动影响深度/mm		300
振动后土壤密实度		0.85～0.9
压实效果		相当于十几吨静作用压路机
配套电动机	型号	YQ232－2
	功率/kW	4
	转速/(r/min)	2870

(3)安全操作要点

电动振动式夯土机的安全操作要点可参考内燃式打夯机的相关要求。

第四章 起重及垂直运输机械

第一节 起重机的特点和选用

一、起重机械的特点和适用范围

起重机械是一种对重物能同时完成垂直升降和水平移动的机械，在工业与民用建筑工程中作为主要施工机械而得到广泛应用。起重机械种类繁多，在建筑施工中常用的为移动式起重机，包括：塔式起重机、汽车式起重机、轮胎式起重机、履带式起重机，以及最基本的起重机械——卷扬机等。表 4-1 介绍了这些常用起重机械的特点和适用范围。

表 4-1 常用起重机械的特点和适用范围

机械名称	优点	缺点	适用范围
塔式起重机	(1)具有一机多用的机型(如移动式、固定式、附着式等)，能适应施工的不同需要； (2)附着后起升高度可达100m以上； (3)有效作业幅度可达全幅度的80%； (4)可以载荷行走就位； (5)动力为电动机，可靠性、维修性都好，运行费用极低	(1)机体庞大，除轻型外，需要解体，拆装费时、费力； (2)转移费用高，使用期短不经济； (3)高空作业，安全要求较高； (4)需要构筑基础	(1)高层、超高层的民用建筑施工； (2)重工业厂房施工，如电站主厂房结构和设备吊装，高炉设备吊装等； (3)内爬式适用于施工现场狭窄的环境

（续）

机械名称	优点	缺点	适用范围
汽车式起重机	(1)采用通用或专用汽车底盘,可按汽车原有速度行驶,灵活机动,能快速转移; (2)采用液压传动,传动平稳,操纵省力,吊装速度快、效率高; (3)起重臂为折叠式,工作性能灵活,转移快	(1)吊重时必须使用支腿; (2)转弯半径大,越野性能差; (3)箱形起重臂自重大,影响起重量; (4)维修要求高	适用于流动性较大的施工单位或临时分散的工地,以及露天装卸作业
轮胎式起重机	(1)行驶速度低于汽车式起重机,高于履带式起重机,转弯半径小,越野性能好,上坡能力达17%～20%; (2)一般使用支腿吊重,在平坦地面可不用支腿,可四面作业,还可吊重慢速行驶; (3)稳定性能较好	(1)机动性比汽车式差,不便经常作长距离行走; (2)行驶速度慢。对路面要求较高	适用于比较固定的建筑工地,特别适用于狭窄的施工场所
履带式起重机	(1)行驶速度慢,越野性能好,爬坡能力大,牵引系数为轮胎式起重机的1.5倍; (2)可在泥泞、沼泽等松软地施工,吊重行驶比较平稳; (3)可改换多种工作装置进行多种作业,适用范围广	(1)行驶时对道路破坏性大; (2)在转移距离较长时,需用平板拖车装运	适用于比较固定的、地面及道路条件较差的工业厂房施工
卷扬机	(1)构造简单,结构紧凑,移动方便,操作容易,使用费用低; (2)和井字架、龙门架、滑轮组等机构配套进行垂直提升,尤其对大型结构进行整体吊装,不但进度快、质量有保证,而且是其他起重机械不能代替的	必须有其他机构配套后使用	(1)与井字架配套后用于民用建筑的垂直运输; (2)与桅杆配套后用于大型、超重结构的整体吊装; (3)配套滑轮组进行水平运输塔式起重机

二、起重机械的主要性能参数

起重机械的主要性能参数包括:起重量、工作幅度、起重力矩、起升高度以及工作速度等。

国产起重机主要性能参见表4-2。

表4-2 国产起重机主要性能参数

机类	起重量 Q/t	工作幅度 R/m	有效幅度 R_1/m	起重力矩 M/kN·m	起升高度 H/m
轮式起重机	3	2.8	1.25	64	5.5
	5	3.0	1.35	150	6.5
	8	3.2	1.45	256	7.0 最长主臂时为11
	12	3.5	1.50	420	7.5 最长主臂时为12
	16	3.75	1.50	600	8.0 最长主臂时为18
	25	3.75	1.25	940	8.5 最长主臂时为25
	40	3.75	1.00	1500	9.5 最长主臂时为30
	65	3.85	0.85	2500	10 最长主臂时为34
	100	4	0.70	4000	11 最长主臂时为36
塔式起重机	1.0	16	—	160	18
	1.25	20	—	250	23
	3.0	20	—	600	27
	3.2	25	—	800	45
	4.0	30	—	1200	自行式50以下，附着式至120
	5.3	30	—	1600	自行式50以下，附着式至160
	7.0	35	—	2500	自行式50以下，附着式至160
	11.4	35	—	400	自行式50以下，附着式至160

三、起重机械的选择

起重机械的选择应综合技术性能和经济性能两方面因素进行。

1. 起重机技术性能的选择

(1)起重量

选择的起重机起重量必须大于所吊装构件的重量与索具重量之和，即：

$$Q \geqslant Q_1 + Q_2 \tag{4-1}$$

式中：Q——起重机的起重量，kN；

Q_1——构件的重量，kN；

Q_2——索具的重量，kN。

(2)起重高度

起重机的起重高度必须满足所吊装构件的吊装高度要求，如图4-1所示。

$$H \geqslant h_1 + h_2 + h_3 + h_4 \tag{4-2}$$

式中：H——起重机的起重高度，m，从停机面算起至吊钩钩口；

h_1——安装支座表面高度，m，从停机面算起；

h_2——安装间隙，应不小于 0.3m；

h_3——绑扎点至构件吊起后底面的距离，m；

h_4——索具高度，m；绑扎点至吊钩钩口的距离，视具体情况而定。

(3)起重半径

当起重机可以不受限制地开到所安装构件附近去吊装构件时，可不验算起重半径。但当起重机受限制不能靠近吊装位置去吊装构件时，则应验算当起重机的起重半径为一定值时的起重量与起重高度能否满足安装构件的要求。一般根据所需的 Q_{min}，H_{min} 值，初步选定起重机型号，按式(4-3)计算：

$$R=F+L\cos\alpha \tag{4-3}$$

式中：R——起重机的起重半径；

F——起重臂下铰点中心至起重机回转中心的水平距离，其数值由起重机技术参数表查得；

L——起重臂长度；

α——起重臂的中心线与水平夹角。

同一种型号的起重机可能具有几种不同长度的起重臂，应选择一种既能满足了个吊装工作参数的要求而又最短的起重臂。但有时由于各种构件吊装工作参数相差过大，也可选择几种不同长度的起重臂。例如吊装柱子可选用较短的起重臂，吊装屋面结构则选用较长的起重臂。

2. 起重机经济性能的选择

起重机的经济性与其在工地使用的时间有很大关系。使用时间越长，则平均到每个台班的运输和安装费越少，其经济性越好。

各类起重机的经济性比较如图 4-2 所示。在同等起重能力下，如使用时间短，则使用汽车或轮胎起重机最经济；如使用时间较长，则履带起重机较为经济；如长期使用，则使用塔式起重机为最经济。

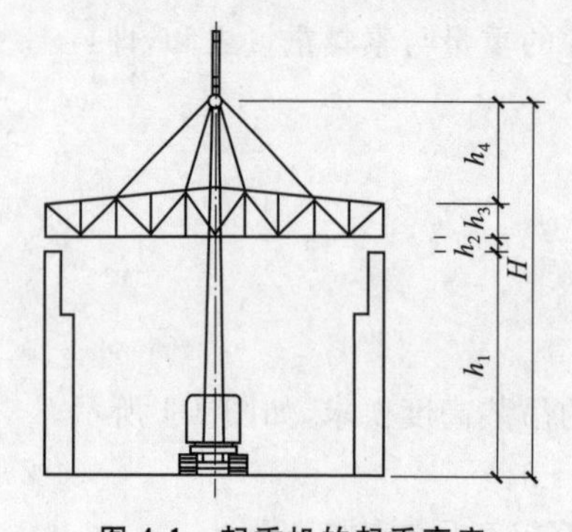

图 4-1　起重机的起重高度

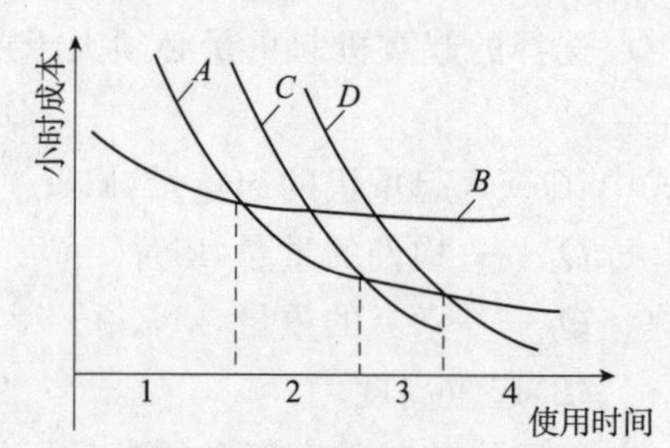

图 4-2　各类起重机经济比较曲线

A-轮胎起重机；B-汽车起重机；C-履带起重机；D-塔式起重机

第二节　塔式起重机

一、塔式起重机的类型及表示方法

塔式起重机是一种具有竖直塔身的全回转臂式起重机；起重臂安装在塔身顶部，形成"┏"形的工作空间，具有较高的有效高度和较大的工作半径。适用于多层和高层的工业与民用建筑的结构安装。

1. 塔式起重机的分类

塔式起重机的分类、特点和适用范围见表4-3。

表4-3　塔式起重机分类、特点和适用范围

类型		主要特点	适用范围
按行走机构分类	固定式（自升式）	没有行走装置，起重机固定在基础上，塔身随着建筑物的升高而自行升高	高层建筑施工，高度可达50m以上
	移动式（轨道式）	起重机安装在轨道基础上，在轨道上行走，可靠近建筑物，灵活机动，使用方便	起升高度在50m以内的小型工业和民用建筑施工
按爬升部位分类	内部爬升式	起重机安装在建筑物内部（如电梯井、楼梯间），依靠一套托架和提升系统随建筑物升高而升高	框架结构的高层建筑施工，适用于施工现场狭窄的环境
	外部附着式	起重机安装在建筑物一侧，底座固定在基础上，塔身几道附着装置与建筑物固定	高层建筑施工，高度可达100m以上
按起重臂变幅方法分类	俯仰变幅起重臂	起重臂与塔身铰接，变幅时可调整起重臂的仰角，负荷随起重臂一起升降	吊高、吊重大，适用于重构件吊装，这类变幅结构我国已较少采用
	小车变幅起重臂	起重臂固定在水平位置，下弦装有起重小车，依靠调整起重小车的距离来改变起重机的幅度，这种变幅装置操作方便，速度快，并能接近机身，还能带负荷变幅	自升式塔式起重机都采用这种结构，工作覆盖面大、适用于高层大型建筑工程
按回转方式分类	上回转塔式起重机	塔身固定，塔顶上安装起重臂及平衡臂。能作360°回转，可简化塔身与门架的连接，结构简单，安装方便，但重心提高，须增加中心压重	大、中型塔式起重机都采用上回转结构，能适应多种形式建筑物的需要
	下回转塔式起重机	塔身与起重臂同时回转，回转机构在塔身下部，所有传动机构都装在下部，重心低，稳定性好，但回转机构较复杂	适用于整体架设，整体拖运的小型塔式起重机，适用于分散施工

（续）

类型		主要特点	适用范围
按起重量分类	轻型塔式起重机	起重量为0.5～3t	5层以下民用建筑施工
	中型塔式起重机	起重量为3～15t	高层建筑施工
	重型塔式起重机	起重量为20～40t	重型工业厂房及设备吊装

2. 塔式起重机型号

塔式起重机型号分类及表示方法见表4-4。

表4-4 塔式起重机型号分类及表示方法

类	组	型	特性	代号	代号含义	主参数	
						名称	单位表示法
建筑起重机	塔式起重机Q、T(起、塔)	轨道式	—	QT	上回转式塔式起重机	额定起重力矩	kN·m×10^{-1}
			Z(自)	QTZ	上回转自升塔式起重机		
			A(下)	QTA	下回转式塔式起重机		
			K(快)	QTK	快速安装式塔式起重机		
		固定式G(固)	—	QTG	固定式塔式起重机		
		内爬升式P(爬)	—	QTP	内爬升式塔式起重机		
		轮胎式L(轮)	—	QTL	轮胎式塔式起重机		
		汽车式Q(汽)	—	QTQ	汽车式塔式起重机		
		履带式U(履)	—	QTU	履带式塔式起重机		

二、塔式起重机的技术性能

(1)上回转自升塔式起重机主要技术性能见表4-5。

表4-5 上回转自升塔式起重机主要技术性能

型号		TQ60/80(QT60/80)	QTZ50	QTZ60	QTZ63	QT80A	QTZ100
起重力矩/(kN·m)		600/700/800	490	600	630	1000	1000
最大幅度/起重载荷/(m/kN)		30/20,25/32,20/40	45/10	45/11.2	48/11.9	50/15	60/12
最小幅度/起重载荷/(m/kN)		10/60,10/70,10/80	12/50	12.25/60	12.76/60	12.5/80	15/80
起升高度/m	附着式	—	90	100	101	120	180
	轨道行走式	65/55/45	36	—	—	45.5	—
	固定式	—	36	39.5	41	45.5	50
	内爬升式	—	—	160	—	140	

（续）

型号		TQ60/80(QT60/80)	QTZ50	QTZ60	QTZ63	QT80A	QTZ100
工作速度/(m/min)	起重(2绳)	21.5	10～80	32.7～100	12～80	29.5～100	10～100
	(4绳)	(3绳)14.3	5～40	16.3～50	6～40	14.5～50	5～50
	变幅	8.5	24～36	30～60	22～44	22.5	34～52
	行走	17.5	—	—	—	18	—
电动机功率/kW	起升	22	24	22	30	30	30
	变幅(小车)	7.5	4	4.4	4.5	3.5	5.5
	回转	3.5	4	4.4	5.5	3.7×2	4×2
	行走	7.5×2	—	—	—	7.5×2	—
	顶升	—	4	5.5	4	7.5	7.5
质量/t	平衡重	5/5/5	2.9～5.04	12.9	4～7	10.4	7.4～11.1
	压重	46/30/30	12	52	14	56	26
	自重	41/38/35	23.5～24.5	33	31～32	49.5	48～50
	总重	92/73/70	—	97.9	—	115.9	—
起重臂长/m		15～30	45	35/40/45	48	50	60
平衡臂长/m		8	13.5	9.5	14	11.9	17.01
轴距×轨距/(m×m)		4.8×4.2	—	—	—	5×5	—

(2)下回转快速拆装塔式起重机主要技术性能见表4-6。

表4-6　下回转快速拆装塔式起重机主要技术性能

型号		红旗Ⅱ-16	QT25	QTG40	QT60	QTK60	QT70
起重特性	起重力矩/(kN·m)	160	250	400	600	600	700
	最大幅度/起重载荷/(m/kN)	16/10	20/12.5	20/20	20/30	25/22.7	20/35
	最小幅度/起重载荷/(m/kN)	8/20	10/25	10/46.6	10/60	11.6/60	10/70
	最大幅度吊钩高度/m	17.2	23	30.3	25.5	32	23
	最小幅度吊钩高度/m	28.3	36	40.8	37	43	36.3
工作速度	起升/(m/min)	14.1	25	14.5/29	30/3	35.8/5	16/24
	变幅/(m/min)	4	—	14	13.3	30/15	2.46
	回转/(r/min)	1	0.8	0.82	0.8	0.8	0.46
	行走/(m/min)	19.4	20	20.14	25	25	21
电动机功率/kW	起升	7.5	7.5×2	11	22	22	22
	变幅	5	7.5	10	5	2/3	7.5
	回转	3.5	3	3	4	4	5
	行走	3.5	2.2×2	3×2	5×2	4×2	5×2

（续）

型号		红旗Ⅱ-16	QT25	QTG40	QT60	QTK60	QT70
质量	平衡重	5	3	14	17	23	12
	压重	—	12	—	—	—	—
	自重	13	16.5	29.37	25	23	26
	总重	18	31.5	43.37	42	46	38
轴距/m×轴距/m		3×2.8	3.8×3.2	4.5×4	4.5×4.5	4.6×4.5	4.4×4.4
转台尾部回转半径/m		2.5	—	—	3.5	3.57	4

三、塔式起重机安全操作要点

(1)行走式塔式起重机的轨道基础应符合下列要求。

1)路基承载能力应满足塔式起重机使用说明书要求。

2)每间隔6m应设轨距拉杆一个，轨距允许偏差应为公称值的1/1000，且不得超过±3mm。

3)在纵横方向上，钢轨顶面的倾斜度不得大于1/1000；塔机安装后，轨道顶面纵、横方向上的倾斜度，对上回转塔机不应大于3/1000；对下回转塔机不应大于5/1000。在轨道全程中，轨道顶面任意两点的高差应小于100mm。

4)钢轨接头间隙不得大于4mm，与另一侧轨道接头的错开距离不得小于1.5m，接头处应架在轨枕上，接头两端高度差不得大于2mm。

5)距轨道终端1m处应设置缓冲止挡器，其高度不应小于行走轮的半径。在轨道上应安装限位开关碰块，安装位置应保证塔机在与缓冲止挡器或与同一轨道上其他塔机相距大于1m处能完全停住，此时电缆线应有足够的富余长度。

6)鱼尾板连接螺栓应紧固，垫板应固定牢靠。

(2)塔式起重机的混凝土基础应符合使用说明书和现行行业标准《塔式起重机混凝土基础工程技术规程》JGJ/T 187的规定。

(3)塔式起重机的基础应排水通畅，并应按专项方案与基坑保持安全距离。

(4)塔式起重机应在其基础验收合格后进行安装。

(5)塔式起重机的金属结构、轨道应有可靠的接地装置，接地电阻不得大于4Ω。高位塔式起重机应设置防雷装置。

(6)装拆作业前应进行检查，并应符合下列规定：

1)混凝土基础、路基和轨道铺设应符合技术要求；

2)应对所装拆塔式起重机的各机构、结构焊缝、重要部位螺栓、销轴、卷扬机构和钢丝绳、吊钩、吊具、电气设备、线路等进行检查，消除隐患；

3)应对自升塔式起重机顶升液压系统的液压缸和油管、顶升套架结构、导向轮、顶升支撑(爬爪)等进行检查，使其处于完好工况；

4)装拆人员应使用合格的工具、安全带、安全帽；

5)装拆作业中配备的起重机械等辅助机械应状况良好，技术性能应满足装拆作业的安全要求；

6)装拆现场的电源电压、运输道路、作业场地等应具备装拆作业条件；

7)安全监督岗的设置及安全技术措施的贯彻落实应符合要求。

(7)指挥人员应熟悉装拆作业方案，遵守装拆工艺和操作规程，使用明确的指挥信号。参与装拆作业的人员，应听从指挥，如发现指挥信号不清或有错误时，应停止作业。

(8)装拆人员应熟悉装拆工艺，遵守操作规程，当发现异常情况或疑难问题时，应及时向技术负责人汇报，不得自行处理。

(9)装拆顺序、技术要求、安全注意事项应按批准的专项施工方案执行。

(10)塔式起重机高强度螺栓应由专业厂家制造，并应有合格证明。高强度螺栓严禁焊接。安装高强螺栓时，应采用扭矩扳手或专用扳手，并应按装配技术要求预紧。

(11)在装拆作业过程中，当遇天气剧变、突然停电、机械故障等意外情况时，应将已装拆的部件固定牢靠，并经检查确认无隐患后停止作业。

(12)塔式起重机各部位的栏杆、平台、扶杆、护圈等安全防护装置应配置齐全。行走式塔式起重机的大车行走缓冲止挡器和限位开关碰块应安装牢固。

(13)因损坏或其他原因而不能用正常方法拆卸塔式起重机时，应按照技术部门重新批准的拆卸方案执行。

(14)塔式起重机安装过程中，应分阶段检查验收。各机构动作应正确、平稳，制动可靠，各安全装置应灵敏有效。在无载荷情况下，塔身的垂直度允许偏差应为4/1000。

(15)塔式起重机升降作业时，应符合下列规定。

1)升降作业应有专人指挥，专人操作液压系统，专人拆装螺栓；非作业人员不得登上顶升套架的操作平台；操作室内应只准一人操作。

2)升降作业应在白天进行。

3)顶升前应预先放松电缆，电缆长度应大于顶升总高度，并应紧固好电缆；下降时应适时收紧电缆。

4)升降作业前，应对液压系统进行检查和试机，应在空载状态下将液压缸活塞杆伸缩3次～4次，检查无误后，再将液压缸活塞杆通过顶升梁借助顶升套架的支撑，顶起载荷 100mm～150mm，停 10min，观察液压缸载荷是否有下滑现象。

5)升降作业时，应调整好顶升套架滚轮与塔身标准节的间隙，并应按规定要求使起重臂和平衡臂处于平衡状态，将回转机构制动。当回转台与塔身标准节之间的最后一处连接螺栓（销轴）拆卸困难时，应将最后一处连接螺栓（销轴）对角方向的螺栓重新插入，再采取其他方法进行拆卸。不得用旋转起重臂的方法松动螺栓（销轴）。

6)顶升撑脚（爬爪）就位后，应及时插上安全销，才能继续升降作业。

7)升降作业完毕后，应按规定扭力紧固各连接螺栓，应将液压操纵杆扳到中间位置，并应切断液压升降机构电源。

(16)塔式起重机的附着装置应符合下列规定。

1)附着建筑物的锚固点的承载能力应满足塔式起重机技术要求；附着装置的布置方式应按使用说明书的规定执行；当有变动时，应另行设计。

2)附着杆件与附着支座（锚固点）应采取销轴铰接。

3)安装附着框架和附着杆件时，应用经纬仪测量塔身垂直度，并应利用附着杆件进行调整，在最高锚固点以下垂直度允许偏差为 2/1000。

4)安装附着框架和附着支座时，各道附着装置所在平面与水平面的夹角不得超过 10°。

5)附着框架宜设置在塔身标准节连接处，并应箍紧塔身。

6)塔身顶升到规定附着间距时，应及时增设附着装置；塔身高出附着装置的自由端高度，应符合使用说明书的规定。

7)塔式起重机作业过程中，应经常检查附着装置，发现松动或异常情况时，应立即停止作业，故障未排除，不得继续作业。

8)拆卸塔式起重机时，应随着降落塔身的进程拆卸相应的附着装置；严禁在落塔之前先拆附着装置。

9)附着装置的安装、拆卸、检查和调整应有专人负责。

10)行走式塔式起重机作固定式塔式起重机使用时，应提高轨道基础的承载能力，切断行走机构的电源，并应设置阻挡行走轮移动的支座。

(17)塔式起重机内爬升时应符合下列规定：

1)内爬升作业时，信号联络应通畅；

2)内爬升过程中，严禁进行塔式起重机的起升、回转、变幅等各项动作；

3)塔式起重机爬升到指定楼层后，应立即拔出塔身底座的支承梁或支腿，通过内爬升框架及时固定在结构上，并应顶紧导向装置或用楔块塞紧；

4)内爬升塔式起重机的塔身固定间距应符合使用说明书要求；

5)应对设置内爬升框架的建筑结构进行承载力复核,并应根据计算结果采取相应的加固措施。

(18)雨天后,对行走式塔式起重机,应检查轨距偏差、钢轨顶面的倾斜度、钢轨的平直度、轨道基础的沉降及轨道的通过性能等;对固定式塔式起重机,应检查混凝土基础不均匀沉降。

(19)根据使用说明书的要求,应定期对塔式起重机各工作机构、所有安全装置、制动器的性能及磨损情况、钢丝绳的磨损及绳端固定、液压系统、润滑系统、螺栓销轴连接处等进行检查。

(20)配电箱应设置在距塔式起重机 3m 范围内或轨道中部,且明显可见;电箱中应设置带熔断式断路器及塔式起重机电源总开关;电缆卷筒应灵活有效,不得拖缆。

(21)塔式起重机在无线电台、电视台或其他电磁波发射天线附近施工时,与吊钩接触的作业人员,应戴绝缘手套和穿绝缘鞋,并应在吊钩上挂接临时放电装置。

(22)当同一施工地点有两台以上塔式起重机并可能互相干涉时,应制定群塔作业方案;两台塔式起重机之间的最小架设距离应保证处于低位塔式起重机的起重臂端部与另一台塔式起重机的塔身之间至少有 2m 的距离;处于高位塔式起重机的最低位置的部件(吊钩升至最高点或平衡重的最低部位)与低位塔式起重机中处于最高位置部件之间的垂直距离不应小于 2m。

(23)轨道式塔式起重机作业前,应检查轨道基础平直无沉陷,鱼尾板、连接螺栓及道钉不得松动,并应清除轨道上的障碍物,将夹轨器固定。

(24)塔式起重机启动应符合下列要求:

1)金属结构和工作机构的外观情况应正常;

2)安全保护装置和指示仪表应齐全完好;

3)齿轮箱、液压油箱的油位应符合规定;

4)各部位连接螺栓不得松动;

5)钢丝绳磨损应在规定范围内,滑轮穿绕应正确;

6)供电电缆不得破损。

(25)送电前,各控制器手柄应在零位。接通电源后,应检查并确认不得有漏电现象。

(26)作业前,应进行空载运转,试验各工作机构并确认运转正常,不得有噪声及异响,各机构的制动器及安全保护装置应灵敏有效,确认正常后方可作业。

(27)起吊重物时,重物和吊具的总重量不得超过塔式起重机相应幅度下规定的起重量。

(28)应根据起吊重物和现场情况,选择适当的工作速度,操纵各控制器时应从停止点(零点)开始,依次逐级增加速度,不得越挡操作。在变换运转方向时,应将控制器手柄扳到零位,待电动机停止运转后再转向另一方向,不得直接变换运转方向突然变速或制动。

(29)在提升吊钩、起重小车或行走大车运行到限位装置前,应减速缓行到停止位置,并应与限位装置保持一定距离。不得采用限位装置作为停止运行的控制开关。

(30)动臂式塔式起重机的变幅动作应单独进行;允许带载变幅的动臂式塔式起重机,当载荷达到额定起重量的90%及以上时,不得增加幅度。

(31)重物就位时,应采用慢就位工作机构。

(32)重物水平移动时,重物底部应高出障碍物0.5m以上。

(33)回转部分不设集电器的塔式起重机,应安装回转限位器,在作业时,不得顺一个方向连续回转1.5圈。

(34)当停电或电压下降时,应立即将控制器扳到零位,并切断电源。如吊钩上挂有重物,应重复放松制动器,使重物缓慢地下降到安全位置。

(35)采用涡流制动调速系统的塔式起重机,不得长时间使用低速挡或慢就位速度作业。

(36)遇大风停止作业时,应锁紧夹轨器,将回转机构的制动器完全松开,起重臂应能随风转动。对轻型俯仰变幅塔式起重机,应将起重臂落下并与塔身结构锁紧在一起。

(37)作业中,操作人员临时离开操作室时,应切断电源。

(38)塔式起重机载人专用电梯不得超员,专用电梯断绳保护装置应灵敏有效。塔式起重机作业时,不得开动电梯。电梯停用时,应降至塔身底部位置,不得长时间悬在空中。

(39)在非工作状态时,应松开回转制动器,回转部分应能自由旋转;行走式塔式起重机应停放在轨道中间位置,小车及平衡重应置于非工作状态,吊钩组顶部宜上升到距起重臂底面2m~3m处。

(40)停机时,应将每个控制器拨回零位,依次断开各开关,关闭操作室门窗;下机后,应锁紧夹轨器,断开电源总开关,打开高空障碍灯。

(41)检修人员对高空部位的塔身、起重臂、平衡臂等检修时,应系好安全带。

(42)停用的塔式起重机的电动机、电气柜、变阻器箱及制动器等应遮盖严密。

(43)动臂式和未附着塔式起重机及附着以上塔式起重机桁架上不得悬挂标语牌。

第三节　轮式起重机

汽车式起重机和轮胎式起重机都是安装在自行式轮胎底盘上的起重机，统称轮式起重机。

一、汽车式起重机

汽车式起重机的起重杆采用高强度钢板做成箱形结构，吊臂可根据需要自动逐节伸缩，并设有各种限位和报警位置。起重机构所用动力由汽车发动机供给。这种起重机具有汽车的行驶通行性能，机动性强，行驶速度高，可以快速转移，对路面的破坏性很小；但起重时，必须架设支腿，因而不能负荷行驶。汽车式起重机适用于构件的装卸工作和结构吊装作业。

1. 分类及构造组成

汽车式起重机按起重量大小分为轻型（200kN 以内）、中型和重型（500kN 以上）3 种；按起重臂形式分有桁架臂或箱形臂两种；按传动装置形式分为机械传动（Q）、电动传动（QD）、液压传动（QY）3 种。

目前液压传动的汽车式起重机应用比较普遍。常用的国产轻型液压汽车起重机有 QY 系列，QY8，QY12，QY16 型，最大起重量分别为 80kN，120kN 和 160kN；中型汽车起重机主要规格有 QY20，QY25，QY32，QY40 型，最大起重量分别为 200kN，250kN，320kN 和 400kN；重型汽车起重机主要是 QY50，QY75 和 QY125 型，最大起重量分别为 500kN，750kN 和 1250kN。图 4-3 是 QY20B 和 QY20H 外形尺寸。

2. 性能指标

汽车式起重机起重特性见表 4-7。

表 4-7　QY20B/20R/20H 型（北京）汽车起重机起重特性（支腿全伸，侧向和后向作业）

工作幅度/m	主臂长/m							主臂＋副臂/m
	10.2	12.58	14.97	17.35	19.73	22.12	24.5	24.5＋7.5
	起重量/t							
3.0	20.0							
3.5	17.2	15.9						
4.0	14.6	14.6	12.6					
4.5	12.75	12.7	11.7	10.5				
5.0	11.6	11.3	11.3	9.7				
5.5	10.45	10.0	10.0	9.1	8.1			

（续）

工作幅度/m	主臂长/m							主臂＋副臂/m
	10.2	12.58	14.97	17.35	19.73	22.12	24.5	24.5＋7.5
	起重量/t							
6.0	9.3	9.0	9.0	8.5	7.6	6.9		
7.0	7.24	7.3	7.41	7.2	6.7	6.1	5.5	
8.0	5.99	6.1	6.17	6.2	5.9	5.4	5.0	
9.0		5.13	5.21	5.25	5.3	4.8	4.5	
10.0		4.35	4.43	4.48	4.52	4.4	4.0	2.1
12.0			3.26	3.32	3.36	3.39	3.41	1.7
14.0				2.49	2.53	2.56	2.58	1.4
16.0					1.90	1.94	1.96	1.2
18.0						1.45	1.47	1.0
20.0							1.08	0.88
22.0							0.76	0.75
24.0								0.63
27.0								0.5

注：表中数值不包括吊钩及吊具自重。

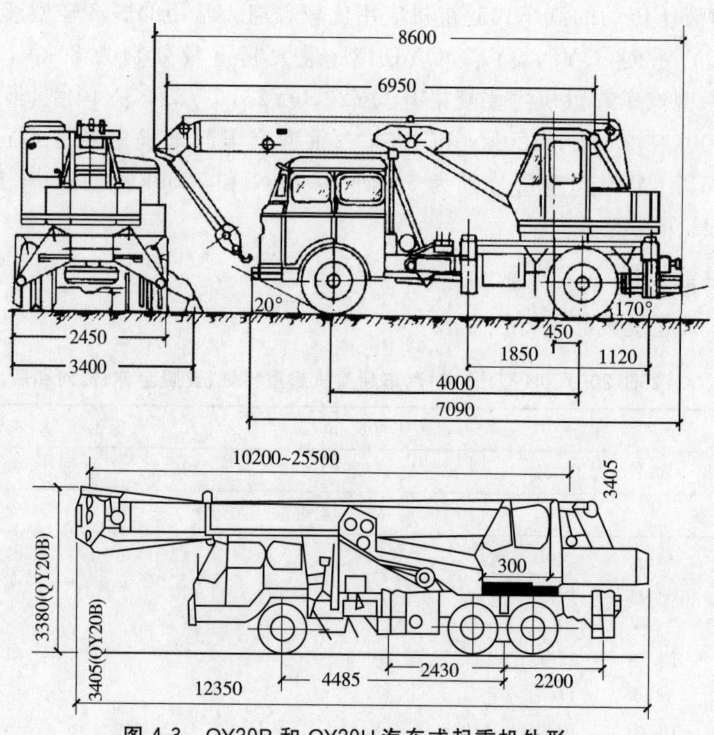

图 4-3　QY20B 和 QY20H 汽车式起重机外形

二、轮胎式起重机

轮胎式起重机的特点是行驶时不会损伤路面，行驶速度较快，稳定性较好，起重量较大。轮胎起重机适用于一般工业厂房结构吊装。

1. 分类及构造组成

目前，常用国产轮胎起重机有电动式和液压式两种；早期的机械式已被淘汰。电动式轮胎起重机主要有 QLD16，QLD20，QLD25，QLD40 型，最大起重量分别为 160kN，200kN，250kN 和 400kN。液压式轮胎起重机主要有 QLY16 和 QLY25 型两种。图 4-4 为 QLD16 型轮胎起重机外形图。

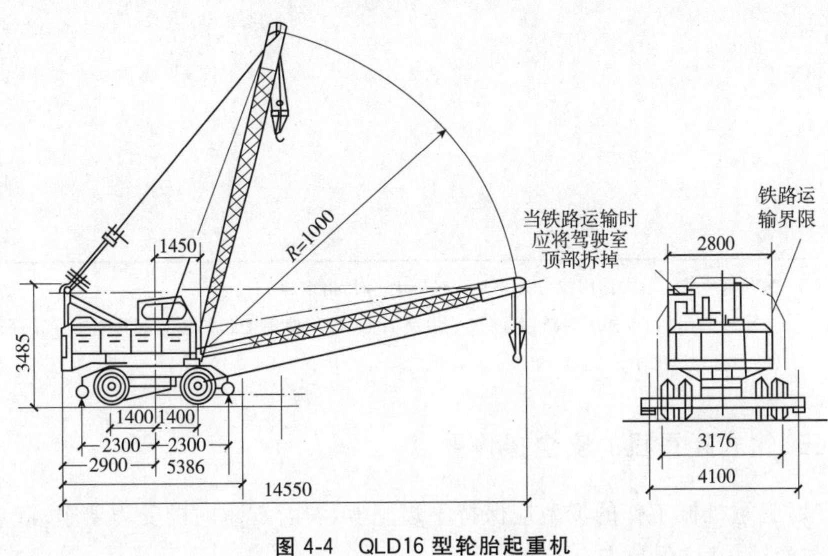

图 4-4　QLD16 型轮胎起重机

2. 性能指标

轮胎起重机的性能指标见表 4-8。

表 4-8　QLD16 型起重机主要技术性能

臂长/m	12			18			24		
工作方式	起重量/t		起升高度/m	起重量/t		起升高度/m	起重量/t		起升高度/m
幅度/m	用支腿	不用支腿		用支腿	不用支腿		用支腿	不用支腿	
3.5		6.5	10.7						
4	16	5.7	10.6						
4.5	14	5	10.5		4.9	16.5			
5	11.2	4.3	10.4	11	4.1	16.4			

（续）

臂长/m 工作方式 幅度/m	12			18			24		
	起重量/t		起升高度/m	起重量/t		起升高度/m	起重量/t		起升高度/m
	用支腿	不用支腿		用支腿	不用支腿		用支腿	不用支腿	
5.5	9.4	3.7	10.3	9.2	3.5	16.3	8		22.4
6.5	7	2.9	9.7	6.8	2.7	16.1	6.7		22.3
8	5	2	9	4.8	1.9	15.6	4.7		22
9.5	3.8	1.5	8.1	3.6	1.4	15	3.5		21.5
11	3		6.6	2.9	1.1	14.2	2.7		20.9
12.5				2.3		13.1	2.2		20.2
14				1.9		11.6	1.8		19.4
15.5				1.6		10.2	1.5		18.4
17							1.2		17.2

注：1. 起升钢丝绳的最大作用拉力为 23kN，起吊 16t 时，倍率为 7；

2. 当臂长 12m 时，不使用支腿，允许在平坦路面上，按不使用支腿的额定起重量的 75%吊重行驶，但行驶速度小于 5km/h。

三、轮式起重机的安全操作要点

（1）起重机械工作的场地应保持平坦坚实，符合起重时的受力要求；起重机械应与沟渠、基坑保持安全距离。

（2）起重机械启动前应重点检查下列项目，并应符合相应要求：

1）各安全保护装置和指示仪表应齐全完好；

2）钢丝绳及连接部位应符合规定；

3）燃油、润滑油、液压油及冷却水应添加充足；

4）各连接件不得松动；

5）轮胎气压应符合规定；

6）起重臂应可靠搁置在支架上。

（3）起重机械启动前，应将各操纵杆放在空挡位置，手制动器应锁死，应按内燃机的有关规定启动内燃机。应在怠速运转 3min～5min 后进行中高速运转，并应在检查各仪表指示值，确认运转正常后接合液压泵，液压达到规定值，油温超过 30℃时，方可作业。

(4)作业前,应全部伸出支腿,调整机体使回转支撑面的倾斜度在无载荷时不大于1/1000(水准居中)。支腿的定位销必须插上。底盘为弹性悬挂的起重机,插支腿前应先收紧稳定器。

(5)作业中不得扳动支腿操纵阀。调整支腿时应在无载荷时进行,应先将起重臂转至正前方或正后方之后,再调整支腿。

(6)起重作业前,应根据所吊重物的重量和起升高度,并应按起重性能曲线,调整起重臂长度和仰角;应估计吊索长度和重物本身的高度,留出适当起吊空间。

(7)起重臂顺序伸缩时,应按使用说明书进行,在伸臂的同时应下降吊钩。当制动器发出警报时,应立即停止伸臂。

(8)汽车式起重机变幅角度不得小于各长度所规定的仰角。

(9)汽车式起重机起吊作业时,汽车驾驶室内不得有人,重物不得超越汽车驾驶室上方,且不得在车的前方起吊。

(10)起吊重物达到额定起重量的50%及以上时,应使用低速挡。

(11)作业中发现起重机倾斜、支腿不稳等异常现象时,应在保证作业人员安全的情况下,将重物降至安全的位置。

(12)当重物在空中需停留较长时间时,应将起升卷筒制动锁住,操作人员不得离开操作室。

(13)起吊重物达到额定起重量的90%以上时,严禁向下变幅,同时严禁进行两种及以上的操作动作。

(14)起重机械带载回转时,操作应平稳,应避免急剧回转或急停,换向应在停稳后进行。

(15)起重机械带载行走时,道路应平坦坚实,载荷应符合使用说明书的规定,重物离地面不得超过500mm,并应拴好拉绳,缓慢行驶。

(16)作业后,应先将起重臂全部缩回放在支架上,再收回支腿;吊钩应使用钢丝绳挂牢;车架尾部两撑杆应分别撑在尾部下方的支座内,并应采用螺母固定;阻止机身旋转的销式制动器应插入销孔,并应将取力器操纵手柄放在脱开位置,最后应锁住起重操作室门。

(17)起重机械行驶前,应检查确认各支腿收存牢固,轮胎气压应符合规定。行驶时,发动机水温应在80℃～90℃范围内,当水温未达到80℃时,不得高速行驶。

(18)起重机械应保持中速行驶,不得紧急制动,过铁道口或起伏路面时应减速,下坡时严禁空挡滑行,倒车时应有人监护指挥。

(19)行驶时,底盘走台上不得有人员站立或蹲坐,不得堆放物件。

第四节　履带式起重机

一、履带式起重机的分类与构造组成

履带式起重机是在行走的履带底盘上装有起重装置的起重机械，是自行式、全回转的一种起重机，如图4-5所示。这种起重机具有操作灵活、使用方便、在一般平整坚实的场地上可以载荷行驶和作业的特点。履带式起重机是结构吊装工程中常用的起重机械。

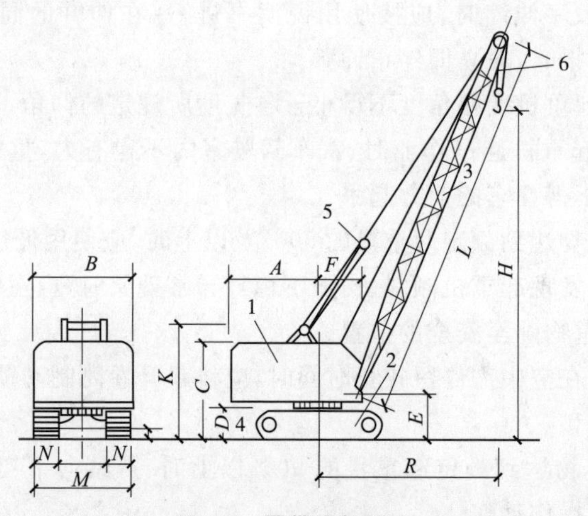

图4-5　履带式起重机

1-机身；2-行走装置（履带）；3-起重杆；4-平衡重；5-变幅滑轮组；6-起重滑轮组

H-起重高度；R-起重半径；L-起重杆长度

履带式起重机按传动方式不同可分为机械式（QU）、液压式（QUY）和电动式（QUD）3种。目前常用液压式，电动式不适用于需要经常转移作业场地的建筑施工。

二、履带式起重机的技术性能

履带式起重机的技术性能见表4-9。

表4-9　常用履带式起重机的技术性能

项目	起重机型号		
	W-501	W-1001	W-2001（W-2002）
操纵形式	液压	液压	气压
行走速度（km/h）	1.5～3	1.5	1.43
最大爬坡能力/度	25	20	20

（续）

项目		起重机型号								
		W-501			W-1001			W-2001(W-2002)		
回转角度/度		360			360			360		
起重机总重/t		21.32			39.4			79.14		
吊杆长度/m		10	18	18+2①	13	23	30	15	30	40
回转半径	最大/m	10	17	10	12.5	17	14	15.5	22.5	30
	最小/m	3.7	4.3	6	4.5	6.5	8.5	4.5	8	10
起重量	最大回转半径时/t	2.6	1	1	3.5	1.7	1.5	8.2	4.3	1.5
	最小回转半径时/t	10	7.5	2	15	8	4	50	20	8
起重高度	最大回转半径时/t	3.7	7.6	14	5.8	16	24	3	19	25
	最小回转半径时/t	9.2	17	17.2	11	19	26	12	26.5	36

注：18+2 表示在 18m 吊杆上加 2m 鸟嘴。相应的回转半径、起重量、起重高度各数值均为副吊钩的性能。

三、履带式起重机安全操作要点

（1）起重机械应在平坦坚实的地面上作业，行走和停放。作业时，坡度不得大于 3°，起重机械应与沟渠、基坑保持安全距离。

（2）起重机械启动前应重点检查下列项目，并应符合相应要求：

1）各安全防护装置及各指示仪表应齐全完好；

2）钢丝绳及连接部位应符合规定；

3）燃油、润滑油、液压油、冷却水等应添加充足；

4）各连接件不得松动；

5）在回转空间范围内不得有障碍物。

（3）起重机械启动前应将主离合器分离，各操纵杆放在空挡位置。应按内燃机的规定启动内燃机。

（4）内燃机启动后，应检查各仪表指示值，应在运转正常后接合主离合器，空载运转时，应按顺序检查各工作机构及制动器，应在确认正常后作业。

（5）作业时，起重臂的最大仰角不得超过使用说明书的规定。当无资料可查时，不得超过 78°。

（6）起重机的变幅机构一般采用蜗杆减速器和自动常闭带式制动器，这种制动器仅能起辅助作用，如果操作中在起重臂未停稳前即换挡，由于起重臂下降的惯性超过了辅助制动器的摩擦力，将造成起重臂失控摔坏的事故。

（7）起重机械工作时，在行走、起升、回转及变幅四种动作中，应只允许不超过两种动作的复合操作。当负荷超过该工况额定负荷的 90％及以上时，应慢速升降重物,严禁超过两种动作的复合操作和下降起重臂。

(8)在重物起升过程中,操作人员应把脚放在制动踏板上,控制起升高度,防止吊钩冒顶。当重物悬停空中时,即使制动踏板被固定,仍应脚踩在制动踏板上。

(9)采用双机抬吊作业时,应选用起重性能相似的起重机进行。抬吊时应统一指挥,动作应配合协调,载荷应分配合理,起吊重量不得超过两台起重机在该工况下允许起重量总和的75%,单机的起吊载荷不得超过允许载荷的80%。在吊装过程中,两台起重机的吊钩滑轮组应保持垂直状态。

(10)起重机械行走时,转弯不应过急;当转弯半径过小时,应分次转弯。

(11)起重机械不宜长距离负载行驶。起重机械负载时应缓慢行驶,起重量不得超过相应工况额定起重量的70%,起重臂应位于行驶方向正前方,载荷离地面高度不得大于500mm,并应拴好拉绳。

(12)起重机械上、下坡道时应无载行走,上坡时应将起重臂仰角适当放小,下坡时应将起重臂仰角适当放大。下坡严禁空挡滑行。在坡道上严禁带载回转。

(13)作业结束后,起重臂应转至顺风方向,并应降至40°~60°之间,吊钩应提升到接近顶端的位置,关停内燃机,并应将各操纵杆放在空挡位置,各制动器应加保险固定,操作室和机棚应关门加锁。

(14)起重机械转移工地,应采用火车或平板拖车运输,所用跳板的坡度不得大于15°;起重机械装上车后,应将回转、行止、变幅等机构制动,应采用木楔楔紧履带两端,并应绑扎牢固;吊钩不得悬空摆动。

(15)起重机械自行转移时,应卸去配重,拆短起重臂,主动轮应在后面,机身、起重臂、吊钩等必须处于制动位置,并应加保险固定。

(16)起重机械通过桥梁、水坝、排水沟等构筑物时,应先查明允许载荷后再通过,必要时应采取加固措施。通过铁路、地下水管、电缆等设施时,应铺设垫板保护,机械在上面行走时不得转弯。

第五节　卷扬机

卷扬机有手动卷扬机和电动卷扬机之分。手动卷扬机在结构吊装中已很少使用。电动卷扬机按其速度可分为快速、中速、慢速等。快速卷扬机又分单筒和双筒,其钢丝绳牵引速度为25~50m/min,单头牵引力为4.0~80kN,如配以井架、龙门架、滑车等可作垂直和水平运输等用。慢速卷扬机多为单筒式,钢丝绳牵引速度为6.5~22m/min,单头牵引力为5~100kN,如配以拔杆、人字架、滑车组等可作大型构件安装等用。

一、卷扬机的分类及构造组成

(1)图 4-6 所示的是 JJKD1 型卷扬机的外形图。它主要由 7.5kW 电动机、联轴器、圆柱齿轮减速器、光面卷筒、双瓦块式电磁制动器、机座等组成。

(2)图 4-7 所示的是 JJKX1 型卷扬机的外形图。它主要由电动机、传动装置、离合器、制动器、机座等组成。

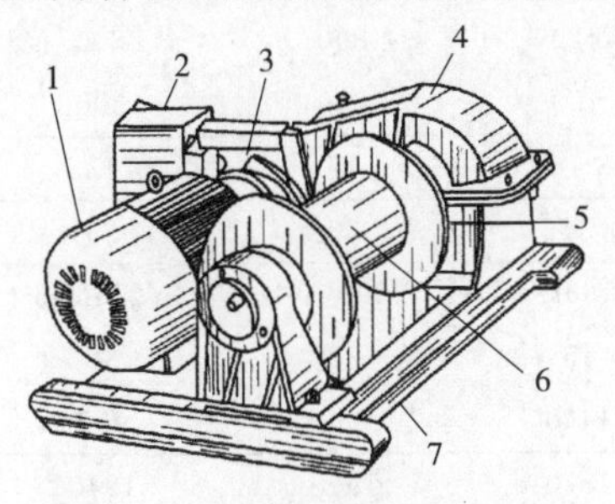

图 4-6　JJKD1 型卷扬机外形图

1-电动机；2-制动器；3-弹性联轴器；
4-圆柱齿轮减速器；5-十字联轴器；
6-光面卷筒；7-机座

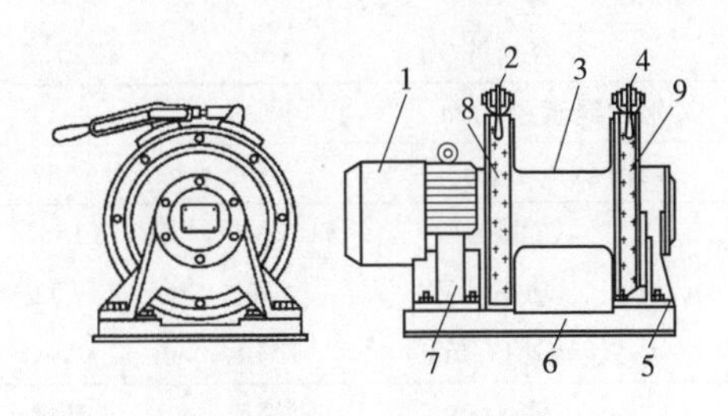

图 4-7　JJKX1 型卷扬机

1-电动机；2-制动手柄；3-卷筒；4-启动手柄；
5-轴承支架；6-机座；7-电机托架；
8-带式制动器；9-带式离合器

二、卷扬机的技术性能

(1)快速卷扬机技术参数见表 4-10 及表 4-11。

表 4-10　单筒快速卷扬机技术参数

项目		型号							
		JK0.5 (JJK-0.5)	JK1 (JJK-1)	JK2 (JJK-2)	JK3 (JJK-3)	JK5 (JJK-5)	JK8 (JJK-8)	JD0.4 (JD-0.4)	JD1 (JD-1)
额定静拉力/kN		5	10	20	30	5	80	4	10
卷筒	直径/mm	150	245	250	330	320	520	200	220
	宽度/mm	465	465	630	560	800	800	299	310
	容绳量/m	130	150	200	250	250	400	400	
钢丝绳直径/mm		7.7	9.3	13～14	17	20	28	7.7	12.5
绳速(m/min)		35	40	34	31	40	37	25	44
电动机	型号	Y112M-4	Y132M$_1$-4	Y160L-4	Y225S-8	JZR2-62-10	JR92-8	JBJ-4.2	JBJ-11.4
	功率/kW	4	7.5	15	18.5	45	55	4.2	11.4
	转速(r/min)	1440	1440	1440	750	580	720	1455	1460
外形尺寸	长/mm	1000	910	1190	1250	1710	3190	—	1100
	宽/mm	500	1000	1138	1350	1620	2105	—	765
	高/mm	400	620	620	800	1000	1505	—	730
整机自身/t		0.37	0.55	0.9	1.25	2.2	5.6	—	0.55

表 4-11　双筒快速卷扬机技术参数

项目		型号				
		2JK1 (JJ_2K-1.5)	2JK1.5 (JJ_2K-1.5)	2JK2 (JJ_2K-2)	2JK3 (JJ_2K-3)	2JK5 (JJ_2K-5)
额定静拉力/kN		10	15	20	30	50
卷筒	直径/mm	200	200	250	400	400
	长度/mm	340	340	420	800	800
	容绳量/m	150	150	150	200	200
钢丝绳直径/mm		9.3	11	13～14	17	21.5
绳速(m/min)		35	37	34	33	29
电动机	型号	$J132M_1$-4	Y160M-4	Y160L-4	$Y200L_2$-4	Y225M-6
	功率/kW	7.5	11	15	22	30
	转速(r/min)	1440	1440	1440	950	950
外形尺寸	长/mm	1445	1445	1870	1940	1940
	宽/mm	750	750	1123	2270	2270
	高/mm	650	650	735	1300	1300
整机自重/t		0.64	0.67	1	2.5	2.6

(2)中速卷扬机技术参数见表 4-12。

表 4-12　单筒中速卷扬机技术参数

项目		型号				
		JZ0.5 (JJZ-0.5)	JZ1 (JJZ-1)	JZ2 (JJZ-2)	JZ3 (JJZ-3)	JZ5 (JJZ-5)
额定静拉力/kN		5	10	20	30	50
卷筒	直径/mm	236	260	320	320	320
	长度/mm	417	485	710	710	800
	容绳量/m	150	200	230	230	250
钢丝绳直径/mm		9.3	11	14	17	23.5
绳速(m/min)		28	30	27	27	28
电动机	型号	Y100L2-4	Y132M-4	JZR2-31-6	YZR2-42-8	JZR2-51-8
	功率/kW	3	7.5	11	16	22
	转速(r/min)	1420	1440	950	710	720
外形尺寸	长/mm	880	1240	1450	1450	1710
	宽/mm	760	930	1360	1360	1620
	高/mm	420	580	810	810	970
整机自重/t		0.25	0.6	1.2	1.2	2

(3)慢速卷扬机技术性能见表 4-13。

表 4-13　单筒慢速卷扬机技术性能

项目		型号							
		JM0.5 (JJM-0.5)	JM1 (JJM-1)	JM1.5 (JJM-1.5)	JM2 (JJM-2)	JM3 (JJM-3)	JM5 (JJM-5)	JM8 (JJM-8)	JM10 (JJM-10)
额定静拉力/kN		5	10	15	20	30	50	80	100
卷筒	直径/mm	236	260	260	320	320	320	550	750
	长度/mm	417	485	440	710	710	800	800	1312
	容绳量/m	150	250	190	230	150	250	450	1000
钢丝绳直径/mm		9.3	11	12.5	14	17	23.5	28	31
绳速(m/min)		15	22	22	22	20	18	10.5	6.5
电动机	型号	Y100L2-4	Y132S-4	Y132M-4	YZR2-31-6	JYR2-41-8	JZR2-42-8	YZR225M-8	JZR2-51-8
	功率/kW	3	5.5	7.5	11	11	16	21	22
	转速(r/min)	1420	1440	1440	950	705	710	750	720
外形尺寸	长/mm	880	1240	1240	1450	1450	1670	2120	1602
	宽/mm	760	930	930	1360	1360	1620	2146	1770
	高/mm	420	580	580	810	810	890	1185	960
整机自身/t		0.25	0.6	0.65	1.2	1.2	2	3.2	

注:卷扬机生产厂较多,主要性能参数基本相同。外形尺寸、自重等稍有差异。

三、卷扬机的选择

1. 卷扬机类型的选择

(1)对于提升距离较短而准确性要求较高的起重安装工程,应选用慢速卷扬机;对于长距离牵引物件,应选用快速卷扬机。

(2)一般建筑施工多采用单筒卷扬机,如在双线轨道上来回牵引斗车,宜选用双筒卷扬机。

(3)行星摆线针轮减速器传动的卷扬机(JD 型),由于机体较小,重量轻,操作简便,适合于一般建筑工程中使用。

2. 卷扬机规格的选择

(1)根据起升重物的最大拉力,选择相应牵引力的卷扬机。

垂直提升重物的最大拉力 F_m 计算见式(4-1):

$$F_m=\frac{K_{阻}}{100}(G_0+G_{中}q_0L)\quad(\text{kN})\tag{4-1}$$

式中：$K_{阻}$——与运行有关的阻力系数，单个转向滑轮可取1.03，多个转向滑轮可取1.025n（n为定滑轮或动滑轮总数）；

G_0——重物容器自重，kg；

G_1——重物质量，kg；

q_0——钢丝绳单位质量，kg；

L——钢丝绳计算长度，m，可取重物提升高度。

（2）根据重物的质量和牵引、提升的高度和长度，选择起重量和容绳量符合要求的卷扬机。

3. 卷扬机提升容器的选择

（1）提升容器必须适合所装物料的要求，并使物料在提升或运输过程中损耗最小，如运输混凝土必须选用吊罐、斗车等严密不漏的容器；提运砖等块状物料应用吊笼。

（2）提升容器的自重应尽量小而装盛的物料应尽量多，只要强度和形式符合要求，应优先选用吊钩或轻质材料的容器和结构简单的容器。

四、卷扬机的使用要点和保养

1. 卷扬机的固定

卷扬机必须用地锚予以固定，以防工作时产生滑动或倾覆。根据受力大小，固定卷扬机有螺栓锚固法、水平锚固法、立桩锚固法和压重锚固法四种（图4-8）。

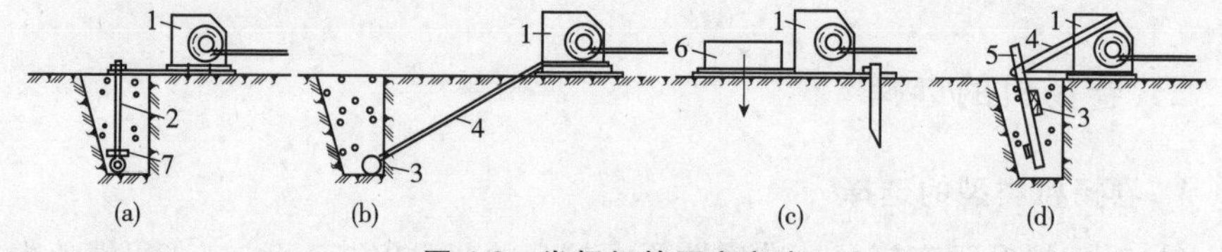

图4-8 卷扬机的固定方法

（a）螺栓锚固法；（b）水平锚固法；（c）立桩锚固法；（d）压重锚固法

1-卷扬机；2-地脚螺栓；3-横木；4-拉索；5-木桩；6-压重；7-压板

2. 卷扬机的布置

（1）卷扬机安装位置周围必须排水畅通并应搭设工作棚。

（2）卷扬机的安装位置应满足操作人员看清指挥人员和起吊或拖动的物件的要求。卷扬机至构件安装位置的水平距离应大于构件的安装高度，即当构件被吊到安装位置时，操作者视线仰角应小于45°。

（3）在卷扬机正前方应设置导向滑车，导向滑车至卷筒轴线的距离，带槽卷筒应不小于卷筒宽度的15倍，即倾斜角α不大于2°（图4-9），无槽卷筒应大于卷筒宽度的20倍，以免钢丝绳与导向滑车槽缘产生过分的磨损。

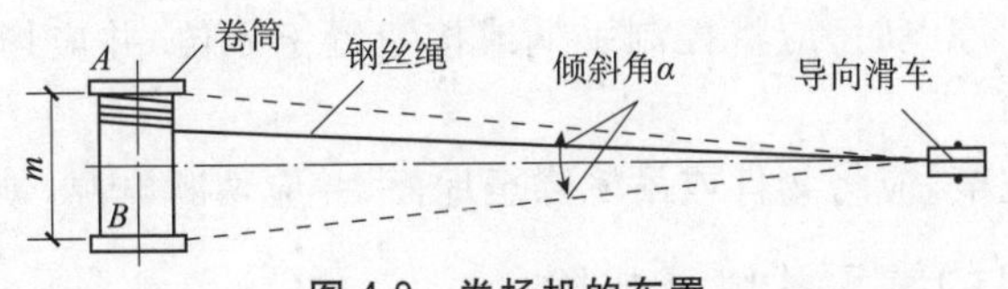

图 4-9　卷扬机的布置

(4)钢丝绳绕入卷筒的方向应与卷筒轴线垂直,其垂直度允许偏差为6°。这样能使钢丝绳圈排列整齐,不致斜绕和互相错叠挤压。

3. 卷扬机的安全操作要点

(1)卷扬机地基与基础应平整、坚实,场地应排水畅通,地锚应设置可靠。卷扬机应搭设防护棚。

(2)操作人员的位置应在安全区域,视线应良好。

(3)卷扬机卷筒中心线与导向滑轮的轴线应垂直,且导向滑轮的轴线应在卷筒中心位置,钢丝绳的出绳偏角应符合表4-14的规定。

表 4-14　卷扬机钢丝绳出绳偏角限制

排绳方式	槽面卷筒	光面卷筒	
		自然排绳	排绳器排绳
出绳偏角	≤4°	≤2°	≤4°

(4)作业前,应检查卷扬机与地面的固定、弹性联轴器的连接应牢固,并应检查安全装置、防护设施、电气线路、接零或接地装置、制动装置和钢丝绳等并确认全部合格后再使用。

(5)卷扬机至少应装有一个常闭式制动器。

(6)卷扬机的传动部分及外露的运动件应设防护罩。

(7)卷扬机应在司机操作方便的地方安装能迅速切断总控制电源的紧急断电开关,并不得使用倒顺开关。

(8)钢丝绳卷绕在卷筒上的安全圈数不得少于3圈。钢丝绳末端应固定可靠。不得用手拉钢丝绳的方法卷绕钢丝绳。

(9)钢丝绳不得与机架、地面摩擦,通过道路时,应设过路保护装置,

(10)建筑施工现场不得使用摩擦式卷扬机。

(11)卷筒上的钢丝绳应排列整齐,当重叠或斜绕时,应停机重新排列,不得在转动中用手拉脚踩钢丝绳。

(12)作业中,操作人员不得离开卷扬机,物件或吊笼下面不得有人员停留或通过。休息时,应将物件或吊笼降至地面。

(13)作业中如发现异响、制动失灵、制动带或轴承等温度剧烈上升等异常情况时,应立即停机检查,排除故障后再使用。

(14)作业中停电时,应将控制手柄或按钮置于零位,并应切断电源,将物件或吊笼降至地面。

(15)作业完毕,应将物件或吊笼降至地面,并应切断电源,锁好开关箱。

五、卷扬机的常见故障及排除

卷扬机的常见故障及排除方法见表 4-15。

表 4-15 卷扬机的常见故障及排除方法

故障现象	故障原因	排除方法
卷筒不转或达不到额定转速	超载作业	减载
	制动器间隙过小	调整间隙
	电磁制动器没有脱开	检查电源电压及线路系统,排除故障
	卷筒轴承缺油	清洗后加注润滑油
制动器失灵	制动带(片)有油污	清洗后吹干
	制动带与制动鼓的间隙过大或接触面过小	调整间隙,修整制动带,使接触面积达到 80%
	电磁制动器弹簧张力不足或调整不当	调整或更换弹簧
减速器温升过高或有噪声	齿轮损坏或啮合间隙不正常	修复损坏齿轮,调整啮合间隙
	轴承磨损过甚或损坏	更换轴承
	超载作业	减载
	润滑油过多或缺少	使润滑油达到规定油面
	制动器间隙过小	调整间隙
轻载时吊钩下降阻滞	制动器间隙过小	调整间隙
	导向滑轮转动不灵	清洗并加注润滑油
	卷筒轴轴承缺油	清洗并加注润滑油

第六节 施工升降机

施工升降机又称建筑施工电梯,它是高层建筑施工中主要的垂直运输设备,属于人货两用电梯,它附着在外墙或其他结构上,随建筑物升高,架设高度可达 200m 以上,国外施工升降机的提升高度已达 645m。

一、施工升降机的分类及构造

1. 施工升降机的分类

施工升降机的分类见表 4-16。

表 4-16　施工升降机分类和适用范围表

分类方法	类型	适用范围
按构造分类	(1)单笼式:升降机单侧有一个吊笼; (2)双笼式:升降机双侧各有一个吊笼	(1)适用于输送量较小的建筑物; (2)适用于输送量较大的建筑物
按提升方式分类	(1)齿轮齿条式:吊笼通过齿轮和齿条啮合的方式作升降运动; (2)钢丝绳式:吊笼由钢丝绳牵引的方式作升降运动; (3)混合式:一个吊笼由齿轮齿条驱动,另一个吊笼由钢丝绳牵引	(1)结构简单,传动平稳,已较多采用; (2)早期升降机都采用此式,现已较少采用; (3)构造复杂,已很少采用

2. 施工升降机的构造

外用施工升降机是由导轨(井架)、底笼(外笼)、梯笼、平衡重以及动力、传动、安全和附墙装置等构成(图 4-10)。

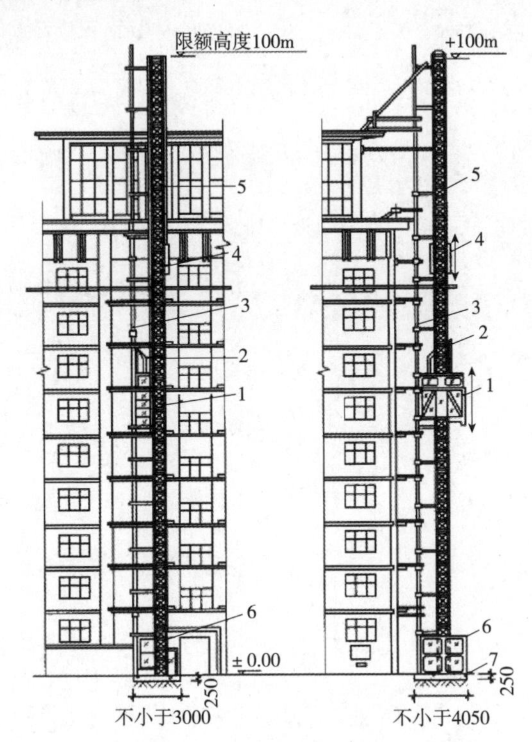

图 4-10　建筑施工电梯

1-吊笼;2-小吊杆;3-架设安装杆;4-平衡箱;5-导轨架;6-底笼;7-混凝土基础

二、施工升降机的性能与规格

我国各施工升降机厂家以生产 SC 系列居多，其技术性能见表 4-17，SS 系列和 SH 系列较少，但多数产品架设高度都在 150m 以内。

表 4-17　SC 系列施工升降机的型号、规格和性能

吊笼			导轨架标准节			电动机	小吊杆	对重
数量	尺寸/m 长×宽×高	单重/kg	断面尺寸 /m×m	长度/m	重量/kg	功率/kW	吊重/kg	/(kg/台)
1	3×1.3×2.8	1730	—	1.508	117	5	200	1700
2	3×1.3×2.8	1730	—	1.508	161	5	200	1700
1	2.5×1.6×2	700	—	1.508	80	7.5	100	—
1	2.5×1.6×2	950	—	1.508	80	5.5	100	—
1	3×1.3×2.7	1800	—	1.508	117	7.5	200	1700
2	3×1.3×2.7	1800	—	1.508	161	7.5	200	1700
2	3×1.3×3.0	1950	—	1.508	220	7.5	250	1700
1	2×1.3×2.0	—	△ 0.45×0.45	1.508	83	7.5	100	—
2	3×1.3×2.5	—	□ 0.8×0.8	1.508	163	11	—	1800
2	3×1.3×2.5	—	□ 0.8×0.8	1.508	163	7.5	—	1300
2	3×1.3×2.6	2100	□ 0.8×0.8	1.508	190	11	240	2000
1	2.5×1.6×2.0	—	△ 0.45×0.45	1.508	83	7.5	—	—
1	3×1.3×2.6	1971	—	1.508	—	7.5	—	1765
1	3×1.3×2.8	—	□ 0.65×0.5	1.508	150	7.5	—	—
2	3×1.3×2.8	—	□ 0.65×0.65	1.508	175	7.5	—	—
1	3×1.3×2.8	—	□ 0.65×0.65	1.508	150	7.5	—	1200
2	3×1.3×2.8	—	□ 0.65×0.65	1.508	180	7.5	—	1200

（续）

升降机型号	额定值				最大提升高度/m
	载重量/kg	乘员人数（人/笼）	提升速度（m/min）	安装载重量/kg	
SCD100	1000	12	34.2	500	100
SCD100/100	1000	12	34.2	500	100
SC120Ⅰ型	1200	12	26	500	80
SC120Ⅱ型	1200	12	32	500	80
SCD200型	2000	24	40	500	100
SCD200/200Ⅰ型	2000	24	40	500	100
SCD200/200Ⅱ型	2000	24	40	500	150
SC80	800	8	24	—	60
SCD100/100A	1000	12	37	—	100
SCD200/200	2000	15	36.5	—	150
SCD200/200A	2000	15	31.6	—	220
SC120型	1200	12	32	—	80
SF12A	1200	—	35	—	100
SC100	1000	12	35	—	100
SC100/100	1000	12	35	—	100
SC200-D	2000	24	37	—	100
SC200/200D	2000	24	37	—	100

三、施工升降机安全操作要点

(1)施工升降机基础应符合使用说明书要求，当使用说明书无要求时，应经专项设计计算，地基上表面平整度允许偏差为10mm，场地应排水通畅。

(2)施工升降机导轨架的纵向中心线至建筑物外墙面的距离宜选用使用说明书中提供的较小的安装尺寸。

(3)安装导轨架时，应采用经纬仪在两个方向进行测量校准。其垂直度允许偏差应符合表4-18的规定。

表4-18　施工升降机导轨架垂直度

驾设高度 H(m)	$H\leqslant70$	$70<H\leqslant100$	$100<H\leqslant150$	$150<H\leqslant200$	$H>200$
垂直度偏差(mm)	$\leqslant1/1000H$	$\leqslant70$	$\leqslant90$	$\leqslant110$	$\leqslant130$

(4)导轨架自由高度、导轨架的附墙距离、导轨架的两附墙连接点间距离和最低附墙点高度不得超过使用说明书的规定。

(5)施工升降机应设置专用开关箱,馈电容量应满足升降机直接启动的要求,生产厂家配置的电气箱内应装设短路、过载、错相、断相及零位保护装置。

(6)施工升降机周围应设置稳固的防护围栏。楼层平台通道应平整牢固,出入口应设防护门。全行程不得有危害安全运行的障碍物。

(7)施工升降机安装在建筑物内部井道中时,各楼层门应封闭并应有电气连锁装置。装设在阴暗处或夜班作业的施工升降机,在全行程上应有足够的照明,并应装设明亮的楼层编号标志灯。

(8)施工升降机的防坠安全器应在标定期限内使用,标定期限不应超过一年。使用中不得任意拆检调整防坠安全器。

(9)施工升降机使用前,应进行坠落试验。施工升降机在使用中每隔 3 个月,应进行一次额定载重量的坠落试验,试验程序应按使用说明书规定进行,吊笼坠落试验制动距离应符合现行行业标准《施工升降机齿轮锥鼓形渐进式防坠安全器》JG121 的规定。防坠安全器试验后及正常操作中,每发生一次防坠动作,应由专业人员进行复位。

(10)作业前应重点检查下列项目,并应符合相应要求:

1)结构不得有变形,连接螺栓不得松动;

2)齿条与齿轮、导向轮与导轨应接合正常;

3)钢丝绳应固定良好,不得有异常磨损;

4)运行范围内不得有障碍;

5)安全保护装置应灵敏可靠。

(11)启动前,应检查并确认供电系统、接地装置安全有效,控制开关应在零位。电源接通后,应检查并确认电压正常。应试验并确认各限位装置、吊笼、围护门等处的电气连锁装置良好可靠,电气仪表应灵敏有效。作业前应进行试运行,测定各机构制动器的效能。

(12)施工升降机应按使用说明书要求,进行维护保养,并应定期检验制动器的可靠性,制动力矩应达到使用说明书要求。

(13)吊笼内乘人或载物时,应使载荷均匀分布,不得偏重,不得超载运行。

(14)操作人员应按指挥信号操作。作业前应鸣笛示警。在施工升降机未切断总电源开关前,操作人员不得离开操作岗位。

(15)施工升降机运行中发现有异常情况时,应立即停机并采取有效措施将吊笼就近停靠楼层,排除故障后再继续运行。在运行中发现电气失控时,应立即按下急停按钮,在未排除故障前,不得打开急停按钮。

(16)在风速达到20m/s及以上大风、大雨、大雾天气以及导轨架、电缆等结冰时，施工升降机应停止运行，并将吊笼降到底层，切断电源。暴风雨等恶劣天气后，应对施工升降机各有关安全装置等进行一次检查，确认正常后运行。

(17)施工升降机运行到最上层或最下层时，不得用行程限位开关作为停止运行的控制开关。

(18)当施工升降机在运行中由于断电或其他原因而中途停止时，可进行手动下降，将电动机尾端制动电磁铁手动释放拉手缓缓向外拉出，使吊笼缓慢地向下滑行。吊笼下滑时，不得超过额定运行速度，手动下降应由专业维修人员进行操纵。

(19)当需在吊笼的外面进行检修时，另外一个吊笼应停机配合，检修时应切断电源，并应有专人监护。

(20)作业后，应将吊笼降到底层，各控制开关拨到零位，切断电源，锁好开关箱，闭锁吊笼门和围护门。

四、施工升降机常见故障排除方法

施工升降机常见故障及排除方法见表4-19。

表4-19　施工升降机常见故障、原因分析及排除方法

序号	故障	原因	排除方法
1	电机不启动	(1)控制电路短路，熔断器烧毁； (2)开关接触不良或折断； (3)有关线路出了毛病	(1)更换熔断器并查找原因； (2)清理触点，并调整接点弹簧片； (3)逐段查找线路毛病
2	吊笼运行到停层站点不减速停层	(1)导轨架上的撞弓或感应头设置位置不正确； (2)选层继电器触点接触不良或失灵； (3)有关线路断了或接线松开	(1)检查撞弓和感应头安装位置是否正确； (2)更换继电器或修复调整触点； (3)用万用表检查线路
3	吊笼平层后自动溜车	制动器制动弹簧过松或制动器出现故障	调整和修复制动器弹簧和制动器
4	吊笼冲顶、撞底	选层继电器失灵；强迫减速开关、限位开关、极限开关等失灵	检查原因，酌情修复或更换元件
5	吊笼启动和运行速度有明显下降	(1)制动器抱闸未完全打开或局部未打开； (2)三相电源中有一相接解不良； (3)电源电压过低	(1)调整制动器； (2)检查三相电线，坚固各接点； (3)调整三相电压，使电压值不小于规定值的10%

（续）

序号	故障	原因	排除方法
6	传动装置噪声过大	(1)齿轮齿条啮合不良，减速箱涡轮、涡杆磨损严重；(2)缺滑润油，联轴器间隙过大	(1)检查齿轮、齿条啮合状况，齿条垂直度，涡轮、涡杆磨损状况，必要时应修复或更换；(2)加润滑油，调节联轴器间隙
7	局部熔断器经常烧毁	(1)该回路导线有接地点或电气元件有接地；(2)继电器绝缘垫片击穿，熔断器熔量小，且压接松，接触不良；(3)继电器、接触器触点尘埃过多	(1)检查接地点，加强绝缘；(2)加绝缘垫片或更换继电器，按额定电流更换保险丝并压接紧固；(3)清理继电器、接触器表面尘埃
8	制动轮发热	(1)调整不当，制动瓦在松闸状态没有均匀地从制动轮上离开；(2)电动机轴窜动量过大，使制动轮窜动且产生跳动。开车时制动轮磨损加剧	(1)调整制动瓦块间隙，使之松闸时均匀离开制动轮，不保证间隙＜0.7mm；(2)调整电机轴的窜动量。保证制动轮清洁
9	吊笼启动困难	载荷超载，导轨接头错位差过大，导致架刚度不好，吊笼与导轨架有卡阻现象	保证起升额定载荷，检查导轨架的垂直度及刚度，必要时加固。用锉刀打磨接头台阶
10	导轨架垂直度超差	附墙架松动，导轨架刚度不够；导轨架设先天缺陷	用经纬仪检查垂直度，坚固附墙架，必要时加固处理

第七节　带式输送机

一、带式输送机的类型和特点

胶带输送机是常见的一种短距离连续输送机械，可在水平或倾斜方向（倾斜角不大于25°）输送散状物料。当输送距离较大时，可采用节段衔接的方式将运距增大。

胶带输送机的结构简单，操作安全，使用方便，易于保管和维修，因此它在建筑企业或建筑工程中广泛用于输送混凝土骨料（砂子和碎石），或开挖大面积沟槽中的泥土和回填素土等。

胶带输送机在使用过程中，为保证输送带的抗拉强度，一般采用钢丝绳芯的高强度胶带。在提高胶带输送机的输送效率时，可以提高带速，也可以增加橡胶带宽度。但是，提高胶带输送机的速度比增加带宽更能增大运量和减少消耗，近年来胶带输送机已向高带速方向发展。

根据胶带输送机的结构特点，有移动式、固定式和节段式三种类型。移动式的长度一般在 20m 以下，适于施工现场应用；固定式的长度一般没有严格的规定，但受输送长度、选用胶带的强度、机架结构及动力装置功率等限制；节段式，多在大型混凝土工厂或预制品厂中作较长距离输送砂、石或水泥等材料用，可根据厂区地形和车间位置敷设，既能弯转、曲折布置又能倾斜布置；既能作水平输送，又能作升运式输送。如在 100m 范围内能够将干散物料升送到 45m 高处，适用于距料场较近的混凝土搅拌楼后台上料（输送砂、石）工作。

二、带式输送机的构造及性能

1. 带式输送机的构造

图 4-11 所示为固定式胶带输送机的基本结构简图。

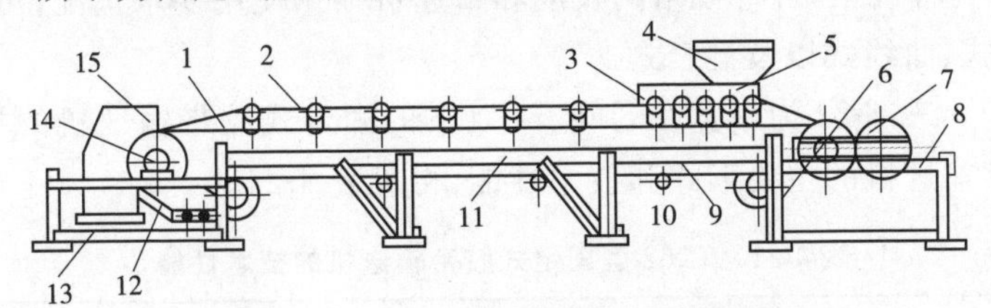

图 4-11　固定式胶带输送机结构简图

1-胶带；2-上托辊；3-缓冲托辊；4-料斗；5-导料拦板；6-变向滚筒；7-张紧滚筒；8-尾架；9-空段清扫器；10-下托辊；11-中间架；12-弹簧清扫器；13 头架；14-驱动滚筒；15-头罩

输送带既起承载作用又起牵引作用，图 4-12 为部分输送带的布置形式。输送各种物料时，胶带的最大允许倾斜角见表 4-20。

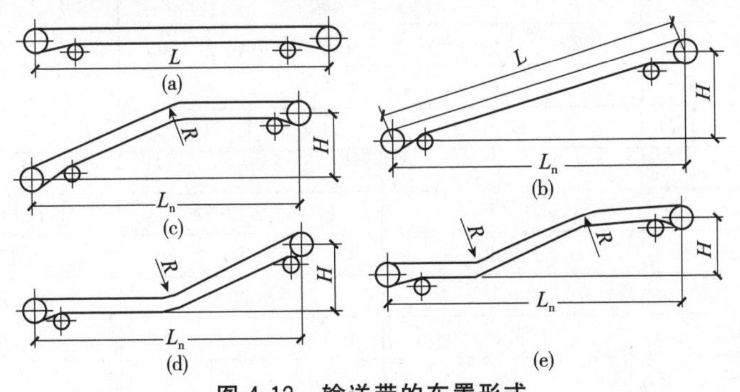

图 4-12　输送带的布置形式

(a)水平式；(b)倾斜式；(c)凸弧曲线式；(d)凹弧曲线式；(e)凹凸弧曲线混合式

表 4-20 胶质输送带最大允许倾斜角

输送的物料	最大允许倾角$[\beta]_{max}$/(°)	
	普通胶带	花纹胶带
300mm 以下块石	15	25
50mm 以下碎石	18	30
碎炉渣	22	32
碎块状石灰石	16～18	26～28
粉状石灰	14～16	24～26
干砂	15	25
泥砂	23	25
水泥	20	30

2. 带式输送机的技术性能

固定式胶带输送机，常用的型号有 TD62、TD72、TD75 型等；根据胶带宽度有 300mm、400mm、500mm、650mm、800mm、1000mm、1200mm、1400mm、1600mm 等九种规格，每种规格的长度和带速可根据使用要求选配；可布置成水平式、倾斜式、曲线式以及混合式。

表 4-21～表 4-23 为带宽在 800mm 以下的固定式胶带输送机的技术性能。移动式胶带输送机的主要形式和技术性能，可见表 4-24。

表 4-21 TD62 型固定式胶带输送机的技术性能

带宽/mm	$B=500$				$B=650$				$B=800$			
带驱动功率/kW	7.5				7.5				13			
带速/(m/s)	0.8	1.0	1.25	1.5	0.8	1.0	1.25	1.6	0.8	1.0	1.25	1.6
运送量/(t/h) 槽形	63	80	100	125	105	130	165	210	200	250	320	400
运送量/(t/h) 平形	31	40	50	62	52	65	82	105	100	125	160	200
驱动滚筒直径/mm	500				500		630		500	630		800
变向滚筒直径/mm	320		400		320	400	500		320	400	500	630
带驱动功率/kW	7.5				7.5				13			
胶带最大允许拉力/N	11200				14560		16550		17920	20360	24440	
托辊直径/mm	108				108				108			
托辊间距/mm	上:1300 下:2600				上:1300 下:2600				上:1200 下:2400			
螺杆最大张力/N	10000				10000				15000			
小车张紧垂重/N	2000				2000				3000			
重锤张紧垂重/N	1500				1500				2000			
胶带帆布层数	3		4		3	4	5		3	4	5	6
传动装置型式	ZHQ 型减速器											

表 4-22　TD72 型固定式胶带输送机的技术性能

带宽/mm		B=500				B=650				B=800				
带驱动功率/kW		15.6				20.5				25.2				
带速/(m/s)		1.25	1.6	2.0	2.5	1.25	1.6	2.0	2.5	1.25	1.6	2.0	2.5	3.15
运送量/(t/h)	槽形	143	183	104	130	242	310	387	483	366	469	589	335	
	平形	65	84	229	286	110	177	177	221	167	224	214	732	922
驱动滚筒直径/mm		500				500		630		500		630		800
变向滚筒直径/mm		320		400		320	400	500		320	400	500		630
胶带最大允许拉力/N		14000				18200		20200		22400		24900		29900
托辊直径/mm		89				89				89				
托辊间距/mm		上:1200　下:3000				—				—				
带宽/mm		B=500				B=650				B=800				
带驱动功率/kW		15.6				20.5				25.2				
螺杆最大张力/N		12000				18000				24000				
小车张紧垂重/N		11.9				118.8		121.4		136.9		140		142
重锤张紧垂重/N		57.3				60.4		65.9		67.9		70.5		
胶带帆布层数		3		4		4		5		4		5		6
传动装置型式		JZQ 型减速器												

表 4-23　TD75 型固定式胶带输送机的技术性能

带宽/mm		B=500						B=650						B=800					
带驱动功率/kW		15.8						20.5						25.2					
带速/(m/s)		0.8	1.0	1.25	1.6	2.0	2.5	0.8	1.0	1.25	1.6	2.0	2.5	1.0	1.25	1.6	2.0	2.5	3.15
运送量/(t/h)	槽形	78	97	122	156	232	131	134	206	164	323	391	278	348	445	546	661	824	
	平形	41	52	33	84	103	125	67	88	110	142	174	211	118	147	184	236	289	350
驱动滚筒直径/mm		500						500			630			500		630		800	
变向滚筒直径/mm		320			400			320		400		500		320		400	500		630
胶带最大允许拉力/N		14000						18200						22400		24900		31100	
带驱动功率/kW		7.5						7.5						13					
托辊直径/mm		89						89						89					
托辊间距/mm		上:1200　下:3000						上:1200　下:3000						上:1200　下:3000					
螺杆最大张力/N		12000						18000						24000					
小车张紧垂重/N		111.9						118.8			12104			136.9		140		142	
重锤张紧垂重/N		52.8						57.3			60.4			65.9		67.9		70.5	
胶带帆布层数		3			4			4			5			4		5		6	
传动装置型式		NGW(JZQ)型变速器																	

表 4-24 移动式胶带输送机的技术性能

性能 \ 型式型号		B400 型携带式	T45-10 型	T45-15 型	T45-20 型
带宽/mm		400	500	500	500
带速/(m/s)		1.25	1;1.6;2.5	1;1.2;1.6;2.5	1;1.2;1.6;2.5
输送能力/(m^3/h)		30	67.5;80; 107.5;159.5	67.5;80; 107.5;159.5	67.5;80; 107.5;159.5
最大倾角/(°)		18	19	19	19
最大输送高度/m		17;2.5;3.2	5.5	5	6.68;6.5
输送长度/m		10	15	20	
电动机功率/kW		1.1;1.5	2.8;3;4;4.5	4;4.5;5.5	7;7.5
外形尺寸/m	长	5.45;7.65;10.4	10.6;10.2	14.65;15.24～18.5	19.9;20.2
	宽	0.92	1.4;1.84	1.4;1.84～2.5	1.84
	高	0.78;1.15	3.5;3.34	5.2;5.01～5.6	6.6
重量/kg			1450～1810	1150～3250	2150 左右

性能 \ 型式型号		Y45	ZP60-20 型 ZP60-15 型	102-32 型	103-53 型
带宽/mm		500	500	500	500
带速/(m/s)		1.2	1.5	1.2;1.6	1.6
输送能力/(m^3/h)		80	1.4;100	108 左右	262
最大倾角/(°)		19	19;20	9～20	20
最大输送高度/m		3.3;5	3.37;5.3;6.93	3.92;7.37	5.52
输送长度/m		10;15	20;15	10;15.2	15
电动机功率/kW		2.8;4.5	2.2;4;5.5;7	2.2;2.8;5.4;4.5	7.5
外形尺寸/m	长	～15	20.55;15.7	10.5;15.5;20.59	15.5
	宽	～1.4	2	1.6;1.9;2.5	2.6
	高	～5	3.37;5.3;6.96	3.9;5.7;7.37	5.5;5.7
重量/kg		1006;1175	1464;1824	1506～2750	3280 左右

三、带式输送机的安全操作要点

(1)固定式胶带输送机应安装在坚固的基础上;移动式胶带输送机在运转前,应将轮子对称揳紧。多机平行作业时,彼此间应留出 1m 以上的通道。输送机四周应无妨碍工作的堆积物。

(2)启动前,应调整好输送带松紧度,带扣应牢固,轴承、齿轮、链条等传动部件应良好，托辊和防护装置应齐全，电气保护接零或接地应良好，输送带与滚筒宽度应一致。

(3)启动时，应先空载运转，待运转正常后，方可均匀装料。不得先装料后启动。

(4)数台输送机串联送料时，应从卸料一端开始按顺序启动，待全部运转正常后，方可装料。

(5)加料时，应对准输送带中心并宜降低高度，减少落料对输送带、托辊的冲击。加料应保持均匀。

(6)作业中，应随时观察机械运转情况，当发现输送带有松弛或走偏现象时，应停机进行调整。

(7)作业时，严禁任何人从输送带下面穿过，或从上面跨越。输送带打滑时，严禁用手拉动。严禁运转时进行清理或检修作业。

(8)输送大块物料时，输送带两侧应加装料板或栅栏等防护装置。

(9)调节输送机的卸料高度，应在停车时进行。调节后，应将连接螺母拧紧，并应插上保险销。

(10)运输中需要停机时，应先停止装料，待输送带上物料卸尽后，方可停机。数台输送机串联作业停机时，应从上料端开始按顺序停机。

(11)当电源中断或其他原因突然停机时，应立即切断电源，将输送带上的物料清除掉，待来电或排除故障后，方可再接通电源启动运转。

(12)作业完毕后，应将电源断开，锁好电源开关箱，清除输送机上砂土，用防雨护罩将电动机盖好。

第五章 桩 工 机 械

桩基础具有承载力大、施工方便、施工周期短、成本低等优点，是建筑、港口、桥梁、海上井台等基础工程中应用较广泛的一种基础形式。桩基础按成桩方法分为预制桩和灌注桩两类。在桩基础的施工与作业中所采用的各种机械，通称为"桩工机械"。

第一节 桩 架

一、履带式桩架

履带式桩架以履带为行走装置，机动性好，使用方便，有悬挂式桩架、三支点桩架和多功能桩架三种。目前国内外生产的液压履带式主机既可作为起重机使用，也可作为打桩架使用。

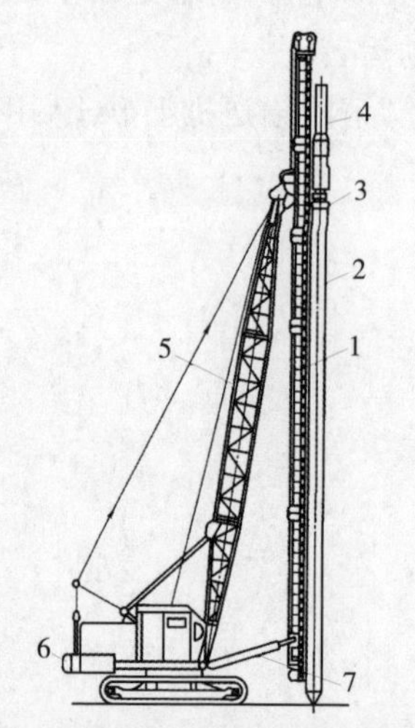

图 5-1 悬挂式履带桩架构造

1-桩架立柱；2-桩；3-桩帽；4-桩锤；5-起重锤；6-机体；7-支撑杆

1. 悬挂式桩架

悬挂式桩架以通用履带起重机为底盘，卸去吊钩，将吊臂顶端与桩架连接，桩架立柱底部有支撑杆与回转平台连接，如图 5-1 所示。桩架立柱可用圆筒形，也可用方形或矩形横截面的桁架。为了增加桩架作业时整体的稳定性，在原有起重机底盘上，需附加配重。底部支撑架是可伸缩的杆件，调整底部支撑杆的伸缩长度，立柱就可从垂直位置改变成倾斜位置，这样可满足打斜桩的需要。由于这类桩架的侧向稳定性主要由起重机下部的支撑杆 7 保证，侧向稳定性较差，只能用于小桩的施工。

2. 三支点履带桩架

三支点式履带桩架为专用的桩架，也可由履带起重机改装（平台部分改动较大），主机的平衡重至回转中心的距离以及履带的长度和宽度比起重机主机的相应参数要大些，整机的稳定性好。桩架的立柱上部由两个斜撑杆与机体连接，立柱下部与机体托架连接，因而称为三支点桩架。斜撑杆支撑在横梁的球座上，横梁下有液压支腿。

(1)JUS100 型三支点式履带桩架结构

图 5-2 为 JUS100 型三支点式履带桩架，采用液压传动，动力用柴油机。桩架由履带主机 12、托架 7、桩架立柱 8、顶部滑轮组 1、后横梁 13、斜撑杆 9 以及前后支腿 14 等组成。履带主机由平台总成、回转机构、卷扬机构、动力传动系统、行走机构和液压系统等组成。本机采用先导、超微控制，双导向立柱(导向架)，立柱高 33m，可装 8t 以下各种规格的锤头，顶部滑轮组能摆动，可装螺旋钻孔机和修理用的升降装置。托架用四个销子与主机相连，托架的上部有两个转向滑轮用于主副吊钩起重钢丝绳的转向。导向架和主机通过两根斜撑杆支撑。后斜撑杆为管形杆与斜撑液压缸连接而成。斜撑液压缸的支座与后横梁伸出部位相连，构成了三点式支撑结构。在后横梁 13 两侧有两个后支腿 14，上面各有一个支腿液压缸，主要用于打斜桩时克服桩架后倾压力。在前托架左右两侧装有两个前支腿液压缸。可以支撑导向架，使之不要前倾。

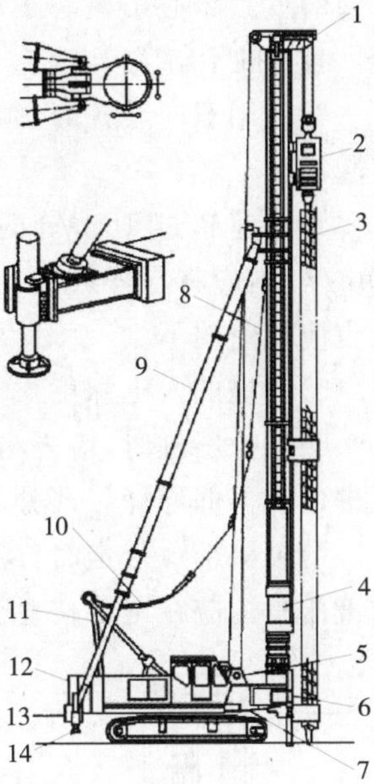

图 5-2　JUS100 型吊机桩架

1-顶部滑轮；2-钻机动力头；3-长螺旋钻杆；4-柴油锤；5-前导向滑轮；6-前支腿；7-托架；8-桩架；9-斜撑；10-导向架起升钢丝绳；11-三脚架；12-主机；13-后横梁；14-后支腿

(2)三支点式打桩架安装要点

1)安装桩机前，应对地基进行处理，要求达到平坦、坚实，如地基承载能力较低时，可在履带下铺设路基箱或 30mm 厚的钢板。

2)履带扩张应在无配重情况下进行，扩张时，上部回转平台应与履带成 90°状。

3)导杆底座安装完毕后，应对水平微调液压缸进行试验，确认无问题时，将活塞杆回缩，以准备安装导杆。

4)导杆安装时，履带驱动液压马达应置于后部，履带前倾覆点处用专用铁楔块填实，按一定力矩将导杆之间连接螺栓扭紧。

5)主机位置停妥后，将回转平台与底盘之间用销锁住，伸出水平伸缩臂，并用销轴定好位，然后安装垂直液压缸，下面铺好木垫板，顶实液压缸，使主机保持平衡。

6)导杆安装完毕后，应在主轴孔处装上保险销。再将导杆支座上的支座臂拉出，用千斤顶顶实，按一定扭矩将导杆连接，然后穿绕后支撑定位钢丝绳。

(3)三点式打桩架施工安全作业要点

1)桩机的行走、回转及提升桩锤不得同时进行。

2)严禁偏心吊桩。正前方吊桩时,其水平距离要求混凝土预制桩不得大于4m,钢管桩不得大于7m。

3)使用双向导杆时,须待导杆转向到位,并用锁销将导杆与基杆锁住后,方可起吊。

4)风速超过15m/s时,应停止作业,导杆上应设置缆风绳。当风速大到30m/s时,应将导杆放倒。当导杆长度在27m以上时,预测风速达25m/s时,导杆也应提前放下。

5)当桩的入土深度大于3m时,严禁采用桩机行走或回转来纠正桩的倾斜。

6)拖拉斜桩时,应先将桩锤提升到预定位置,并将桩吊起,套入桩帽,桩尖插入桩位后再仰导杆。严禁导杆后仰以后,桩机回转及行走。

7)桩机带锤行走时,应先将桩锤放至最低位置,以降低整机重心,行走时,驱动液压马达应在尾部位置。

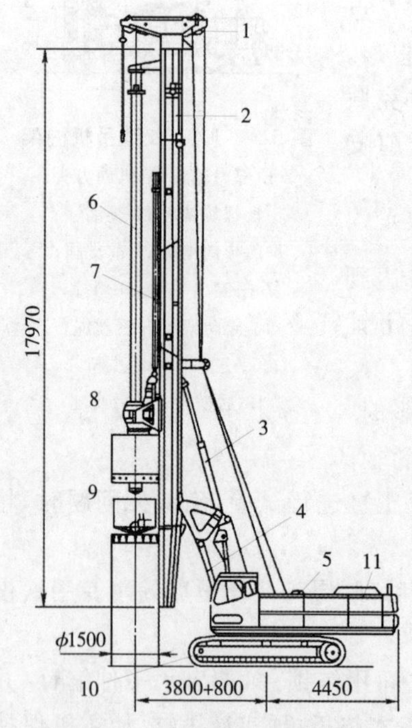

图5-3 R618型多功能尾带桩架

1-滑轮架;2-立柱;3-立柱伸缩液压缸;4-平行四边形机构;5-主、副卷扬机;6-伸缩钻杆;7-进给液压缸;8-液压动力头;9-回转斗;10-履带装置;11-回转平台

8)上下坡时,坡度不应大于9°,并应将桩机重心置于斜坡的上方。严禁在斜坡上回转。

9)作业后,应将桩架落下,切断电源及电路开关,使全部制动生效。

3. 多功能履带桩架

图5-3为意大利土力公司的R618型多功能履带桩架总体构造图。由滑轮架1、立柱2、立柱伸缩液压缸3、平行四边形机构4,主、副卷扬机5、伸缩钻杆6、进给液压缸7、液压动力头8、回转斗9、履带装置10和回转平台11等组成。回转平台可360°全回转。这种多功能履带桩架可以安装回转斗、短螺旋钻孔器、长螺旋钻孔器、柴油锤、液压锤、振动锤和冲抓斗等工作装置。还可以配上全液压套管摆动装置,进行全套管施工作业。另外,还可以进行地下连续墙施工和逆循环钻孔,做到一机多用。

本机采用液压传动,液压系统有三个变量柱塞液压泵和三个辅助齿轮油泵。各个油泵可单独向各工作系统提供高压液压油。在所有液压油路中,都设置了电磁阀。各种作业全部由电液比例伺服阀控制,可以精确地控制机器的工作。

平台的前部有各种不同工作装置液压系统预留接口。在副卷扬机的后面留有第三个卷扬机的位置。立柱伸缩液压缸和立柱平行四边形机构,一端与回转平台连接,另一端则与立柱连接。平行四边形机构可使立柱工作半径改变,但立柱仍能保持垂直位置。这样可精确地调整桩位,而无需移动履带装置。履带的中心距可依靠伸缩液压缸作 2.5～4m 的调整。履带底盘前面预留有套管摆动装置液压系统接口和电气系统插座。如需使用套管进行大口径及超深度作业,可装上全液压套管摆动装置。这时,只要将套管摆动装置的液压系统和电气系统与底盘前部预留的接口相连,即可进行施工作业。在运输状态时,立柱可自行折叠。

这种多功能履带桩架自重 65t,最大钻深 60m,最大桩径 2m。钻进力矩 172kN·m,配上不同的工作装置,可适用于砂土、泥土、砂砾、卵石、砾石和岩层等成孔作业。

二、步履式桩架

步履式桩架是国内应用较为普遍的桩架,在步履式桩架上可配用长、短螺旋钻孔器、柴油锤、液压锤和振动桩锤等设备进行钻孔和打桩作业。

图 5-4(a)为 DZB1500 型液压步履式钻孔机,由短螺旋钻孔器和步履式桩架组成。步履式桩架包括平台 9、下转盘 12、步履靴 11、前支腿 14、后支腿 10、卷扬机构 7、操作室 6、电缆卷筒 2、电气系统和液压系统 8 等组成。下转盘上有回转滚道,上转盘的滚轮可在上面滚动,回转中心轴一端与下转盘中心相连,另一端与平台下部上转盘中心相连。

回转时,前、后支腿支起,步履靴离地,回转液压缸伸缩使下转盘与步履靴顺时针或逆时针旋转。如果前、后支腿回缩,支腿离地,步履靴支撑整机,回转液压缸伸缩带动平台整体顺时针或逆时针旋转。下转盘底面安装有行走滚轮,滚轮与步履靴相连接。滚轮能在步履靴内滚动。移位时靠液压缸伸缩使步履靴前后移动。行走时,前、后支腿液压缸收缩,支腿离地,步履靴支撑整机,钻架整个工作重量落在步履靴上,行走液压缸伸缩使整机前或后行走一步,然后让支腿液压缸伸出,步履靴离地,行走液压缸伸缩使步履靴回复到原来位置。重复上述动作可使整个钻机行走到指定位置。臂架 3 的起落由液压缸 5 完成。在施工现场整机移动对位时,不用落下钻架。转移施工场地时,可以将钻架放下,安上行走轮胎,如图 5-4(b)所示的移动状态。

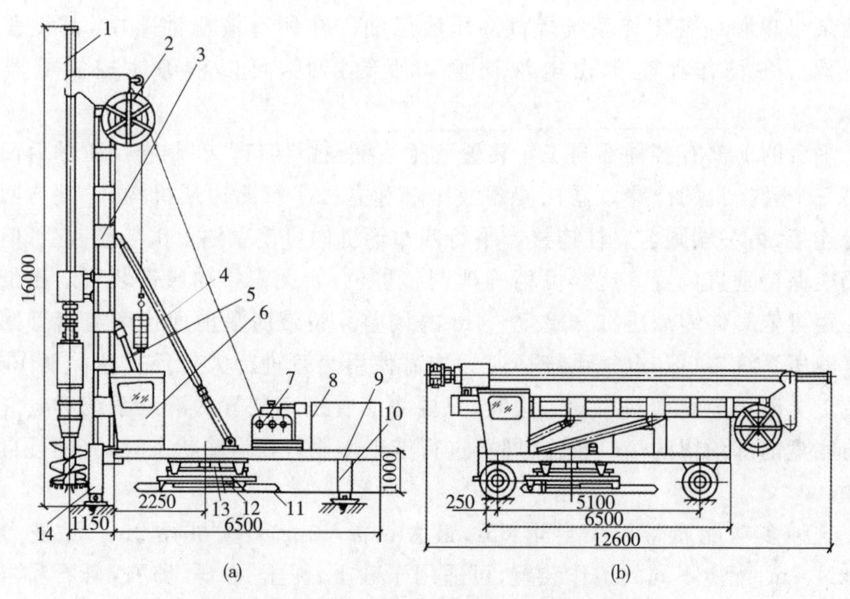

图 5-4 DZB1500 型液压步履式短螺旋钻孔机

(a)作业时;(b)转移时

1-钻机部分;2-电缆卷筒;3-臂架;4-斜撑;5-起架液压缸;6-操作室;7-卷扬机;8-液压系统;9-平台;10-后支腿;11-步履靴;12-下转盘;13-上转盘;14-前支腿

第二节 柴 油 锤

柴油锤实质上是一个单缸冲程发动机,利用柴油在汽缸内燃烧爆发而做功。常用柴油锤有导杆式柴油锤和筒式柴油锤。

一、柴油锤的分类

柴油打桩锤按其动作特点分为导杆式和筒式两种。导杆式打桩锤的冲击体为汽缸,它构造简单,但打桩能量少,只适用于打小型桩;筒式打桩锤冲击体为活塞,打桩能量大,施工效率高,是目前使用最广泛的一种打桩设备。

筒式打桩锤又有下列四种类型:

(1)按打桩功能可分为直打型和斜打型;直打型也可用于打斜桩,只是润滑方式不同,仅限于打 15°～20°范围内的斜桩;而斜打型桩锤则可在 0°～45°范围内打各种角度的桩;

(2)按打桩锤的冷却方式,可分为水冷式和风冷式;

(3)按打桩锤的润滑方式,可分为飞溅润滑和自动润滑;

(4)按打桩锤的性质,可分为陆上型和水上型。

二、柴油锤的构造组成及工作原理

1. 导杆式柴油锤

(1)构造组成

导杆式柴油锤是公路桥梁、民用及工业建筑中常使用的小型柴油锤。根据柴油锤冲击部分(汽缸)的质量可分为 D_1-600、D_1-1200、D_1-1800三种。它的特点是整机质量轻,运输安装方便,可用于打木桩、板桩、钢板桩及小型钢筋混凝土桩,也可用来打砂桩与素混凝土桩的沉管。

导杆式柴油锤由活塞、缸锤、导杆、顶部横梁、起落架和燃油系统组成,如图5-5所示。

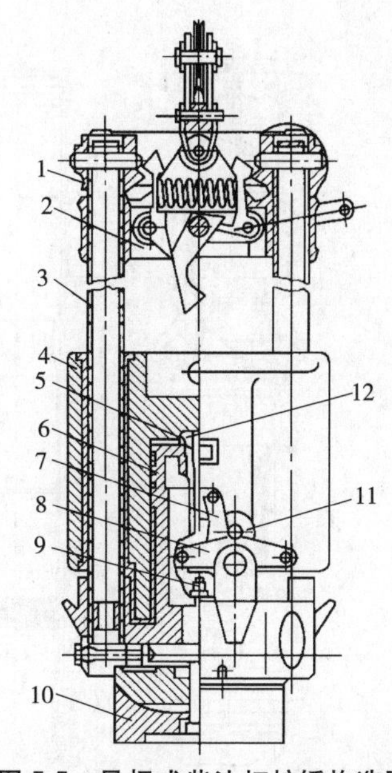

图5-5　导杆式柴油打桩锤构造图

1-顶横梁;2-起落架;3-导杆;4-缸锤;5-喷油嘴;6-活塞;7-曲臂;8-油门调整杆;9 液压泵;10-桩帽;11-撞击销;12-燃烧室

(2)工作原理

图5-6为导杆式柴油锤的工作原理。导杆式柴油锤的工作原理基本上相似于二冲程柴油发动机。工作时卷扬机将汽缸提起挂在顶横梁上。拉动脱钩杠杆的绳子,挂钩自动脱钩,汽缸沿导杆下落,套住活塞后,压缩汽缸内的气体温度迅速上升[图5-6(a)]。当压缩到一定程度时,固定在汽缸4(图5-5)的撞击销11推动曲臂7旋转,推动燃油泵柱塞,使燃油从喷油嘴5喷到燃烧室12。呈雾状的燃油与燃烧室内的高压高温气体混合,立刻自燃爆炸[图5-6(c)],一方面将活塞下压,打击桩下沉,一方面使汽缸跳起,当汽缸完全脱离活塞后,废气排除,同时进入新鲜空气[图5-6(d)]。当汽缸再次下落时,一个新的工作循环开始。

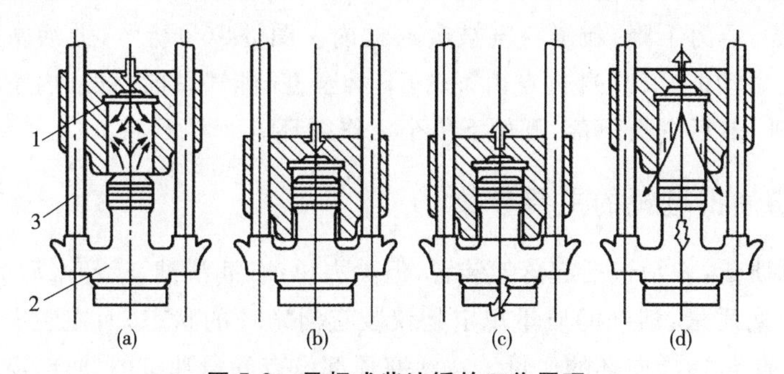

图5-6　导杆式柴油锤的工作原理

(a)压缩;(b)供油;(c)燃烧;(d)排气、吸气

1-缸锤(汽缸);2-活塞;3-导杆

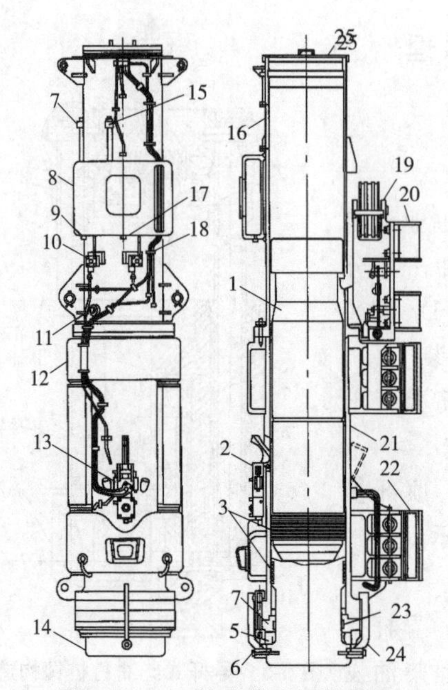

图 5-7　7.2t 筒式柴油锤构造图

1-上活塞；2-燃油泵；3-活塞环；4-外端环；5-橡胶环；6-橡胶环导向；7-燃油进口；8-燃油箱；9-燃油排放旋塞；10-燃油阀；11-上活塞保险螺栓；12-冷却水箱；13-润滑油泵；14-下活塞；15-燃油进口；16-上汽缸；17-润滑油排放塞；18-润滑油阀；19-起落架；20-导向卡；21-下汽缸；22-下汽缸导向卡爪；23-铜套；24-下活塞保险卡；25-顶盖

2. 筒式柴油锤

(1)构造组成

筒式柴油锤由锤体、燃料供给系统、润滑系统、冷却系统和起落系统等组成，如图 5-7 所示。

(2)工作原理

图 5-8 为筒式柴油打桩锤的工作原理。如图 5-8(a)所示，桩锤启动时，卷扬机将上活塞提起，在提升的同时完成吸气和燃油泵的吸油。图 5-8(b)所示，上活塞下落时，一部分动能用于对缸内空气进行压缩，使其达到高温、高压状态；另一部分动能则转化成冲击的机械能，对下活塞进行强力冲击，使桩下沉，与此同时，下活塞顶部球碗中的燃油被冲击成雾状。图 5-8(c)所示，雾化了的柴油与高温、高压空气混合，自行燃烧、爆发膨胀，一方面下活塞再次受到冲击二次打桩，另一方面推动上活塞上升，增加其势能。图 5-8(d)所示，上活塞继续上升越过进、排气口时，进、排气口打开，排出缸内的废气，当上活塞跳越过燃油泵曲臂时，燃油泵吸入一定量的燃油，以供下一工作循环向缸内喷油。图 5-8(e)所示，上活塞继续上行，汽缸内容积增大，压力下降，新鲜空气被吸入缸内。图 5-8(f)所示，上活塞上升到一定高度，失去动能，又靠自重自由下落，下落至进、排气口前，将缸内空气扫出一部分至缸外，然后继续下落，开始下一个工作循环。

三、柴油打桩锤的主要参数

(1)总质量：表示包括起落架装置，但除去燃油、润滑油、冷却水后的质量。

(2)活塞质量：活塞的质量规定是仅装有活塞环的状态，而在装有导向环的情况下，则应包括导向环的质量。在活塞顶部设有润滑油室的场合，应表示除去润滑油质量。打桩锤的型号是以活塞质量进行区别的。通常以 100kg 为单位的活塞质量表示打桩锤型号，如 D25 型柴油打桩锤，其活塞质量为 2500kg。

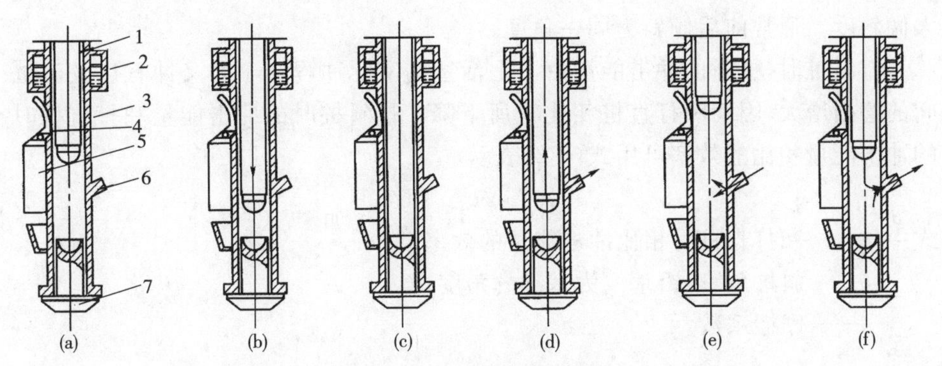

图 5-8 筒式柴油锤工作原理

(a)压缩;(b)冲击雾化;(c)燃烧(爆发);(d)排气;(e)吸气;(f)扫气

1-上活塞;2-柴油箱;3-上汽缸;4-燃油泵曲臂;5-燃油泵;6-进、排气孔;7-锤座

(3)冲击能量:指一个循环内使冲击体获得的最大能量。冲击能量用于求桩的动态支承力,一般可利用桩停止贯入时的实际质量和活塞冲程来确定。

各生产厂说明书中所标定的能量值,系各厂采用自认为适当的方法进行理论计算的最大能量。

(4)活塞冲程:指活塞相对汽缸移动的距离。冲程越高,则获得的能量越大。但冲程过大、容易将桩打坏,并使汽缸构造复杂,加工也困难,同时会使冲击频率减少,降低打桩效率。

筒式打桩锤的最大冲程都限制在 2.5m 以内。

(5)冲击频率:指活塞每分钟冲击的次数。冲击次数随活塞冲程而变化,冲程越高,则冲击次数越少。冲程与冲击次数的关系随机型而异。如果把活塞看成自由下落体,通过计算求出冲击次数的数值,可用式(5-1)表示。

$$N=30\sqrt{g/2H} \tag{5-1}$$

式中:N——每分钟冲击次数,min^{-1};

H——活塞冲程,m;

g——重力加速度,$9.8\mathrm{m/s^2}$。

实际上,由于摩擦和压缩引起减速,冲击次数要小于上式求出的数值,但误差极小。

(6)极限贯入度:是指活塞一次冲击使桩贯入度允许的最小值。极限贯入度的控制是保护活塞避免因冲击而招致损坏的极限度。如果桩的贯入量在极限贯入度以下,则应停止锤击。

极限贯入度的数值有的定为 10 击 10mm,有的则为 10 击 5mm,应以说明书上规定值为准。

(7)打斜桩时容许最大角度:系指以铅垂线为基准,桩锤能够连续运转的最大倾斜度。通常前后倾斜为同一角度。

打斜桩时，桩锤的冲击能量由于上活塞的实际冲程小于名义冲程以及汽缸间的磨损增大，因而和打直桩相比有所下降。打斜桩时的冲击能量和打直桩时的冲击能量相比的效率可用式(5-2)表示。

$$\eta = \cos\theta - \mu\sin\theta \tag{5-2}$$

式中：η——和打直桩时相比冲击能量的效率；

θ——斜桩角，以铅垂线为基准的角度；

μ——摩擦系数。

四、柴油锤的安全操作要点

(1)作业前应检查导向板的固定与磨损情况，导向板不得有松动或缺件，导向面磨损不得大于 7mm。

(2)作业前应检查并确认起落架各工作机构安全可靠，启动钩与上活塞接触线距离应在 5mm～10mm 之间。

(3)作业前应检查柴油锤与桩帽的连接，提起柴油锤，柴油锤脱出砧座后，柴油锤下滑长度不应超过使用说明书的规定值，超过时，应调整桩帽连接钢丝绳的长度。

(4)作业前应检查缓冲胶垫，当砧座和橡胶垫的接触面小于原面积 2/3 时，或下汽缸法兰与砧座间隙小于使用说明书的规定值时，均应更换橡胶垫。

(5)水冷式柴油锤应加满水箱，并应保证柴油锤连续工作时有足够的冷却水。冷却水应使用清洁的软水。冬期作业时应加温水。

(6)桩帽上缓冲垫木的厚度应符合要求，垫木不得偏斜。金属桩的垫木厚度应为 100mm～150mm；混凝土桩的垫木厚度应为 200mm～250mm。

(7)柴油锤启动前，柴油锤、桩帽和桩应在同一轴线上，不得偏心打桩。

(8)在软土打桩时，应先关闭油门冷打，当每击贯入度小于 100mm 时，再启动柴油锤。

(9)柴油锤运转时，冲击部分的跳起高度应符合使用说明书的要求，达到规定高度时，应减小油门，控制落距。

(10)当上活塞下落而柴油锤未燃爆，上活塞发生短时间的起伏时，起落架不得落下，以防撞击碰块。

(11)打桩过程中，应有专人负责拉好曲臂上的控制绳，在意外情况下，可使用控制绳紧急停锤。

(12)柴油锤启动后，应提升起落架，在锤击过程中起落架与上汽缸顶部之间的距离不应小于 2m。

(13)筒式柴油锤上活塞跳起时,应观察是否有润滑油从泄油孔中流出。下活塞的润滑油应按使用说明书的要求加注。

(14)柴油锤出现早燃时,应停止工作,并应按使用说明书的要求进行处理。

(15)作业后,应将柴油锤放到最低位置,封盖上汽缸和吸排气孔,关闭燃料阀,将操作杆置于停机位置,起落架升至高于桩锤 1m 处,并应锁住安全限位装置。

(16)长期停用的柴油锤,应从桩机上卸下,放掉冷却水、燃油及润滑油,将燃烧室及上、下活塞打击面清洗干净,并应做好防腐措施,盖上保护套,入库保存。

第三节　振动桩锤

振动锤利用激振器产生垂直定向振动,使桩在重力或附加压力作用下沉入土中。振动锤可以用来沉预制桩,也可用来拔桩。如只用静力拔一根土壤中的工字钢桩,需 200～300t 的拔桩力,如用振动拔桩只需静力拔桩 10%的拔桩力就够了。振动锤使用较方便,不用设置导向桩架,只需用起重机吊起即可。

一、振动桩锤的分类与构造

1. 振动桩锤的分类

(1)按工作原理可分为振动式桩锤和振动冲击式桩锤。

(2)按动力装置与振动器连接方式可分为刚性振锤(图 5-9)和柔性振锤(图 5-10)。

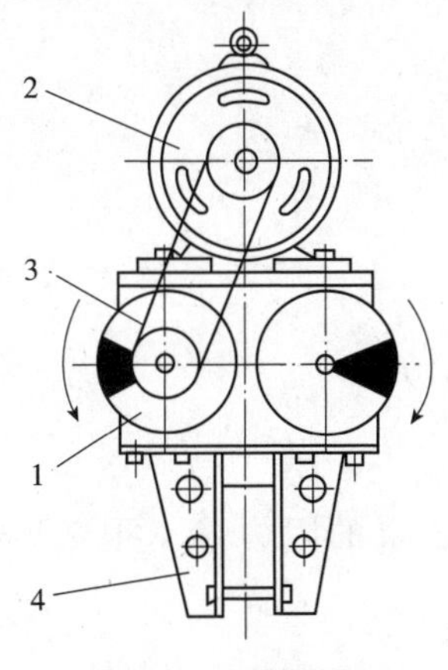

图 5-9　刚性振锤

1-激振器;2-电动机;3-传动机构;4-夹桩器

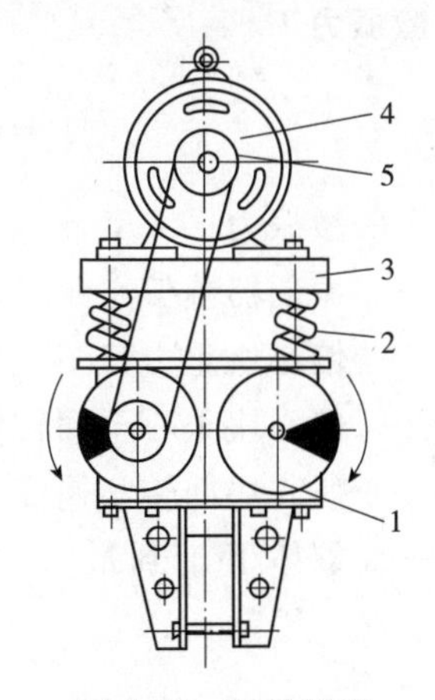

图 5-10　柔性振锤

1-激振器;2-弹簧;3-底架;4-电动机;5-传动带

(3)按振动频率可分为低频振动桩锤(15～20Hz)、中频振动桩锤(20～60Hz)、高频振动桩锤(100～150Hz)与超高频振动桩锤(1500Hz 以上)4 种。

2. **振动桩锤构造组成**

振动桩锤主要由原动机(电动机、液压马达)、激振器、夹持器和减振器组成,如图 5-11 所示为国产 DZ-8000 振动桩锤。

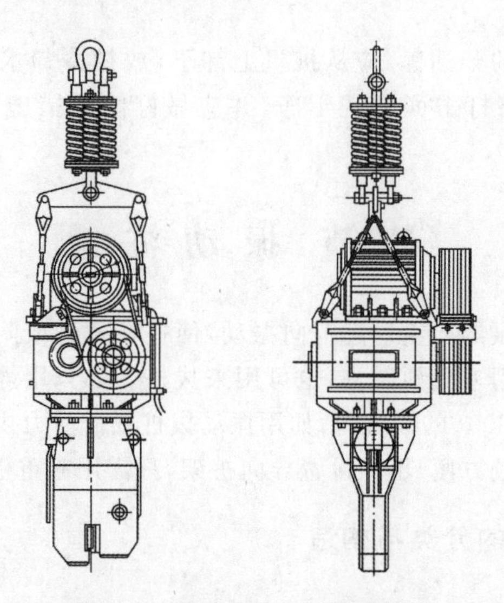

图 5-11　国产 DZ-8000 振动桩锤

二、振动桩锤的技术性能

1. **激振力 P**

$$P=\frac{M\cdot\omega^{2}}{g}\geqslant X\cdot R\quad(\mathrm{N})\tag{5-3}$$

式中:P——激振力;

M——振动器静偏心距,$M=Gr$(N·cm)

g——偏心块重力,N;

r——偏心块重心至回转中心距,cm;

ω——偏心块回转角速度,即频率,1/s;

R——桩体下沉到最大深度时桩体破坏土层的阻力,N,可按下列因素确定:

对圆桩
$$R=S\sum_{i=1}^{n}\tau_i h_i\tag{5-4}$$

对钢板桩 $$R = S\sum_{i=1}^{n}\tau'_i h_i \tag{5-5}$$

式中：i——土层按深度排列序数；

n——土层总层数；

h_i——土层每层厚度，m；

S——圆桩周长，m；

τ'_i、τ_i——土的单位阻力，查表 5-1；

X——系数，近似地考虑土的弹性影响。对低频（$\omega=30\sim60$，1/s）用于下沉重型钢筋混凝土桩和沉井建议取用 0.6～0.8；而对于高频如振动下沉钢板桩、木桩等，建议取用 1。当用调频低频振动沉桩时，允许降低到 0.4～0.5。

表 5-1 土的单位破坏阻力值

土的种类	圆桩			板桩	
	木和钢管桩	钢筋混凝土桩	开口钢筋混凝土管桩和沉井	轻型截面钢板桩	重型截面钢板桩
含水砂土和松软造型黏土	6	7	5	12	14
砂土类黏土层和砾石层	8	10	7	17	20
紧密造型黏土	15	18	10	20	25
半硬和硬质黏土	25	30	20	40	50

2. 振幅 A

采用下列近似公式计算振幅：

$$A\approx\frac{M}{Q}\sqrt{1-\left(\frac{4R'}{\pi P}\right)^2}\quad(\text{cm}) \tag{5-6}$$

式中：A——振幅；

Q——总重（桩重及桩锤重），N；

R'——侧向摩擦力，N。

3. 沉桩条件

沉桩下沉条件为：

$$Q\geqslant P_0F \tag{5-7}$$

$$v_1\leqslant\frac{Q}{P}<v_2 \tag{5-8}$$

式中：F——桩的横截面积，cm^2；

P_0——桩上必要压力，为起始压力值的 1.2～1.5 倍，一般可按表 5-2 的值选用；

v_1、v_2——系数，见表 5-3。

表 5-2　各种桩上必要压力 P_0 值

桩的型式和尺寸	P_0/MPa
小直径钢管桩和横截面积为 150cm² 的其他构件	0.15～0.3
木桩和钢管桩(带封闭端的)，其横截面积为 800cm²	0.4～0.5
钢筋混凝土桩、方形或角形横截面积为 2000cm²	0.6～0.8

表 5-3　v_1、v_2 系数

桩型式	钢板桩	轻型木桩，钢管桩	重型钢筋混凝土桩和沉井
v_1	0.15	0.30	0.40
v_2	0.50	0.60	1.00

4. **功率**

$$N_{总} = \frac{\sum_{j=1}^{k} N_j + N_0}{\eta} \quad (\text{kW}) \tag{5-9}$$

式中：$N_{总}$——功率；

$\sum_{j=1}^{k} N_j$——为克服振动器机构中各种阻力的功率之和；

N_0——克服土阻力的功率；

η——传动效率，取为 0.9。

$\sum_{j=1}^{k} N_j$ 的计算，一方面是轴承摩擦功率，另一方面是随着振动沉桩过程所消耗的功率，其中有机械部件的振动，振动器内的润滑，克服空气阻力等。在实际计算时可利用下述近似公式：

$$\sum_{j=1}^{k} N_j = Pdnf \cdot 10^{-5} \quad (\text{kW}) \tag{5-10}$$

式中：d——振动器各轴轴径，cm；

n——振动器每分钟转数，r/min；

f——滚动轴承摩擦系数，取为 0.01。

$N_{0\max}$的计算可采用下列近似公式：

$$N_{0\max} = K\frac{M^2\omega^2}{4Q} \cdot 10^{-7} \quad (\text{kW}) \tag{5-11}$$

式中：K——系数，考虑到土的振动质量所增加损失功率的比例，$K=1.1\sim1.2$。

三、振动桩锤的选择

1. 适用范围

(1)轻级振动桩锤适用于下沉钢板桩、2t 以下的木桩和钢筋混凝土桩；

(2)中级振动桩锤(整个振动体系质量在 20t 以下时)适用于下沉直径 1m 以内的实体桩及管桩；

(3)重级振动桩锤适用于下沉大型管柱。并联组合若干台同步工作，可将特大直径的钢筋混凝土管柱下沉很大深度。

2. 振动桩锤选择

在各种土中下沉管柱时振动桩锤主要参数选择范围，见表 5-4。

表 5-4 在各种土中下沉管柱时振动桩锤主要参数选择范围主参数

主参数 / 土的种类	振动频率 ω(1/s)	振幅 A/mm	激振力 P 超出振动体总重 Q 的范围	连续工作时间 t/min
饱和水分砂质土	100～120	(砂层)6～8	10%～20%	15～20
塑性黏土及砂质黏土	90～100	8～10	25%～30%	(包括黄土)20～25
紧密黏土	70～75	12～14	35%～40%	紧密褐色黏土 10～12
砂夹卵石土	60～70	15～16	40%～45%	—
卵石夹砂土	50～60	14～15	45%～50%	8～10

四、振动桩锤的安全操作要点

(1)作业前，应检查并确认振动桩锤各部位螺栓、销轴的连接牢靠，减振装置的弹簧、轴和导向套完好。

(2)作业前，应检查各传动胶带的松紧度，松紧度不符合规定时应及时调整，

(3)作业前，应检查夹持片的齿形。当齿形磨损超过 4mm 时，应更换或用堆焊修复。使用前，应在夹持片中间放一块 10mm～15mm 厚的钢板进行试夹。试夹中液压缸应无渗漏，系统压力应正常，夹持片之间无钢板时不得试夹。

(4)作业前，应检查并确认振动桩锤的导向装置牢固可靠。导向装置与立柱导轨的配合间隙应符合使用说明书的规定。

(5)悬挂振动桩锤的起重机吊钩应有防松脱的保护装置。振动桩锤悬挂钢架的耳环应加装保险钢丝绳。

(6)振动桩锤启动时间不应超过使用说明书的规定。当启动困难时，应查明原因，排除故障后继续启动。启动时应监视电流和电压，当启动后的电流降到正

常值时，开始作业。

(7)夹桩时，夹紧装置和桩的头部之间不应有空隙。当液压系统工作压力稳定后，才能启动振动桩锤。

(8)沉桩前，应以桩的前端定位，并按使用说明书的要求调整导轨与桩的垂直度。

(9)沉桩时，应根据沉桩速度放松吊桩钢丝绳。沉桩速度、电机电流不得超过使用说明书的规定。沉桩速度过慢时，可在振动桩锤上按规定增加配重。当电流急剧上升时，应停机检查。

(10)拔桩时，当桩身埋入部分被拔起 1.0m～1.5m 时，应停止拔桩，在拴好吊桩用钢丝绳后，再起振拔桩。当桩尖离地面只有 1.0m～2.0m 时，应停止振动拔桩，由起重机直接拔桩。桩拔出后，吊桩钢丝绳未吊紧前，不得松开夹紧装置。

(11)拔桩应按沉桩的相反顺序起拔。夹紧装置在夹持板桩时，应靠近相邻一根。对工字桩应夹紧腹板的中央。当钢板桩和工字桩的头部有钻孔时，应将钻孔焊平或将钻孔以上割掉，或应在钻孔处焊接加强板，防止桩断裂。

(12)振动桩锤在正常振幅下仍不能拔桩时，应停止作业，改用功率较大的振动桩锤。拔桩时，拔桩力不应大于桩架的负荷能力。

(13)振动桩锤作业时，减振装置各摩擦部位应具有良好的润滑。减振器横梁的振幅超过规定时，应停机查明原因。

(14)作业中，当遇液压软管破损、液压操纵失灵或停电时，应立即停机，并应采取安全措施，不得让桩从夹紧装置中脱落。

(15)停止作业时，在振动桩锤完全停止运转前不得松开夹紧装置。

(16)作业后，应将振动桩锤沿导杆放至低处，并采用木块垫实，带桩管的振动桩锤可将桩管沉入土中 3m 以上。

(17)振动桩锤长期停用时，应卸下振动桩锤。

五、振动桩锤的保养与维护

(1)工作时，应经常检查轴承的温升，若轴承温度过高，则应停机休息一段时间进行检查。

(2)工作时，应注意检查电动机的温升，一般情况下一次振动时间不应超过5min。过长时间的振动或发生桩土共振，电动机电流会急骤上升，电动机温度也会上升，若破坏了绝缘则会烧坏电动机。

(3)注意液压缸是否漏油，若漏油严重可能会使夹持器与桩分离。

(4)经常检查液压泵站的油面。若工作时，液压系统发生了噪声，则可能有吸空现象，应及时加液压油。

(5)注意检查液压泵的工作压力,若压力过低,夹持器钳口会有相对滑动,此时振动下沉的效果会受到影响。

(6)若振动桩锤用作拔桩,应经常注意检查钢丝绳与吊具的可靠性,同时也应经常检查减振弹簧是否变形或断裂。

(7)应经常检查齿轮箱中的润滑池面,注意经常补充齿轮油。每300h更换一次齿轮油。更换齿轮油前应清洗齿轮箱,注意冬季与夏季用油的规格。冬季用90号齿轮油,夏季用140号齿轮油。

(8)检查液压油管是否有磨损,接头是否松动、漏油。液压油管与电缆在沉、拔桩过程中,经常可能被拉脱甚至扯断,应密切注意电缆与液压油管的安全性。

第四节　静力压桩机

一、静力压桩机构造组成

静力压桩机有机械式(绳索式)和液压式两类,静力压桩机分为机械式和液压式两种。机械式静力压桩机压桩力由机械方式传递,而液压式静力压桩机用液压缸产生的静压力来压桩和拔桩。国内生产和使用的多数为液压式。

(1)图5-12为YZY-500型静力压桩机的示意图。它由支腿平台结构、走行机构、压桩架、配重、起重机、操作室等部分组成。

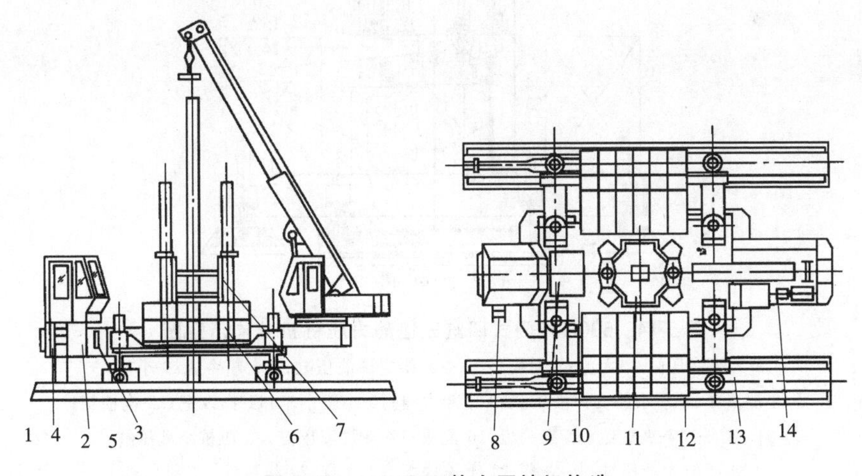

图5-12　YZY-500静力压桩机构造

1-操作室;2 液压总装室;3-油箱系统;4-电气系统;5-液压系统;6-配重铁;7-导向压桩架;8-楼梯;9-踏板;10-支腿平台结构;11-夹持机构;12-长船行走机构;13-短船行走及回转机构;14-液压起重机

(2)图 5-13 为 YZY-400 型静力压桩机的示意图,它与 YZY-500 型静力压桩机构造上的主要区别在于长船与短船相对平台的方向转动了 90°。

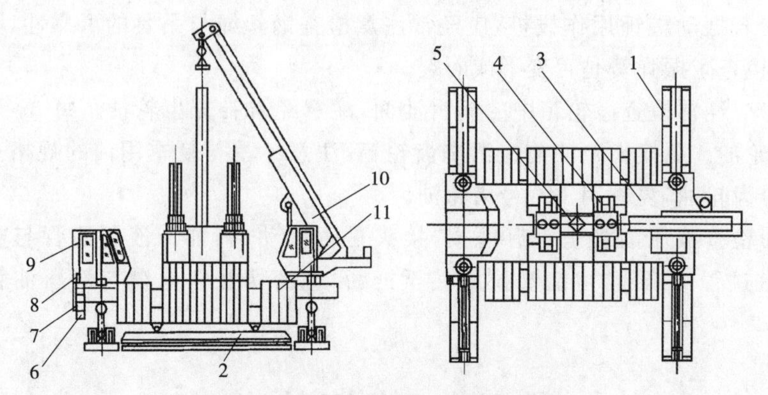

图 5-13 YZY-400 型静力压桩机构造

1-长船;2-短船回转机构;3-平台;4-导向机构;5-夹持机构;6-梯子;7-液压系统;8-电器系统;9-操作室;10-起重机;11-配重梁

(3)图 5-14 为 6000kN 门式四缸三速静力压桩机的示意图,它是目前国内级别最大的静力压桩机,与前面介绍的 YZY-500 型压桩机的主要区别有以下四点。

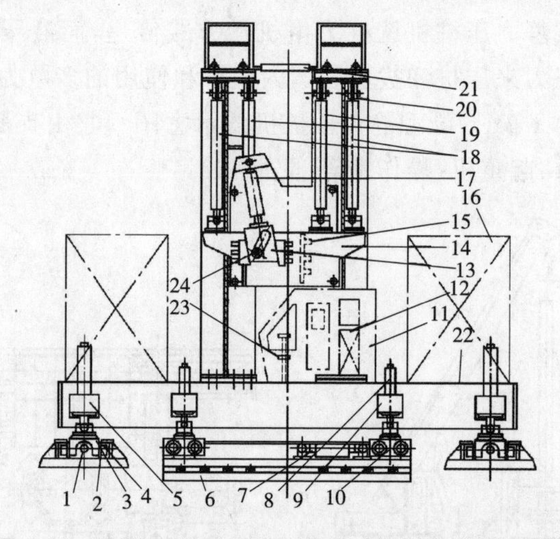

图 5-14 6000kN 门式四缸三速静力压桩机结构示意图

1-大船液压缸;2-大船;3-大船小车;4-大船支撑液压缸;5-大船牛腿;6-小船;7-小船液压缸;8-小船支撑液压缸;9-小船牛腿;10-小船小车;11-操纵室;12-电控箱;13-滑块;14-夹桩器;15-夹头板;16-配重;17-夹紧液压缸;18-压桩小液压缸;19-压桩大液压缸;20-立桩;21-上连接板;22-大身;23-操纵阀;24-推力轴

1)6000kN 压桩机压桩油缸有四个,比 YZY-500 型压桩机多两个。

2)6000kN 静力压桩机在小船上增加了四个支撑液压缸。压桩时,不但大船落地，小船也可以由四个支撑液压缸升降使之着地，增加了压桩机的支承面，大大改善了压桩条件。

3)6000kN 压桩机增加了侧向车轮，横向力依靠滚动轮来克服，就像 L 形门式起重机的天车行走轮那样。

4)图 5-15 为该压桩机的夹持机构。当液压油进入液压缸 1，通过套筒 6 推动滑块 7 向下运动，由于滑块的楔形斜面作用，斜槽中的滑块套筒 12 带动推动轴 11 向右移动。由于推动轴 11 与活动夹头箱体 4 连为一体，故带动箱体 4 向右移动，和固定箱体一起将桩夹紧。这种楔形增力机构的增力大小取决于楔块的倾角与滑槽的倾角。根据机械功守恒原理，活动杆做的功等于夹卡做的功，而活塞杆的行程远大于夹持器夹头的行程，所以夹持器夹头的力量将大幅增加。这种夹持机构是 6000kN 压桩机的特殊设计。

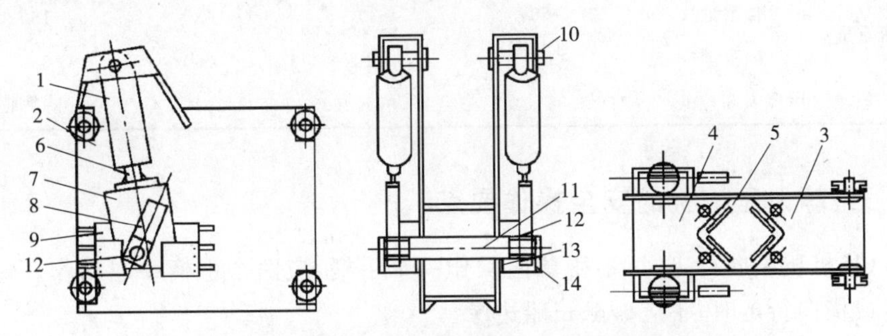

图 5-15 6000kN 静力压桩机夹持机构示意图

1-液压缸；2-箱体；3-固定夹头箱体；4-活动夹头箱体；5-夹头板；6-套筒；7-滑块；8-斜槽；9-垫板；10-销轴；11-推动轴；12-滑块套筒；13-支承导板；14-垫板连接板

二、静力压桩机的技术性能

YZY 系列静力压桩机主要技术性能见表 5-5。

表 5-5 YZY 系列静力压桩机主要技术性能

参数 \ 型号		200	280	400	500
最大压入力/kN		2000	2800	4000	5000
单桩承载能力(参考值)/kN		1300～1500	1800～2100	2600～3000	3200～3700
边桩距离/m		3.9	3.5	3.5	4.5
接地压力/MPa 长船/短船		0.08/0.09	0.094/0.12	0.097/0.125	0.09/0.137
压桩桩段截面尺寸(长×宽)/m	最小	0.35×0.35	0.35×0.35	0.35×0.35	0.4×0.4
	最大	0.5×0.5	0.5×0.5	0.5×0.5	0.55×0.55

（续）

参数＼型号		200	280	400	500
行走速度（长船）/（m/s）	伸程	0.09	0.088	0.069	0.083
压桩速度/（m/s）慢（2缸）/快（4缸）		0.033	0.038	0.025/0.079	0.023/0.07
一次最大转角/rad		0.46	0.45	0.4	0.21
液压系统额定工作压力/MPa		20	26.5	24.3	22
配电功率/kW		96	112	112	132
工作吊机	起重力矩/（kN·m）	460	460	480	720
	用桩长度/m	13	13	13	13
整机重量	自重量/t	80	90	130	150
	配重量/t	130	210	290	350
拖运尺寸（宽×高）/m		3.38×4.2	3.38×4.3	3.39×4.4	3.38×4.4

三、静力压桩机的安全操作要点

（1）桩机纵向行走时，不得单向操作一个手柄，应两个手柄一起动作。短船回转或横向行走时，不应碰触长船边缘。

（2）桩机升降过程中，四个顶升缸中的两个一组，交替动作，每次行程不得超过100mm。当单个顶升缸动作时，行程不得超过50mm。压桩机在顶升过程中，船形轨道不宜压在已入土的单一桩顶上。

（3）压桩作业时，应有统一指挥，压桩人员和吊桩人员应密切联系，相互配合。

（4）起重机吊桩进入夹持机构，进行接桩或插桩作业后，操作人员在压桩前应确认吊钩已安全脱离桩体。

（5）操作人员应按桩机技术性能作业，不得超载运行。操作时动作不应过猛，应避免冲击。

（6）桩机发生浮机时，严禁起重机作业。如起重机已起吊物体，应立即将起吊物卸下，暂停压桩，在查明原因采取相应措施后，方可继续施工。

（7）压桩时，非工作人员应离机10m。起重机的起重臂及桩机配重下方严禁站人。

（8）压桩时，操作人员的身体不得进入压桩台与机身的间隙之中。

（9）压桩过程中，桩产生倾斜时，不得采用桩机行走的方法强行纠正，应先将桩拔起，清除地下障碍物后，重新插桩。

(10)在压桩过程中，当夹持的桩出现打滑现象时，应通过提高液压缸压力增加夹持力，不得损坏桩，并应及时找出打滑原因，排除故障。

(11)桩机接桩时，上一节桩应提升350mm～400mm，并不得松开夹持板，

(12)当桩的贯入阻力超过设计值时，增加配重应符合使用说明书的规定。

(13)当桩压到设计要求时，不得用桩机行走的方式，将超过规定高度的桩顶部分强行推断。

(14)作业完毕，桩机应停放在平整地面上，短船应运行至中间位置，其余液压缸应缩进回程，起重机吊钩应升至最高位置，各部制动器应制动，外露活塞杆应清理干净。

(15)作业后，应将控制器放在"零位"，并依次切断各部电源，锁闭门窗，冬期应放尽各部积水。

(16)转移工地时，应按规定程序拆卸桩机，所有油管接头处应加保护盖帽。

四、液压静力压桩机的常见故障及排除

液压静力压桩机常见故障及排除方法见表5-6。

表5-6　液压静力压桩机常见故障及排除方法

故障	原因	排除方法
油路漏油	管接头松动	重新拧紧或更换
	密封件损坏	更换漏油处密封件
	溢流阀卸载压力不稳定	修理或更换
液压系统噪声太大	油内混入空气	检查并排出空气
	油管或其他元件松动	重新坚固或装橡胶垫
	溢流阀卸载压力不稳定	修理或更换
液压缸活塞动作缓慢	油压太低	提高溢流卸载压力
	液压缸内吸入空气	检查油箱油位，不足时添加；检查吸油管，消除漏气
	滤油器或吸油管堵塞	拆下清洗，疏通
	液压泵或操纵阀内泄漏	检修或更换

第六章　混凝土机械

混凝土结构和钢筋混凝土结构在现代建筑工程中广泛应用，使得混凝土机械已成为土木建筑工程机械的重要组成部分。用于混凝土工程机械作业（包括混凝土骨料的破碎、筛分、运输和混凝土的搅拌、输送、浇筑、振捣密实等）的专用机械与设备称为“混凝土机械”，广泛应用于公路、铁路、市政、工业与民用建筑、桥梁、机场、港口、矿山等各项建筑工程中。用于水泥混凝土的混凝土机械称为“水泥混凝土机械”，常简称“混凝土机械”。

第一节　混凝土搅拌机

一、混凝土搅拌机的分类和特点

混凝土搅拌机的分类和特点见表6-1。

表6-1　混凝土搅拌机的分类和特点

分类	型式	主要特点	适用范围
按工作特性	周期式	加料、搅拌、出料都按周期进行，易保证质量；但间断生产，生产率较低	建筑施工对混凝土质量要求较高，一般采用周期式
	连续式	加料、搅拌、出料都连续进行，生产率高但产品质量不均匀	适用于对混凝土质量要求不高，而需要量很大的水利工程
按动力种类	电动式	工作可靠，使用简便，费用较低，但需要有电源	有电源处都应使用电动式
	内燃式	机动性好，但故障多，使用费高	通用于无电源处
按装置型式	固定式	一般容量较大，生产率较高，多为电动式，不便于移动	适用于混凝土制备场所
	移动式	一般容量较小，有轮式行走机构，便于移动	适用于流动性建筑施工
按搅拌方法	强制式	搅拌强烈均匀，时间短，效率高，适合于细石混凝土、干性混凝土和砂浆搅拌，搅拌干性混凝土比自落式搅拌机的生产率高1～2倍，但功率消耗较大，叶片和衬板磨损快	适用于混凝土搅拌站（楼）和混凝土制品厂
	自落式	结构简单，能耗较低，搅拌时间长，质量不均匀，效率较低，不能搅拌坍落度较小的混凝土	适用于一般施工现场

强制式搅拌机按主轴形式可分为立轴式和卧轴式,卧轴式按轴的数目又可分为单轴式和双轴式。

立轴强制式搅拌机是靠搅拌筒内的涡桨式叶片的旋转将物料挤压、翻转、抛出而进行强制搅拌的,具有搅拌均匀、时间短、密封性好的特点,适用于干硬混凝土和轻质混凝土。

卧轴强制式搅拌机兼有自落式和强制式两种机型的优点,即搅拌质量好,生产率高,耗能少,能搅拌干硬性、塑性、轻骨料混凝土以及各种砂浆、灰浆和硅酸盐等混合物,是一种多功能的搅拌机械。

二、混凝土搅拌机的型号

混凝土搅拌机的型号分类及表示方法见表 6-2。

表 6-2 混凝土搅拌机型号分类及表示方法

类	组	型	特性	代号	代号含义	主参数	
						名称	单位表示法
混凝土机械	混凝土搅拌机 J(搅)	锥形反转出料式 Z(锥)	—	JZ	锥形反转出料混凝土搅拌机	出料容量	L
			C(齿)	JZC	齿圈锥形反转出料混凝土搅拌机		
			M(摩)	JZM	摩擦锥形反转出料混凝土搅拌机		
		锥形倾翻出料式 F(翻)	—	JF	锥形倾翻出料混凝土搅拌机		
			C(齿)	JFC	齿圈锥形倾翻出料混凝土搅拌机		
			M(摩)	JFM	摩擦锥形倾翻出料混凝土搅拌机		
		立轴涡浆式 W(涡)	—	JW	立轴涡浆式混凝土搅拌机		
		单卧轴式 D(单)	—	JD	单卧轴式混凝土搅拌机		
			Y(液)	JDY	单卧轴式液压上料混凝土搅拌机		
		双卧式轴式 S(双)	—	JS	双卧轴式混凝土搅拌机		
			Y(液)	JSY	双卧轴式液压上料混凝土搅拌机		

三、混凝土搅拌机的构造组成

1. 锥形反转出料混凝土搅拌机

锥形反转出料搅拌机主要由搅拌机构、上料装置、供水系统和电气部分组成,如图 6-1 所示。

(1)搅拌机构:搅拌筒内交叉布置有 2 块低叶片和 2 块高叶片,在出料锥内

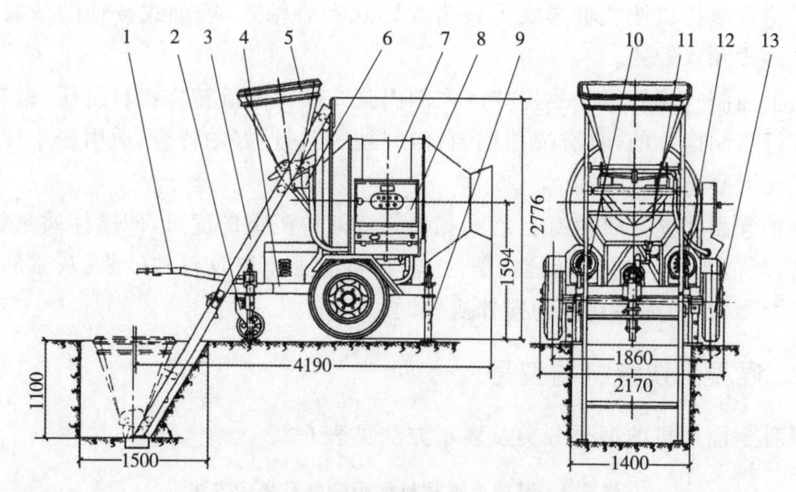

图 6-1 锥形反转出料搅拌机结构外形

1-牵引架;2-前支轮;3-上料架;4-底盘;5-料斗;6-中间料斗;7-拌筒;8-电器箱;9-支腿;10-搅拌传动机构;11-供水系统;12-卷扬系统;13-行走轮

装有2块出料叶片。由于高低叶片均与搅拌筒圆柱体母线成40°～45°的夹角,因此拌和料除了有提升、自落作用外,还增加了一个搅拌筒前后料流的轴向窜动,因此能在较短时间内将物料拌和成匀质混凝土。

(2)上料装置:进料斗底部装有一个附着式振动器,取代了凸块加冲击杆的振动方式,既降低了噪声,又简化了机构。

(3)供水系统:供水系统采用时间继电器控制微型水泵运转时间的方法来实现定量供水,省去了水箱、三通阀等零部件,提高了供水精度。

(4)卸料机构:由电气控制搅拌筒的正反转运行,操纵反转按钮即可自动出料。

(5)行走机构:行走机构只装有两只充气轮胎,并简化了拖行转向机构。

2. 锥形倾翻出料搅拌机

锥形倾翻出料搅拌机为自落式,搅拌筒为锥形,进出料在同一口。搅拌时,搅拌筒轴线具有约15°倾角;出料时,搅拌筒向下旋转俯角约50°～60°,将拌和料卸出。这种搅拌机卸料快,拌筒容积利用系数大,能搅拌大骨料的混凝土,适用于搅拌楼。现已批量生产的有JF750、JF1000、JF1500、JF3000等型号,各型号结构相似,现以JF1000型为例,简述其构造。

JF1000型搅拌机由搅拌系统和倾翻机构组成,加料、配水等装置及空气压缩机等需另行配置,因其用作混凝土搅拌站(楼)主机,可以相互配套使用。

(1)搅拌系统。搅拌筒由两个截面圆锥组成,曲梁是水平安装的,如图6-2所示。

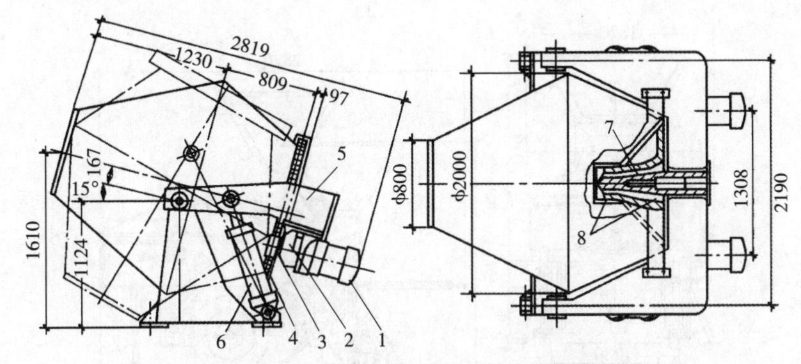

图 6-2　JF1000 型搅拌机搅拌筒结构示意

1-电动机；2-行星摆线针轮减速器；3-小齿轮；4-大齿圈；5-倾翻机架；
6-倾翻汽缸；7-锥形轴；8-单列圆锥滚珠轴承

(2)气动倾翻机构。如图 6-3 所示，工作时，压缩空气经过分水滤气器、油雾器及电磁阀进入汽缸下腔，使活塞杆推动曲梁并带动搅拌筒向下转动，倾翻卸料。

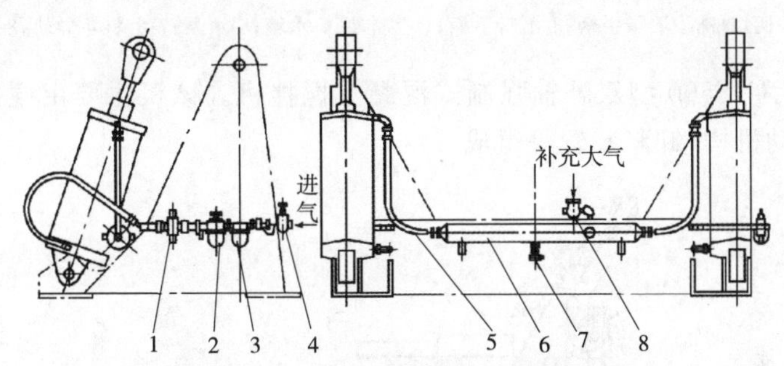

图 6-3　JF1000 型搅拌机气动倾翻机构

1-电磁气阀；2-油雾器；3-分水滤气器；4-截止阀；5-夹布胶管；6-贮气筒；7-二通旋塞；8-单向阀

3. 立轴强制式混凝土搅拌机

立轴强制式搅拌机有涡桨式和行星式两种。涡桨式主要有 JW250、JW350、JW500、JW1000 等 4 种规格，JW1000 型用于搅拌楼(站)。图 6-4 为 JW250 型搅拌机，该机为移动涡桨强制式搅拌机，进料容量为 375L，出料容量为 250L。该机主要由搅拌机构、传动机构、进出料机构和供水系统等组成。

4. 卧轴强制式混凝土搅拌机

卧轴强制式混凝土搅拌机有单卧轴和双卧轴。双卧轴搅拌机生产的效率高，能耗低，噪声小，搅拌效果比单卧轴好，但结构较复杂，适于较大容量的混凝土搅拌作业，一般用作搅拌楼(站)的配套主机或用于大、中型混凝土预制厂。单卧轴有 JD50、JD200、JD250、JD300、JDY350 等规格型号，双卧轴有 JS350、JS500、JS1000、JS1500 等规格型号。

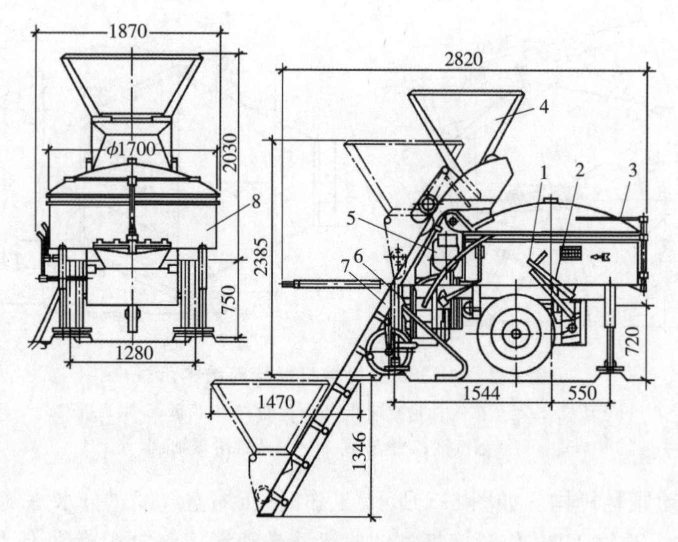

图 6-4　JW250 型搅拌机

1-上料手柄；2-料斗下降手柄；3-出料手柄；4-上料斗；5-水箱；6-水泵；7-上料斗导轨；8-搅拌筒

图 6-5 为 JS500 型双卧轴强制式混凝土搅拌机。该机主要由搅拌机构、上料机构、传动机构、卸料装置等组成。

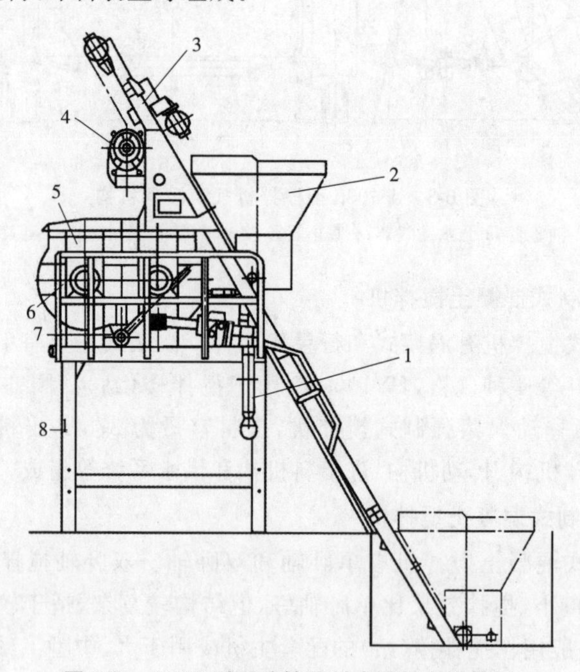

图 6-5　JS500 型双卧轴强制式混凝土搅拌机

1-供水系统；2-上料斗；3-上料架；4-卷扬装置；5-搅拌筒；6-搅拌装置；7-卸料门；8-机架

四、混凝土搅拌机的技术性能

各类混凝土搅拌机的技术性能见表 6-3～表 6-6。

表 6-3　锥形反转出料搅拌机基本参数

基本参数	型号					
	JZ150	JZ200	JZ250	JZ350	JZ500	JZ750
出料容量/L	150	200	250	350	500	750
进料容量/L	240	320	400	560	800	1200
搅拌额定功率/kW	3	4	4	5.5	10	15
每小时工作循环次数　≥	30	30	30	30	30	30
骨料最大粒径/mm	60	60	60	60	60	80

表 6-4　锥形倾翻出料搅拌机基本参数

基本参数	型号				
	JF50	JF100	JF150	JF250	JF350
出料容量/L	50	100	150	250	350
进料容量/L	80	160	240	400	560
搅拌额定功率/kW	1.5	2.2	3	4	5.5
每小时工作循环次数　≥	30	30	30	30	30
骨料最大粒径/mm	40	60	60	60	80
基本参数	JF500	JF750	JF1000	JF1500	JF3000
出料容量/L	500	750	1000	1500	3000
进料容量/L	800	1200	1600	2400	4800
搅拌额定功率/kW	7.5	11	15	20	40
每小时工作循环次数　≥	30	30	25	25	20
骨料最大粒径/mm	80	120	120	150	250

表 6-5　立轴涡桨式搅拌机基本参数基本参数

基本参数	型号									
	JW50 JX50	JW100 JX100	JW150 JX150	JW200 JX200	JW250 JX250	JW350 JX350	JW500 JX500	JW750 JX750	JW1000 JX1000	JW1500 JX1500
出料容量/L	50	100	150	200	250	350	500	750	1000	1500
进料容量/L	80	160	240	320	400	560	800	1200	1600	2400
搅拌额定功率/kW	4	7.5	10	13	15	17	30	40	55	80
每小时工作循环次数 ≥	50	50	50	50	50	50	50	45	45	45
骨料最大粒径/mm	40	40	40	40	40	40	60	60	60	80

表 6-6 单卧轴、双卧轴搅拌机基本参数

基本参数	型号					
	JD50	JD100	JD150	JD200	JD250	JD350 JS350
出料容量/L	50	100	150	200	250	350
进料容量/L	80	160	240	320	400	560
搅拌额定功率/kW	2.2	4	5.5	7.5	10	15
每小时工作循环次数 ≥	50	50	50	50	50	50
骨料最大粒径/mm	40	40	40	40	40	40

基本参数	型号				
	JD500 JS500	JD750 JS750	JD1000 JS1000	JD1500 JS1500	JD3000 JS3000
出料容量/L	500	750	1000	1500	3000
进料容量/L	800	1200	1600	2400	4800
搅拌额定功率/kW	17	22	33	44	95
每小时工作循环次数 ≥	50	45	45	45	40
骨料最大粒径/mm	60	60	60	80	120

五、混凝土搅拌机的主要参数

周期式混凝土搅拌机的主要参数是额定容量、工作时间和搅拌转速。

1. 额定容量

额定容量有进料容量和出料容量之分，我国规定出料容量为主参数，表示机械型号。进料容量是指装进搅拌筒的物料体积，单位用 L 表示；出料容量是指卸出物料体积，单位用 m^3 表示。两种容量的关系如下：

(1)搅拌筒的几何体积 V_0 和装进干料容量 V_1 的关系如式(6-1)：

$$\frac{V_0}{V_1}=2\sim4 \tag{6-1}$$

(2)拌和后卸出的混凝土拌和物体积 V_2 和捣实后混凝土体积 V_3 的比值 φ_2 称为压缩系数，它和混凝土的性质有关。

对于干硬性混凝土 $$\varphi_2=\frac{V_2}{V_3}=1.45\sim1.26 \tag{6-2}$$

对于塑性混凝土 $$\varphi_2=\frac{V_2}{V_3}=1.25\sim1.11 \tag{6-3}$$

对于软性混凝土 $$\varphi_2=\frac{V_2}{V_3}=1.10\sim1.04 \tag{6-4}$$

2. 工作时间

以 s 为单位,可分为:

上料时间——从给拌筒送料开始到上料结束;

出料时间——从出料开始到至少 95%以上的拌和物料卸出;

搅拌时间——从上料结束到出料开始;

循环时间——在连续生产条件下,先一次上料过程开始至紧接着的后一次上料开始之间的时间,也就是一次作业循环的总时间。

3. 搅拌转速

搅拌筒的转速,一般以 n 表示,单位为 r/min。

自落式搅拌机拌筒旋转 n 值,一般为 14～33r/min,其中常用的 n 为 18r/min 左右。

强制式搅拌机拌筒旋转 n 值,一般为 28～36r/min,其中常用的 n 为 36～38r/min。

六、混凝土搅拌机的选用

1. 混凝土搅拌机的选择

(1)按工程量和工期要求选择。混凝土工程量大且工期长时,宜选用中型或大型固定式混凝土搅拌机群或搅拌站。如混凝土工程量小且工期短时,宜选用中小型移动式搅拌机。

(2)按设计的混凝土种类选择。搅拌混凝土为塑性或半塑性时,宜选用自落式搅拌机。如搅拌混凝土为高强度、干硬性或为轻质混凝土时,宜选用强制式搅拌机。

(3)按混凝土的组成特性和稠度方面选择。如搅拌混凝土稠度小且集料粒度大时,宜选用容量较大的自落式搅拌机。如搅拌稠度大且集料粒度大的混凝土时,宜选用搅拌筒转速较快的自落式搅拌机。如稠度大而集料粒度小时,宜选用强制式搅拌机或中、小容量的锥形反转出料的搅拌机。不同容量搅拌机的适用范围见表 6-7,自落式搅拌机容量和集料最大粒度的关系见表 6-8。

表 6-7 不同容量搅拌机的适用范围

进料容量/L	出料容量/L	适用范围
100	60	试验室制作混凝土试块
240	150	修缮工程或小型工地拌制混凝土及砂浆
320	200	
400	250	一般工地、小型移动式搅拌站和小型混凝土制品厂主机
560	350	
800	500	

（续）

进料容量/L	出料容量/L	适 用 范 围
1200 1600	750 1000	大型工地、拆装式搅拌站和大型混凝土制品厂搅拌楼主机
2400 4800	1500 3000	大型堤坝和水工工程的搅拌楼主机

表 6-8 自落式搅拌机容量和集料最大粒度的关系

搅拌机容量/m³	0.35 以下	0.75	1.00
拌和料最大料度/mm	60	80	120

2. 混凝土搅拌机的生产率

搅拌机生产率的高低，取决于每拌制一罐混凝土所需要的时间和每罐的出料体积，其计算式(6-5)：

$$Q=3600\times\left(\frac{V}{t_1+t_2+t_3}\right)\cdot K_1 \tag{6-5}$$

式中：Q——生产率，m^3/h；

V——搅拌机的额定出料容量，m^3；

t_1——每次上料时间，s。使用上料斗进料时，一般为 8～15s；通过漏斗或链斗提升机上料时，可取 15～26s；

t_2——每次搅拌时间，s。随混凝土坍落度和搅拌机容量大小而异，可根据实测确定，或参考表 6-9；

t_3——每次出料时间，s。倾翻出料时间一般为 10～15s；非倾翻出料时间约为 40～50s；

K_1——时间利用系数，根据施工组织而定，一般为 0.9。

表 6-9 拌和物在自落式搅拌机中延续的最短时间

出料容量/m³	坍落度≤60mm	坍落度＞60mm
≤0.25	60s	45s
0.75	120s	90s
1.50	150s	120s

七、混凝土搅拌机的安全操作要点

(1)作业区应排水通畅，并应设置沉淀池及防尘设施。

(2)操作人员视线应良好。操作台应铺设绝缘垫板。

(3)作业前应重点检查下列项目,并应符合相应要求：

1)料斗上、下限位装置应灵敏有效,保险销、保险链应齐全完好,钢丝绳报废应按现行国家标准《起重机钢丝绳保养、维护、安装、检验和报废》GB/T 5972 的规定执行；

2)制动器、离合器应灵敏可靠；

3)各传动机构、工作装置应正常,开式齿轮、皮带轮等传动装置的安全防护罩应齐全可靠,齿轮箱、液压油箱内的油质和油量应符合要求；

4)搅拌筒与托轮接触应良好,不得窜动、跑偏；

5)搅拌筒内叶片应紧固,不得松动,叶片与衬板间隙应符合说明书规定；

6)搅拌机开关箱应设置在距搅拌机 5m 的范围内。

(4)作业前应进行空载运转,确认搅拌筒或叶片运转方向正确。反转出料的搅拌机应进行正、反转运转。空载运转时,不得有冲击现象和异常声响。

(5)供水系统的仪表计量应准确,水泵、管道等部件应连接可靠,不得有泄漏。

(6)搅拌机不宜带载启动,在达到正常转速后上料,上料量及上料程序应符合使用说明书的规定。

(7)料斗提升时,人员严禁在料斗下停留或通过;当需在料斗下方进行清理或检修时,应将料斗提升至上止点,并必须用保险销锁牢或用保险链挂牢。

(8)搅拌机运转时,不得进行维修、清理工作。当作业人员需进入搅拌筒内作业时,应先切断电源,锁好开关箱,悬挂"禁止合闸"的警示牌,并应派专人监护。

(9)作业完毕,宜将料斗降到最低位置,并应切断电源。

八、混凝土搅拌机的维护与保养

1. 日常保养

(1)每次作业后,清洗搅拌筒内外积灰。搅拌筒内拌合料不接触部分,清洗完毕后涂上一层机油,便于下次清洗。

(2)移动式搅拌机的轮胎气压应保持在规定值。轮胎螺栓应旋紧。

(3)料斗钢丝绳如有松散现象,应排列整齐并收紧钢丝绳。

(4)用气压装置的搅拌机厂作业后应将贮气筒及分路盒内积水放出。

(5)按润滑部位及周期表进行润滑作业。

2. 定期保养(周期 500h)

(1)调整三角带松紧度,检查并紧固钢板卡子、螺栓。

(2)料斗提升钢丝绳磨损超过规定时,应予更换;如尚能使用,应进行除尘润滑。

(3)内燃搅拌机的内燃机部分应按内燃机保养有关规定执行;电动搅拌机应清除电器的积尘,并进行必要的调整。

第二节 混凝土搅拌站(楼)

混凝土搅拌站(楼)是用来集中搅拌混凝土的联合装置,又称混凝土预制厂。它生产的混凝土用车辆运送到施工现场,以代替施工现场的单机分散搅拌。

搅拌站与搅拌楼的区别是:搅拌站生产能力小,结构容易拆装,能组成集装箱转移地点,适用于施工现场;搅拌楼体积大,生产率高,只能作为固定式的搅拌装置,适用于产量大的商品混凝土供应。

一、混凝土搅拌站(楼)的分类与特点

混凝土搅拌站(楼)的分类与特点见表6-10。

表6-10 混凝土搅拌站(楼)分类与特点

区分	类别	说明	特点
按作业型式不同区分	周期式	周期式搅拌站(楼)的进料、出料都按一定周期循环进行	按周期循环作业,能保证质量,但生产效率低,适用于一般建筑工程
	连续式	连续式搅拌站(楼)的进料、出料为连续进行	连续作业提高生产率,但混凝土搅拌不均匀,适用于需要大的水利工程
按工艺布置型式不同区分	单阶式(一阶式)	将砂、石、水泥等物料一次提升到楼顶料仓,靠物料自重下落,按生产流程经称量、配料、搅拌、直至拌成混凝土出料、装车	单阶式工艺流程合理,搅拌生产率高,占地面积小,易于实行自动化,但要求厂房高,因而投资较大,一般为搅拌楼所采用
	双阶式(二阶式)	集料的贮料仓同搅拌设备大体上是在同一水平上,集料经提升到贮料仓,在料仓下进行累计称量和分别称量,然后再用提升斗或皮带输送机送到搅拌机内进行搅拌	双阶式搅拌的组合材料须经二次提升,效率较低,自动化程度也低。但整机高度降低,装拆方便,减少厂房投资,一般为搅拌站所采用

二、混凝土搅拌站(楼)的选择

1. 搅拌站(楼)设置的选择

(1)如果工程量大,浇筑也较集中,可就近设置搅拌站,采用直接搅拌灌注的方式,有利于保证质量和降低成本。

(2)如果总的工程量不小,但浇筑点分散,可采用总站和分站相结合的办法,或采用总站下设运输线至各浇筑点的办法,但应考虑混凝土的运送时间。

(3)搅拌站的位置应选择靠近交通道路和采料场,以保证物料的运输和供应,并能满足供电、供水的要求。

2. 搅拌站(楼)主机的选择

搅拌主机的选择,决定了搅拌站(楼)的生产率。常用的主机有锥形反转出料式、立轴涡浆式和双卧轴强制式等3种型式,搅拌主机的规格可按搅拌站(楼)的生产率选用,其搅拌性能与效用见表6-11,可供选用参考。

表6-11 三种搅拌机性能和效用比较表

性能和效用名称	搅拌机型式		
	锥形反转出料式(JZ)	立轴涡浆式(JW)	双卧轴强制式(JS)
适用坍落度范围	15～25cm	4～15cm	10～25cm
适用最大集料	8cm	5cm	8cm
进料时间	中	中	快
搅拌时间	最长	最短	较短
搅拌筒或叶片转速	慢	最快	中
所需功率	小	大	中
材料损耗	最少	最大	中
搅拌效果	较差	最好	好
保养维修	简单	中	较繁
生产速度	慢	快	最快
耗用水泥	较多	最少	中
混凝土塑性	较差	最佳	中
对环境污染	大	小	小
价格	低	高	高

3. 混凝土运输设备的选择

混凝土运输设备必须根据施工地点的地形和距离进行选择。各种运输设备的适用范围,可参考表6-12。

表 6-12 混凝土运输设备的特点及适用范围

运输设备	主要特点	适用范围
滑槽	结构简单、经济	结构物比搅拌机出料口低
起重机	机动性好,并有多种用途	结构物在搅拌站附近,并比搅拌机出料口高 10m 以内
提升机	不便移动,高度可达 60m,占地面积小	结构物在搅拌站附近,并比搅拌机出料口高 10m 以上
皮带输送机	运量大,运输连续,但易发生离析现象	结构物与搅拌机出料口的高低差,一般皮带输送机的安装倾角为 20°以下
混凝土泵	可连续运输,结构物工作面可以很小	混凝土给料粒度必须符合混凝土泵性能
轨道斗车	需铺设轨道,上坡可用卷扬机牵引	运量大、运距长,人力推车一般在 500m 以内,机车牵引可达 1500m 以上
自卸汽车	机动性好,如途中颠簸,混凝土容易发生分层现象	运量大,运距在 2～2.5km 以上
架空索道	需要架设索道设施	跨越山沟或河流运输
人力推车	劳动强度大,效率低	运量小,运距在 70m 以内
混凝土搅拌运输车	在运输过程中能连续缓慢搅拌,防止混凝土产生分层离析现象,从而保证混凝土质量	适合于混凝土远距离运输

三、混凝土搅拌站(楼)的安全操作要点

(1)混凝土搅拌站的安装,应由专业人员按出厂说明书规定进行,并应在技术人员主持下,组织调试,在各项技术性能指标全部符合规定并经验收合格后,方可投产使用。

(2)作业前检查项目应符合下列要求：

1)搅拌筒内和各配套机构的传动、运动部位及仓门、斗门、轨道等均无异物卡住;

2)各润滑油箱的油面高度符合规定;

3)打开阀门排放气路系统中气水分离器的过多积水,打开贮气筒排污螺塞放出油水混合物;

4)提升斗或拉铲的钢丝绳安装、卷筒缠绕均正确,钢丝绳及滑轮符合规定,提升料斗及拉铲的制动器灵敏有效;

5)各部螺栓已紧固,各进、排料阀门无超限磨损,各输送带的张紧度适当,不跑偏;

6)称量装置的所有控制和显示部分工作正常,其精度符合规定;

7)各电气装置能有效控制机械动作,各接触点和动、静触头无明显损伤。

(3)应按搅拌站的技术性能准备合格的砂、石集料,粒径超出许可范围的不得使用。

(4)机组各部分应逐步启动。启动后,各部件运转情况和各仪表指示情况应正常,油、气、水的压力应符合要求,方可开始作业。

(5)作业过程中,在贮料区内和提升斗下,严禁人员进入。

(6)搅拌筒启动前应盖好仓盖。机械运转中,严禁将手、脚伸入料斗或搅拌筒探摸。

(7)当拉铲被障碍物卡死时,不得强行起拉,不得用拉铲起吊重物,在拉料过程中,不得进行回转操作。

(8)搅拌机满载搅拌时不得停机,当发生故障或停电时,应立即切断电源,锁好开关箱,将搅拌筒内的混凝土清除干净,然后排除故障或等待电源恢复。

(9)搅拌站各机械不得超载作业,应检查电动机的运转情况,当发现运转声音异常或温升过高时,应立即停机检查;电压过低时不得强制运行。

(10)搅拌机停机前,应先卸载,然后按顺序关闭各部开关和管路。应将螺旋管内的水泥全部输送出来,管内不得残留任何物料。

(11)作业后,应清理搅拌筒、出料门及出料斗,并用水冲洗,同时冲洗附加剂及其供给系统。称量系统的刀座、刀口应清洗干净,并应确保称量精度。

(12)冰冻季节,应放尽水泵、附加剂泵、水箱及附加剂箱内的存水,并应启动水泵和附加剂泵运转 1～2min。

(13)当搅拌站转移或停用时,应将水箱、附加剂箱、水泥、砂、石贮存料斗及称量斗内的物料排净,并清洗干净。转移中,应将杆杠秤表头平衡砣秤杆固定,传感器应卸载。

四、混凝土搅拌站(楼)的保养与维护

1. 日常维护(作业前、作业中进行)

(1)各润滑油箱的油面应符合规定,不足时添加,变质时更换。

(2)气路系统中气水分离器积水情况,积水过多时应打开阀门排放;打开贮气筒排污塞,放出油水混合物。

(3)各部螺栓应紧固,各进、排料阀门应无超限磨损,各输送带张紧度适当,不跑偏。

(4)称量装置的所有控制和显示部分工作正常有效,其精度应符合规定。

(5)各电气装置均能有效控制机械动作;各接触点和动、静点无过度损伤。

2. 定期维护(每月或200工作小时后进行)

(1)各润滑点(如出料门轴、各贮料斗和称量斗门轴、带式输送机托轮、压轮、张紧轮、轴承和传动链条、螺旋输送机高部轴承,以及铲臂固定座润滑点等)必须按润滑周期要求进行润滑。

(2)检查搅拌叶片、内外刮板和铲臂保护环等磨损情况,必要时调整间隙或更换;叶片和底衬板的间隙一般应保持2.5mm。

(3)检查出料门密封情况,如有漏浆,应松开调节螺栓将密封胶条下移到合适位置,然后拧紧调节螺栓。

(4)检查电气系统各接触点和中间继电器的静、动触头,如有损伤或烧坏,应及时修复或换新。

(5)检查全机各机构的连接件并进行紧固,缺损者补齐。

(6)清除全机外表积污,并用清水冲洗干净。

第三节　混凝土搅拌输送车

混凝土搅拌输送车是运输混凝土的专用车辆,由于它在运输过程中,装载混凝土的拌筒能作慢速旋转,有效地使混凝土受到搅动,防止产生分层离析现象,因而能保证混凝土的输送质量。

一、混凝土搅拌运输车的用途和分类

1. 用途

根据运距和材料供应情况的不同,搅拌运输车有以下几种用途。

(1)湿料输送:从预拌工厂的搅拌机出料口下,运输车搅拌筒以进料速度运转。在运输途中,搅拌筒旋转使混凝土不断地慢速搅动。到达施工现场后,搅拌筒卸出混凝土。

(2)半干料输送:对尚未配足水的混凝土进行搅拌输送。

(3)干料输送:把经过称量后的砂、石子和水泥等干料装入搅拌筒内,在输送车到达现场前加水进行搅拌。搅拌完成后再反转出料。

(4)搅拌混凝土:如配料站无搅拌机,可将输送车作搅拌机用,把经过称量的各种集料按一定的加料顺序加入搅拌筒,搅拌后再送至施工现场。

2. 分类

搅拌输送车的搅拌筒驱动装置有机械式和液压式两种,当前已普遍采用液压式。根据发动机的动力引出形式的不同,又可分为飞轮取力、前端取力,以及

搅拌装置设专用机的单独驱动等形式。

按搅拌容量大小可分为小型(搅拌容量为 $3m^3$ 以下)、中型(搅拌容量为 3～$8m^3$)和大型(搅拌容量为 $8m^3$ 以上)。中型车较为通用,特别是容量为 $6m^3$ 的最为常用。

二、混凝土搅拌运输车的构造

混凝土搅拌运输车由载重汽车、水箱、搅拌筒、装料斗、传动系统和卸料机构等组成,如图 6-6 所示。

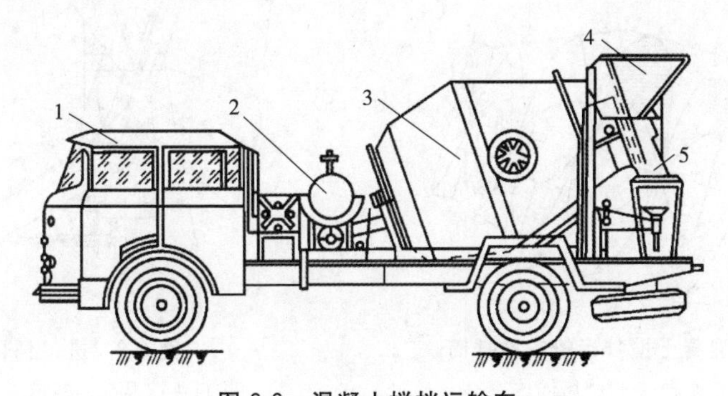

图 6-6　混凝土搅拌运输车

1-载重汽车;2-水箱;3-搅拌筒;4-装料斗;5-卸料机构

1. 搅拌筒和驱动装置

混凝土搅拌运输车搅拌筒旋转的动力源有两种形式:一种是搅拌筒旋转和汽车底盘共用一台发动机,即集中驱动;另一种是搅拌筒旋转单独设置一台发动机,即单独驱动。单独驱动的优点:搅拌筒工作状态不受汽车底盘负荷的影响,更能保证混凝土输送质量,同时底盘行驶性能也不受搅拌机的影响,有利于充分发挥底盘的牵引力。目前,较大容量的混凝土搅拌运输车均采用单独驱动。

混凝土搅拌运输车搅拌筒传动形式有机械传动和液压机械传动两种。由于液压机械传动具有结构紧凑、操作方便、噪声小、平稳且能实现无级调速,所以大多采用液压机械传动形式。典型的液压机械传动形式有:

(1)变量泵—液压马达—减速器—链传动—搅拌筒;

(2)变量泵—液压马达—减速器—搅拌筒。

混凝土搅拌运输车的搅拌筒为固定倾角斜置的反转出料梨形结构,安装在机架的滚轮及轴承座上,与水平方向的倾角为 18°～20°,其构造如图 6-7 所示。

在搅拌筒内壁焊有两条相隔 180°的从筒口到筒底的连续的带状螺旋叶片,在筒口部位沿两条螺旋叶片的内边缘焊接一段进料导管。当搅拌筒正转时,混凝土拌和物或原材料沿进料导管内侧进料,沿切向被叶片带起并靠自重落下,沿轴向移动进入搅拌筒进行拌和,当搅拌筒反转时,已拌好的混凝土,则沿着螺旋叶片,从进料导管外侧被推向筒口。

混凝土搅拌运输车的进、出料装置如图 6-8 所示。进料斗在搅拌筒口上方,下斗口插入搅拌筒的进料导管内,物料经进料斗在其自重和转动的搅拌筒螺旋叶片作用下快速进入筒内。进料斗的上部与机架铰接,可以绕铰接轴向上翻转,便于对搅拌筒进行清洗和维护。

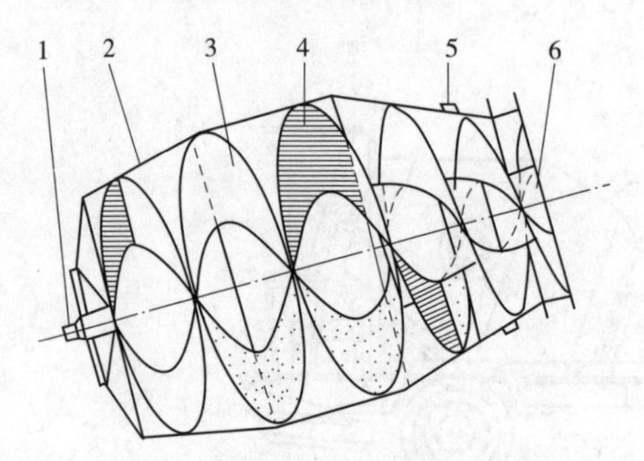

图 6-7 混凝土搅拌运输车搅拌筒

1-中心轴;2-搅拌筒体;
3、4-螺旋叶片;5-环形滚道;
6-进料导管

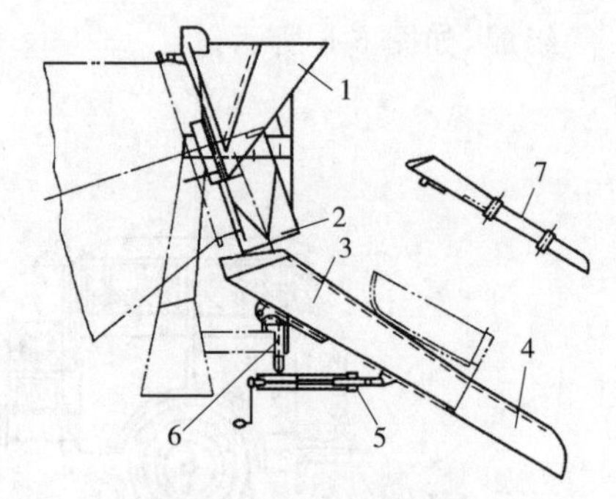

图 6-8 进、出料装置

1-进料斗;2-固定出料槽;3-活动出料槽;
4-接长卸料溜槽;5-伸缩机构;
6-摆动机构;7-中间加长溜槽

卸料机构由固定出料槽和活动出料槽、摆动机构和伸缩机构等组成。固定出料槽位于搅拌筒口的两侧下方,活动出料槽中间加长溜槽和接长卸料槽,由销轴相互连接,并起导向作用。通过摆动机构可使活动溜槽部分在水平面内摆动,又借助伸缩机构使活动溜槽在垂直面内作一定角度俯仰。从搅拌筒口卸出的混凝土拌合物,从固定出料槽和活动出料槽及中间加长溜槽和接长卸料溜槽卸出。

当前,混凝土搅拌运输车已推出了带有振动子的新一代产品,其上车部分如图 6-9 所示。带振动子的搅拌运输车与一般自落式搅拌运输车相比,其优点:搅拌作用强烈,可避免强制式搅拌机或多或少地引起集料细化(集料细化使集料总表面积增加,要求更多的水泥)的缺点,这种搅拌运输车用高压喷嘴把水直接喷射到拌合物中,能更快更有效地生产优质混凝土。由于有振动装置,使卸料迅速干净,只需很少的清洗水,并可回收使用搅拌用水,减少能耗和叶片的磨损。

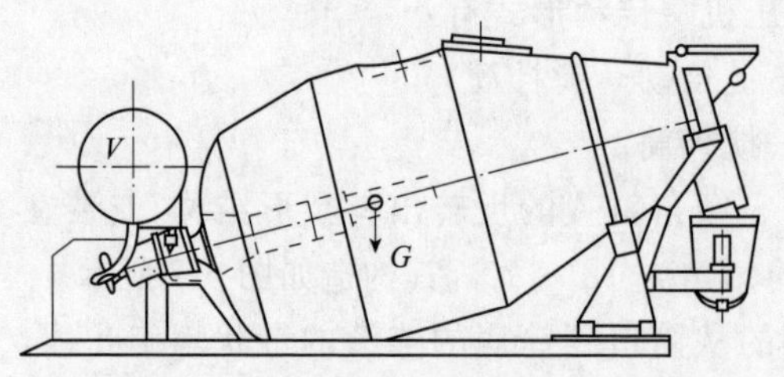

图 6-9 带有振动子的搅拌运输车上车部分

带有振动子的混凝土搅拌运输车能有效地拌和钢纤维混凝土、泡沫混凝土和轻集料混凝土等。

2. 搅拌运输车的供水系统

搅拌运输车的供水系统主要用于清洗搅拌装置,不可缺少。搅拌混凝土用水一般由搅拌站供应。如果进行干料注水搅拌运输或在一些特殊地区需要车载搅拌用水,则在搅拌车设计时即应予以考虑。一般不能随便增大水箱容积以免汽车底盘超载。

搅拌运输车的供水系统,一般由水泵、水泵驱动装置(有机械驱动的、电动机驱动的,也有液压驱动的)、水箱和量水器等组成,与一般搅拌机供水系统相仿。近年来,对一些中小容量的搅拌运输车,为简化供水系统的机构,节省动力,减轻上车重量,省去水泵及其一套驱动装置,采用了气压供水方式。在这个供水系统中只设置一个能承受一定空气压力的密封水箱量水器和有关控制水阀。工作时,利用汽车的压缩空气经减压通入水箱而将水箱储水从管道压出供清洗或搅拌混凝土使用。

图 6-10 是这种供水系统的原理,它由密封压力水箱、闸阀、水表(量水器)和三通阀等组成。压力水箱下部接出水管,并通过阀门分别与水源或工作部分相通。水箱盖上装有排气阀和安全阀,备进水排气和超压保护用。另外还接有压缩空气进气管,压缩空气引自汽车的储气罐,经减压阀和控制阀供水箱排水。工作前先向水箱加满用水,工作时与水箱接通压缩空气,按需要调整三通阀,水即沿管路和阀门被送到冲洗管或搅拌筒中。

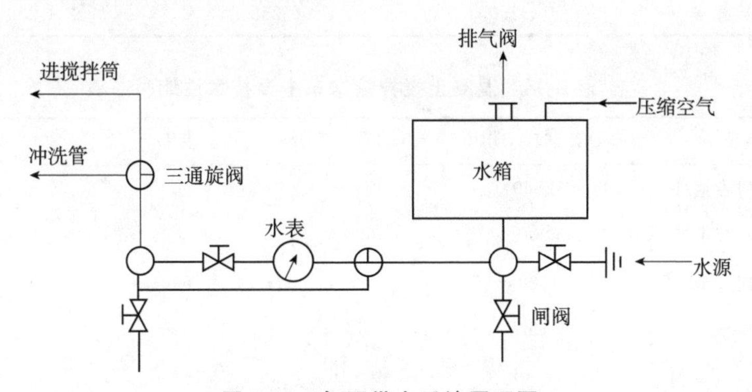

图 6-10 气压供水系统原理图

三、混凝土搅拌运输车的技术性能

当前,混凝土搅拌输送车生产厂和机型迅速增多,现选择产量较多的机型为例,其主要技术性能见表 6-13 及表 6-14。

表 6-13 新宇建机系列混凝土搅拌输送车主要技术性能

型号	6m³ 三菱 FV415JMCLDUA	7m³ 斯太尔 1491H280/B32	8m² 斯太尔 1491H310/B38
发动机	8DC9-2A	WD615.67	WD615.67
发动机额定功率	300PS/r/min (220kW/r/min)	280PS/r/min (260kW/r/min)	310PS/2400r/min (228kW/2400r/min)
输送车外形尺寸/mm	7190×2490×3790	8413×2490×3768	9317×2490×3797
空车质量/kg	10280	11960	12070
重车总质量/kg	25130	29140	31090
搅拌筒容量/m³	8.9	10.2	13.6
搅拌容量/m³	5	6	7
搅动容量/m³	6	7	8
搅拌筒进料/(r/min)	1～17	1～17	1～17
搅拌筒搅拌/(r/min)	8～12	8～12	8～12
搅拌筒搅动/(r/min)	1～5	1～5	1～5
搅拌筒出料/(r/min)	1～17	1～17	1～17
液压泵	PV22	PV22	PV22
液压马达	MF22	MF22	MF22
液压油箱容量/L	80	80	80
水箱容量/L	250	250	250

表 6-14 混凝土搅拌输送车主要技术性能

型号		SDX5265GJBJC6	JGX5270GJB	JCD6	JCD7
拌筒几何容量/L		12660	9500	9050	11800
最大搅动容量/L		6000	6090	6090	7000
最大搅拌容量/L		4500	—	5000	—
拌筒倾卸角/(°)		13	16	16	15
拌筒转速/(r/min)	装料	0～16	0～16	1～8	6～10
	搅拌	—	—	8～12	1～3
	搅动	—	—	1～4	—
	卸料	—	—	—	8～14
供水系统	供水方式	水泵式	压力水箱式	压力水箱式	气送或电泵送
	水箱容量/L	250	250	250	800

（续）

型号		SDX5265GJBJC6	JGX5270GJB	JCD6	JCD7
搅拌驱动方式		液压驱动	液压驱动	F4L912 柴油机驱动	液压驱动前端取力
底盘型号		尼桑 NISSAN CWA45HWL	T815P 13208	T815P 13208	FV413
底盘发动机功率/kW		250	—	—	—
外形尺寸/m	长	7550	8570	8570	8220
	宽	2495	2500	2500	2500
	高	3695	3630	3630	3650
质量/kg	空车	12300	11655	12775	—
	重车	26000	26544	27640	—

四、混凝土搅拌运输车的安全操作要点

(1)液压系统和气动装置的安全阀、溢流阀的调整压力应符合使用说明书的要求。卸料槽锁扣及搅拌筒的安全锁定装置应齐全完好。

(2)燃油、润滑油、液压油、制动液及冷却液应添加充足，质量应符合要求，不得有渗漏。

(3)搅拌筒及机架缓冲件应无裂纹或损伤，筒体与托轮应接触良好。搅拌叶片、进料斗、主辅卸料槽不得有严重磨损和变形。

(4)装料前应先启动内燃机空载运转，并低速旋转搅拌筒 3～5min，当各仪表指示正常、制动气压达到规定值时，并检查确认后装料。装载量不得超过规定值。

(5)行驶前，应确认操作手柄处于“搅动”位置并锁定，卸料槽锁扣应扣牢。搅拌行驶时最高速度不得大于 50km/h。

(6)出料作业时，应将搅拌运输车停靠在地势平坦处，应与基坑及输电线路保持安全距离，并应锁定制动系统。

(7)进入搅拌筒维修、清理混凝土前，应将发动机熄火，操作杆置于空挡，将发动机钥匙取出，并应设专人监护，悬挂安全警示牌。

五、混凝土搅拌输送车的维护与保养

1. 检查

(1)搅拌车发动前，必须进行全面检查，确保各部件正常，连接牢固，操作灵活。

(2)对销、点、支承轴润滑部位应按周期进行润滑，并保持加油处清洁。对液压泵、电动机、阀门等液压和气压原件，应按产品说明书要求进行保养。

(3)及时检查并排除液压、气压、电气等系统管路的漏损及断电等现象。

(4)定期检查搅拌叶片的磨损情况并及时修补。经常检查各减速器是否有异响和漏油现象并排除。对机械进行清洗、维修以及换油时,必须将发动机熄火停止运转。

2. **清洁**

(1)每装运一次混凝土,当装料完毕,在装料现场冲洗搅拌筒外壁及进料斗;卸料完毕,在卸料现场冲洗搅拌筒口及卸料槽,并加水清洗搅拌筒内部。

(2)下班前,要清洗搅拌筒和车身,以防混凝土凝结在筒壁和叶片及车身上。露天停放时,要盖好有关部位,以防生锈、失灵。汽车部分按汽车说明书进行维护保养。

3. **润滑**

应严格按照表6-15的润滑部位及周期进行润滑作业,并保持加油处清洁。

表6-15 搅拌输送车搅拌装置润滑部位及周期

润滑周期	润滑部位	滑润剂	润滑周期	润滑部位	润滑剂
每日	斜槽销	钙基脂 ZG-1	每周	斜槽销支承轴	钙基脂 ZG-1
	加长斗连接销			方向节十字轴	
	升降机构连接销		每月	托轮轴	
	操纵机构连接点			操纵软轴	
			每年	液压电动机减速器	齿轮油 HL-20

六、混凝土搅拌输送车的常见故障及排除方法

混凝土搅拌输送车的常见故障及排除方法见表6-16。

表6-16 混凝土搅拌输送车的常见故障及排除方法

故障	原因	排除方法
进料堵塞	进料搅拌不均匀,出现生料	堵塞后用工具捣通,同时加一些水
	进料速度过快	控制进料速度
搅拌筒不能转动	机械系统故障,局部卡死	检查,排除故障
	液压系统故障	检查,排除故障
	操纵系统失灵	检查,排除故障
搅拌筒反转不出料	料的含水量小、过干	加水搅拌
	叶片磨损严重	修复或更换叶片

（续）

故障	原因	排除方法
搅拌筒上下跳动	滚道和托轮磨损严重	修复或更换
	轴承座螺栓松动	拧紧螺栓
液压系统有噪声，油泵吸空，油生泡沫	吸水滤清器堵塞	更换滤清器
	进油管路渗漏	检查并排除渗漏
油温过高	空气滤清器堵塞	清洁或更换空滤器
	液压油粘度太大	更换液压油
压力不足，流量太小	油箱内油量少	添加液压油
	油脏，使液压泵磨损	清洗或更换
	滤清器失效	清洗或更换
液压系统漏油	元件磨损	修复或更换
	接头松动	拧紧管接头
操纵失灵	液压泵伺服阀磨损	修复或更换
	轮轴接头松动	重新拧紧
	操纵机构连接接头松动	重新拧紧

第四节　混凝土输送泵和混凝土泵车

混凝土泵是将混凝土沿管道连续输送到浇筑工作面的一种混凝土输送机械。混凝土泵车是将混凝土泵装置在汽车底盘上，并用液压折叠式臂架（又称布料杆）管道来输送混凝土。臂架具有变幅、曲折和回转三个动作，在其活动范围内可任意改变混凝土浇筑位置，在有效幅度内进行水平与垂直方向的混凝土输送，从而降低劳动强度，提高生产率，并能保证混凝土质量。

一、混凝土泵的分类

混凝土泵按移动方式分为固定式、拖式、汽车式、臂架式等。按构造和工作原理分为活塞式、挤压式和风动式，其中活塞式混凝土泵又因传动方式不同而分为机械式和液压式两类，其具体分类如图 6-11 所示。

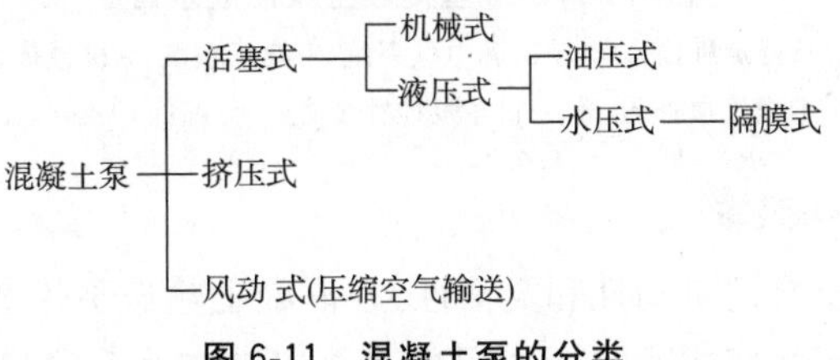

图 6-11　混凝土泵的分类

二、混凝土泵的构造组成

1. 液压活塞式混凝土泵

液压活塞式混凝土泵目前定型生产的有 HB8、HB15、HB30、HB60 等型号，分单缸和双缸两种。图 6-12 为 HB8 型液压活塞式混凝土泵，由电动机、料斗、输出管、球阀、机架、泵缸、空气压缩机、油缸、行走轮等组成。

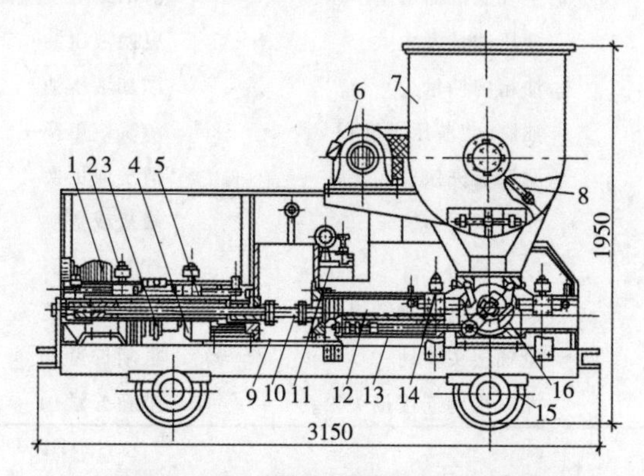

图 6-12 HB8 型液压活塞式混凝土泵

1-空气压缩机；2-主油缸行程阀；3-空压机离合器；4-主电动机；5-主油缸；6-电动机；7-料斗；8-叶片；9-水箱；10-中间接杆；11-操纵阀；12-混凝土泵缸；13-球阀油缸；14-球阀行程阀；15-车轮；16-球阀

图 6-13 是 HB30 型混凝土泵的示意图，该型号属于中小排量、中等运距的双缸液压活塞式混凝土泵。它还有 HB30A 和 HB30B 两种改进型号，其主要区别在于液压系统。液压活塞式混凝土泵的工作原理如图 6-14 所示，其是通过液压缸的压力活塞杆推动混凝土缸中的工作活塞来进行压送混凝土的。

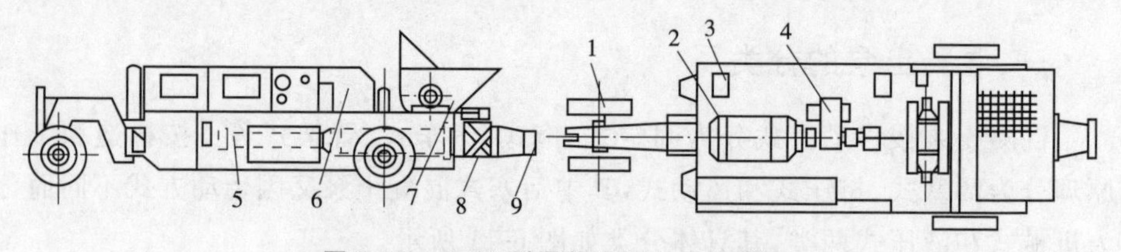

图 6-13 HB30 型混凝土泵总成示意图

1-机架及行走机构；2-电动机和电气系统；3-液压系统；4-机械传动系统；5-推送机械；6-机罩；7-料斗及搅拌装置；8-分配阀；9-输送管道

2. 混凝土输送泵车

为提高混凝土泵的机动性和灵活性，在混凝土输送泵的基础上，发展成输送泵车。它是将液压活塞式或挤压式混凝土泵安装在汽车底盘上，并用液压折叠

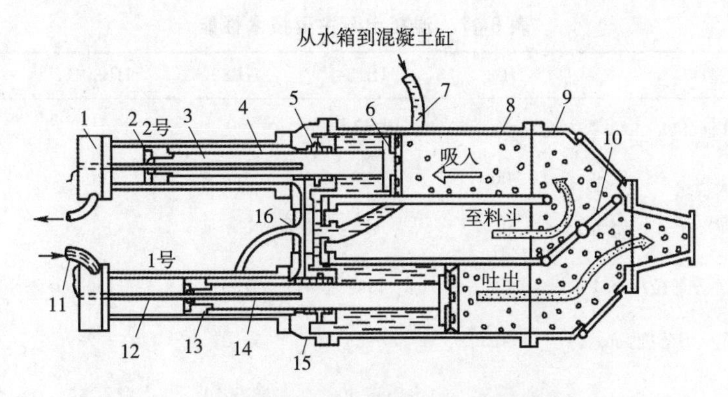

图 6-14　液压活塞式混凝土泵工作原理图

1-液压缸盖；2-液压缸；3-活塞杆；4-闭合油路；5-V形密封圈；6-活塞；7-水管；8-混凝土缸；9-阀箱；10-板阀；11-油管；12-铜管；13-液压缸活塞；14-干簧管；15-缸体接头；16-双缸连接缸体

式臂架管道来输送混凝土，从而构成一种汽车式混凝土输送泵，其外形如图 6-15 所示。在车架的前部设有转台，其上装有三段式可折叠的液压臂架，它在工作时可进行变幅、曲折和回转三个动作。

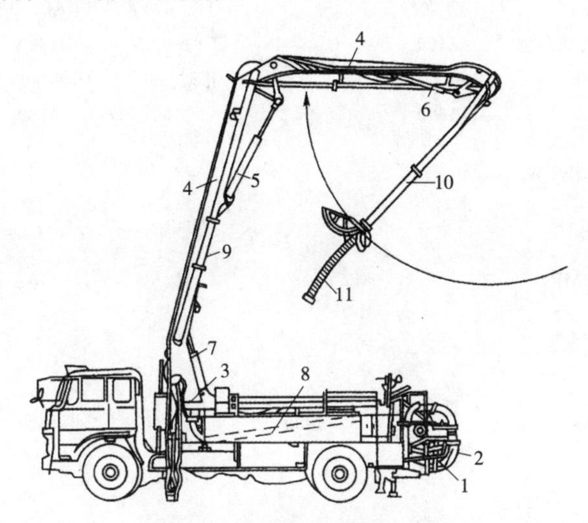

图 6-15　混凝土输送泵车外形

1-混凝土泵；2-输送泵；3-布料杆回转支承装置；4-布料杆臂架；5、6、7-控制布料杆摆动的油缸；8、9、10-输送管；11-橡胶软管

三、混凝土泵的技术性能

(1)混凝土泵主要性能指标见表 6-17。

表 6-17　混凝土泵主要技术性能

型号			HB8	HB15	HB30	HB30B	HB60
性能	排量/(m^3/h)		8	10～15	30	15～30	30～60
	最大输送距离/m	水平	200	250	350	420	390
		垂直	30	35	60	70	65
	输送管直径/mm		150	150	150	150	150
	混凝土坍落度/cm		5～23	5～23	5～23	5～23	5～23
	集料最大粒径/mm		卵石 50 卵石 40	卵石 50 卵石 40	卵石 50 卵石 40	卵石 50 卵石 40	卵石 50 卵石 40
	输送管情况方式		气洗	气洗	气洗	气洗	气洗
	混凝土缸数		1	2	2	2	2
	混凝土缸直径×行程/mm		150×600	150×1000	220×825	220×825	220×1000
	料斗容量×离地高度/(L×mm)		A 型 400×1460 B 型 400×1690	400×1500	Ⅰ型 300×1300 Ⅱ型 300×1160	Ⅰ型 300×1300 Ⅱ型 300×1160	Ⅰ型 300×1290 Ⅱ型 300×1185
	主电动机功率/kW		—	—	45	45	55
规格	主油泵型号		—	—	YB-B_{114}C	CBY$_{2040}$	CBY $\frac{3100}{3063}$
	额定压力/MPa		—	—	10.5	16	20
	排量/(L/min)		—	—	169.6	119	243
	总重/kg		A 型 2960 B 型 3260	4800	Ⅰ型 4500 Ⅱ型	4500	Ⅰ型 5900 Ⅱ型 5810 Ⅲ型 5500
	外形尺寸/mm (长×宽×高)		A 型 3134×1590×1620 B 型 3134×1590×1850	4458×2000×1718	Ⅰ型 4580×1830×1300 Ⅱ型 3620×1360×1160		Ⅰ型 4980×1840×1420 Ⅱ型 4075×1360×1315 Ⅲ型 4075×1360×1240

(2)混凝土泵车主要技术性能见表6-18。

表6-18　臂架式混凝土泵车主要技术性能

型号			B-HB20	IPF85B		HBQ60
性能	排量/(m^3/h)		20	10～85		15～70
	最大输送距离/m	水平	270 (管径150)	310～750 (因管径而异)		340～500 (因管径而异)
		垂直	50 (管径150)	80～125 (因管径而异)		65～90 (因管径而异)
	容许集料的最大尺寸/mm		40(碎石) 50(卵石)	25～50 (因管径和集料种类而异)		25～50 (因管径和集料种类而异)
	混凝土坍落度适应范围/cm		5～23	5～23		5～23
泵体规格	混凝土缸数		2	2		2
	缸径×行程/mm		180×1000	195×1400		180×1500
	清洗方式		气、水	水		气、水
汽车底盘	型号		黄河JN150	IPF85B-2 ISUZU CVR144	IPF85B ISUZCK —SJR461	罗曼R10,215F
	发动机最大功率[马力(r/min)]		160/1800	188/2300	188/2300	215/2200
臂架	最大水平长度/m		17.96	17.40		17.70
	最大垂直高度/m		21.20	20.70		21.00
总重/kg			约15000	14740	15330	约15500
外形尺寸/mm(长×宽×高)			9490×2470×3445	9030×2490×3270	9000×2495×3280	8940×2500×3340

型号			DC-S115B	NCP9FB		PTF75B
性能	排量/(m^3/h)		70	大排量时 15～90	高压时 10～45	10～75
	最大输送距离/m	水平	270～530 (因管径而异)	470～1720 (因管径、压力而异)		250～600 (因管径而异)
		垂直	70～110 (因管径而异)	90～200 (因管径、压力而异)		50～95 (因管径而异)
	容许集料的最大尺寸/mm		25～50 (因管径和集料种类而异)	25～50 (因管径和集料种类而异)		25～50 (因管径和集料种类而异)
	混凝土坍落度适应范围/cm		5～23	5～23		5～23

（续）

	型号	DC-S115B	NCP9FB	PTF75B	
泵体规格	混凝土缸数	2	2	2	
	缸径×行程/mm	180×1500	190×1570	195×1400	
	清洗方式	气、水	气、水	气、水	
汽车底盘	型号	三菱 EP117J 型 8t 车	日产 K—CK20L	ISUZU SLR450	日野 KB721
	发动机最大功率［马力(r/min)］	215/2500	185/2300	195/2300	190/2350
臂架	最大水平长度/m	17.70	18.10	17.40	
	最大垂直高度/m	21.20	20.60	20.70	
	总重/kg	15350	约 16000	15430	15290
	外形尺寸/mm（长×宽×高）	8840×2475×3.400	9135×2490×3365	8900×2490×3490	

四、混凝土泵及泵车生产计算

混凝土泵的生产率按式(6-6)计算：

$$Q=60FSnaK \tag{6-6}$$

式中：Q——生产率，m^3/h；

F——活塞断面积，m^2；

S——活塞行程，m；

n——活塞每分钟循环次数，次/min；

a——混凝土泵缸体数；

K——容积效率，一般为 0.6～0.9。

混凝土泵的输送能力，直接受输送管道阻力的影响，并分别用最大水平输送距离和最大垂直输送高度来表示，但两项不能同时达到最大值。在实用上往往根据管道布置，按照阻力系数，统一折算成水平输送距离，其值不得大于混凝土泵的最大水平输送距离。

水平输送折算距离按式(6-7)计算：

$$L=L_1+L_2+L_3+L_4+L_5=K_1 l_c+K_2 H+K_3 l_n+K_4 n_c+K_5 n_w \tag{6-7}$$

式中：L——水平输送折算距离，m；

L_1——水平钢管折算长度，m；

L_2——垂直钢管折算长度，m；

L_3——胶皮软管折算长度，m；

L_4——锥管接头折算长度，m；

L_5——弯头折算长度，m；

K_1——水平钢管折算系数，表 6-19 所示；

K_2——垂直钢管折算系数，表 6-20 所示；

K_3——胶皮软管折算系数，表 6-20 所示；

K_4——锥管折算系数，表 6-21 所示；

K_5——弯头折算系数，表 6-21 所示；

l_c——水平钢管累计长度，m；

H——垂直钢管累计长度，m；

l_n——胶皮软管长度，m；

n_c——锥管个数；

n_w——弯头个数。

表 6-19　水平钢管折算系数 K_1

混凝土坍落度/cm	23～18	17～14	13～9	8～5
水平钢管折算系数 K_1	1	1.3	1.7	2

表 6-20　垂直钢管和胶皮软管折算系数 K_2 及 K_3

混凝土坍落度/cm		23～18	18～12	12～8	8～5
垂直钢管 K_2	4″	4	5	8	10
	5″	5	6	8	10
	6″	6	7	8	10
胶皮软管 K_3	4″～7m	20	30	40	50
	5″～7m	18	25	30	40
	6″～7m	15	20	25	30

表 6-21　锥管和弯头折算系数 K_4 及 K_5

混凝土坍落度/cm			23～18	18～12	12～8	8～5
锥管 K_4	4″泵	7″/6″～1.5m	5	10	15	20
		6″/5″～1.5m	10	20	30	40
		5″/4″～1.5m	20	30	50	70
		6″/4″～1.5m	40	60	—	—
	5″泵	7″/6″～1.5m	6	13	19	25
		6″/5″～1.5m	13	25	38	50
		5″/4″～1.5m	25	38	63	88
		6″/4″～1.5m	50	75	—	—
	6″泵	7″/6″～1.5m	8	15	23	30
		6″/5″～1.5m	15	30	45	60
		5″/4″～1.5m	30	45	75	105
		6″/4″～1.5m	60	90	—	—
弯头 K_5	90° R=0.5m	4″	8	16	24	32
		5″	7	13	20	27
		6″	5	11	16	21
	90° R=1m	4″	6	12	18	24
		5″	5	10	15	20
		6″	4	8	12	16
	45° R=0.5m	4″	4	8	12	16
		5″	3.5	6.5	10	13.5
		6″	2.5	5.5	8	10.5
	45° R=1m	4″	3	6	9	12
		5″	2.5	5	7.5	10
		6″	2	4	6	8

五、混凝土泵及泵车的安全操作要点

1. 混凝土泵的安全操作要点

(1)混凝土泵应安放在平整、坚实的地面上，周围不得有障碍物，支腿应支设牢靠，机身应保持水平和稳定，轮胎应楔紧。

(2)混凝土输送管道的敷设应符合下列规定：

1)管道敷设前应检查并确认管壁的磨损量应符合使用说明书的要求，管道不得

有裂纹、砂眼等缺陷,新管或磨损量较小的管道应敷设在泵出口处;

2)管道应使用支架或与建筑结构固定牢固,泵出口处的管道底部应依据泵送高度、混凝土排量等设置独立的基础,并能承受相应荷载;

3)敷设垂直向上的管道时,垂直管不得直接与泵的输出口连接,应在泵与垂直管之间敷设长度不小于15m的水平管,并加装逆止阀;

4)敷设向下倾斜的管道时,应在泵与斜管之间敷设长度不小于5倍落差的水平管,当倾斜度大于7°时,应加装排气阀。

(3)作业前应检查并确认管道连接处管卡扣牢,不得泄漏。混凝土泵的安全防护装置应齐全可靠,各部位操纵开关、手柄等位置应正确,搅拌斗防护网应完好牢固。

(4)砂石粒径、水泥强度等级及配合比应符合出厂规定,并应满足混凝土泵的泵送要求。

(5)混凝土泵启动后,应空载运转,观察各仪表的指示值,检查泵和搅拌装置的运转情况,并确认一切正常后作业。泵送前应向料斗加入清水和水泥砂浆润滑泵及管道。

(6)混凝土泵在开始或停止泵送混凝土前,作业人员应与出料软管保持安全距离,作业人员不得在出料口下方停留。出料软管不得埋在混凝土中。

(7)泵送混凝土的排量、浇注顺序应符合混凝土浇筑施工方案的要求。施工荷载应控制在允许范围内。

(8)混凝土泵工作时,料斗中混凝土应保持在搅拌轴线以上,不应吸空或无料泵送。

(9)混凝土泵工作时,不得进行维修作业。

(10)混凝土泵作业中,应对泵送设备和管路进行观察,发现隐患应及时处理。对磨损超过规定的管子、卡箍、密封圈等应及时更换。

(11)混凝土泵作业后应将料斗和管道内的混凝土全部排出,并对泵、料斗、管道进行清洗。清洗作业应按说明书要求进行。不宜采用压缩空气进行清洗。

2. 混凝土泵车的安全操作要点

(1)混凝土泵车应停放在平整坚实的地方,与沟槽和基坑的安全距离应符合使用说明书的要求。臂架回转范围内不得有障碍物,与输电线路的安全距离应符合现行行业标准《施工现场临时用电安全技术规范》JGJ46的有关规定。

(2)混凝土泵车作业前,应将支腿打开,并应采用垫木垫平,车身的倾斜度不应大于3°。

(3)作业前应重点检查下列项目,并应符合相应要求:

1)安全装置应齐全有效,仪表应指示正常;

2)液压系统、工作机构应运转正常;

3)料斗网格应完好牢固;

4)软管安全链与臂架连接应牢固。

(4)伸展布料杆应按出厂说明书的顺序进行。布料杆在升离支架前不得回转。不得用布料杆起吊或拖拉物件。

(5)当布料杆处于全伸状态时,不得移动车身。当需要移动车身时,应将上段布料杆折叠固定,移动速度不得超过10km/h。

(6)不得接长布料配管和布料软管。

第五节 混凝土振动器

一、混凝土振动器的作用及分类

1. 混凝土振动器的作用

用混凝土搅拌机拌和好的混凝土浇筑构件时,必须排除其中气泡后再进行捣固,使混凝土结合密实,消除混凝土的蜂窝麻面等现象,以提高其强度,保证混凝土构件的质量。混凝土振动器就是一种借助动力通过一定装置作为振源产生频繁的振动,并使这种振动传给混凝土,以振动捣实混凝土的设备。

2. 混凝土振动器的分类

混凝土振动器的种类繁多,按传递振动的方式分为内部振动器、外部振动器和表面振动器3种;按振动器的动力来源分为电动式、内燃式和风动式3种,以电动式应用最广;按振动器的振动频率分为低频式、中频式和高频式3种;按振动器产生振动的原理分为偏心式和行星式两种。

二、混凝土内部振动器

1. 适用范围及分类

(1)适用范围。混凝土内部振动器适用于各种混凝土施工,对于塑性、平塑性、干硬性、半干硬性以及有钢筋或无钢筋的混凝土捣实均能适用。

(2)分类。混凝土内部振动器主要是用于梁、柱、钢筋加密区的混凝土振动设备,常用的内部振动器为电动软轴插入式振动器,其结构如图6-16所示。

2. 特点及原理

(1)电动软轴行星插入式振动器

1)特点。行星振动子是装在振动棒体内的滚锥在滚动,滚锥与滚道直径越接近,公转次数就越高,振动频率也相应提高。其主要特点是启动容易,生产率高,性能可靠,使用寿命长。

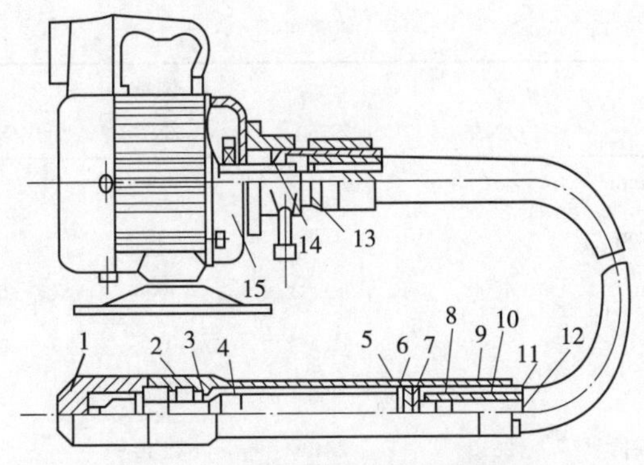

图 6-16 电动软轴插入式振动器结构

1-尖头；2-滚道；3-套管；4-滚锥；5-油封座；6-油封；7-大间隙轴承；8-软轴接头；9-软管接头；10-锥套；11-软管；12-软轴；13-连接头；14-防逆装置；15-电动机

2)原理。它是利用振动棒中一端空悬的转轴旋转时，其下垂端的圆锥部分沿棒壳内的圆锥面滚动，从而形成滚动体的行星运动，以驱动棒体产生圆周振动，其结构如图 6-17 所示。

(2)电动软轴偏心插入式振动器

1)特点。偏心振动子是装在振动棒体内的偏心轴旋转时产生的离心力造成振动，偏心轴的转速和振动频率相等。其主要特点是体积小，质量轻，转速高，不需防逆装置，结构简单。

2)原理。它是利用振动棒中心安装的具有偏心质量的转轴在高速旋转时产生的离心力通过轴承传递给振动棒壳体，从而使振动棒产生圆周振动的，其结构如图 6-18 所示。

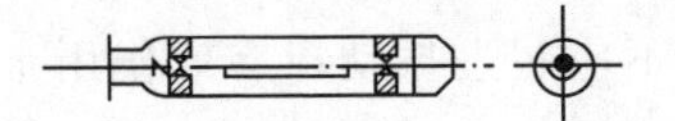

图 6-17 电动软轴行星插入式振动器

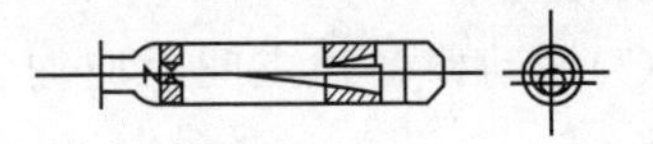

图 6-18 电动软轴偏心插入式振动器

3. 技术性能

混凝土内部振动器的主要技术性能见表 6-22。

表 6-22 混凝土内部振动器的主要技术性能

项目		型号				
		ZN35	ZN50	ZN70	ZX25-Ⅰ	ZX35-Ⅱ
振动棒	直径/mm	35	50	70	25	35
	频率(⩾)/Hz	200	183	183	50	50
	振幅(⩾)/mm	0.8	1	1.2	0.7	0.8
	质量/kg	3	5	8	4	5.5

（续）

项目		型号				
		ZN35	ZN50	ZN70	ZX25-Ⅰ	ZX35-Ⅱ
软轴 软管	软轴直径/mm	10	13	13	8	10
	软管直径/mm	30	36	36	24	30
	长度/mm	4000	4000	4000	600	600
电动机	功率/kW	1.1	1.1	1.5	0.6	0.6
	电压/V	380	380	380	220	220
	转速/转·分钟$^{-1}$	2840	2840	2840	—	—

4. **安全操作要点**

(1)插入式振动器在使用前应检查各部件是否完好，各连接处是否紧固，电动机绝缘是否良好，电源电压和频率是否符合铭牌规定，检查合格后，方可接通电源，进行试运转。

(2)振动器的电动机旋转时，若软轴不转，振动棒不启振，系电动机旋转方向不对，可调换任意两相电源线即可；若软轴转动，振动棒不启振，可摇晃棒头或将棒头轻磕地面，即可启振。当试运转正常后，方可投入作业。

(3)作业时，要使振动棒自然沉入混凝土，不可用力猛往下推。一般应垂直插入，并插到下层尚未初凝层中50～100mm，以促使上下层相互结合。

(4)振动时，要做到“快插慢拔”。“快插”是为了防止将表层混凝土先振实，与下层混凝土发生分层、离析现象。“慢拔”是为了使混凝土能来得及填满振动棒抽出时所形成的空间。

(5)振动棒各插点间距应均匀，一般间距不应超过振动棒有效作用半径的1.5倍。

(6)振动棒在混凝土内振密的时间，一般每插点振密20～30s，见到混凝土不再显著下沉，不再出现气泡，表面泛出水泥浆和外观均匀为止。如振密时间过长，有效作用半径虽然能适当增加，但总的生产率反而降低，而且还可能使振动棒附近混凝土产生离析，这对塑性混凝土更为重要。此外，振动棒下部振幅要比上部大，故在振密时，应将振动棒上下抽动5～10cm，使混凝土振密均匀。

(7)作业中要避免将振动棒触及钢筋、芯管及预埋件等，更不得采取通过振动棒振动钢筋的方法来促使混凝土振密。否则就会因振动而使钢筋位置变动，还会降低钢筋与混凝土之间的黏结力，甚至会发生相互脱离，这对预应力钢筋影响更大。

(8)作业时，振动棒插入混凝土的深度不应超过棒长的2/3～3/4。否则振动棒将不易拔出而导致软管损坏；更不得将软管插入混凝土中，以防砂浆被侵蚀及渗入软管而损坏机件。

(9)振动器在使用中如温度过高，应立即停机冷却检查，如机件故障，要及时进行修理。冬季低温下，振动器作业前，要采取缓慢加温，使棒体内的润滑油解冻后，方能作业。

三、混凝土表面振动器

1. 特点及适用范围

混凝土表面振动器有多种，其中最常用的是平板式表面振动器。平板式表面振动器(图6-19)是将它直接放在混凝土表面上，振动器2产生的振动波通过与之固定的振动底板1传给混凝土。由于振动波是从混凝土表面传入，故称表面振动器。工作时由两人握住振动器的手柄4，根据工作需要进行拖移。它适用于大面积、厚度小的混凝土，如混凝土预制构件板、路面、桥面等。

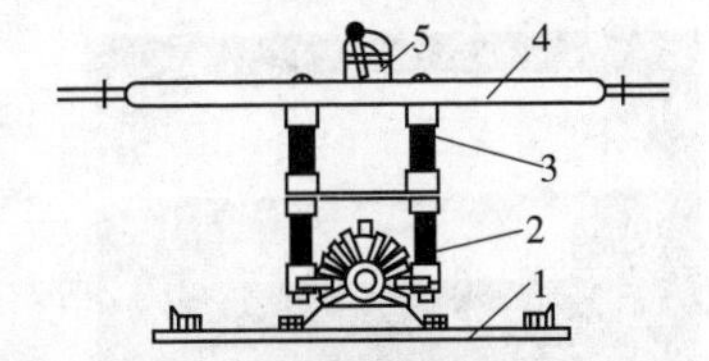

图6-19　平板式表面振动器结构
1-振动底板；2-振动器；3-减振弹簧；4-手柄；5-控制器

2. 技术性能

平板振动器主要技术性能见表6-23。

表6-23　平板振动器主要技术性能

项目		型号					
		ZF_5	ZF_{11}	ZF_{15}	ZF_{20}	ZF_{22}	$ZB_{5.5}$
振动频率/次·分钟$^{-1}$		2980	2850	2850	2850	2850	2850
振动力/kN		5	4.3	6.3	10～17.6	6.3	0～5.5
电动机	功率/kW	1.1	1.1	1.5	3	2.2	0.55
	电压/V	380	380	380	380	380	380
	转速/速·分钟$^{-1}$	2850	2850	2850	2850	2850	2850

3. 操作要点

(1)使用时，应将混凝土浇灌区划分若干排。依次成排平拉慢移，顺序前进，移动间距应使振动器的平板能覆盖已振捣完混凝土的边缘500mm左右，以防止漏振。

(2)振捣倾斜混凝土表面时，应由低处逐渐向高处移动，以保证混凝土振实。

(3)平板振动器在每一位置上振捣持续时间,以混凝土停止下沉并往上泛浆或表面平整并均匀出现浆液为度,一般在25～40秒范围内为宜。

(4)平板振动器的有效作用深度,在无筋及单层配筋平板中约为200mm,在双层配筋平板中约为120mm。

(5)大面积混凝土楼面,可将1～2台振动器安在两条木杠上,通过木杠的振动使混凝土密实。

四、振动台

1. 构造及适用范围

(1)混凝土振动台通常用来振动混凝土预制构件。装在模板内的预制品置放在与振动器连接的台面上,振动器产生的振动波通过台面与模板传给混凝土预制品,其外形结构如图6-20所示。

图6-20　混凝土振动台

(2)振动台是由上部框架、下部框架、支承弹簧、电动机、齿轮箱、振动子等组成。上部框架为振动台台面,它通过螺旋弹簧支承在下部框架上;电动机通过齿轮箱将动力等速反向地传给固定在台面下的两行对称偏心振动子,其振动力的水平分力任何时候都相平衡,而垂直分力则相叠加,因而只产生上下方向的定向振动,有效地将模板内的混凝土振动成型。

(3)混凝土外部振动器适用于大批生产空心板,壁板及厚度不大的梁柱构件等成型设备。

2. 技术性能

振动台的主要技术性能见表6-24。

表6-24　振动台的主要技术性能

项目	型号						
	SZT-0.6×1	SZT-1×1	HZ9-1×2	HZ9-1×4	HZ9-1.5×4	HZ9-1.5×6	HZ9-2.4×6.2
振动频率/次·分钟$^{-1}$	2850	2850	2850	2850	2940	2940	1470～2850
激振力/kN	4.52～13.16	4.52～13.16	14.6～30.7	22.0～49.4	63.7～98.0	85～130	150～230
振幅/mm	0.3～0.7	0.3～0.7	0.3～0.9	0.3～0.7	0.3～0.8	0.3～0.8	0.3～0.7
电动机功率/kW	1.1	1.1	7.5	7.5	22	22	25

3. 操作要点

(1)振动台是一种强力振动成型设备,应安装在牢固的基础上,地脚螺栓应有足够强度并拧紧。同时在基础中间必须留有地下坑道,以便调整和维修。

(2)使用前要进行检查和试运转,检查机件是否完好,所有紧回件特别是轴承座螺栓、偏心块螺栓、电动机和齿轮箱螺栓等,必须紧固牢靠。

(3)振动台不宜空载长时间运转。作业中必须安置牢固可靠的模板并锁紧夹具,以保证模板及混凝土和台面一起振动。

(4)齿轮因承受高速重负荷,故需要有良好的润滑和冷却。齿轮箱内油面应保持在规定的水平面上,工作时温升不得超过70℃。

(5)应经常检查各类轴承并定期拆洗更换润滑油。作业中要注意检查轴承温升,发现过热应停机检修。

(6)电动机接地应良好可靠,电源线与线接头应绝缘良好,不得有破损漏电现象。

(7)振动台台面应经常保持清洁平整,使其与模板接触良好。由于台面在高频重载下振动,容易产生裂纹,必须注意检查,及时修补。

4. 注意事项

(1)当构件厚度小于200mm时,可将混凝土一次装满振捣,如厚度大于200mm时,则宜分层浇灌,每层厚度不大于200mm,或随加料摊平随振捣。

(2)振捣时间根据混凝土构件的形状、大小及振动能力而定,一般以混凝土表面呈水平并出现均匀的水泥浆和不再冒气泡表示已振实,即可停止振捣。

第七章 钢筋机械

钢筋机械是用于钢筋原、配料加工和成型加工的机械。表 7-1 为现场常用钢筋机械类组划分表。

表 7-1 现场常用钢筋机械类组划分表

类	组	产品名称
钢筋机械	钢筋加工机械	钢筋弯曲机
		钢筋调直剪切机
		钢筋切断机
	钢筋强化机械	钢筋冷拉机
		钢筋冷拔机
	钢筋连接机械	钢筋冷挤压连接机
		钢筋对焊机
		钢筋螺纹成型机
	钢筋预应力机械	预应力钢丝拉伸设备

第一节 钢筋调直剪切机

一、钢筋调直剪切机的构造及原理

1. 构造

钢筋调直剪切机构造如图 7-1 所示。

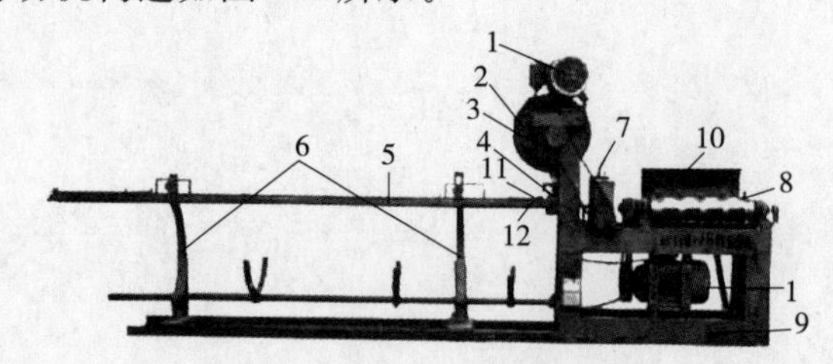

图 7-1 钢筋调直剪切机构造图

1-电机；2-切断行轮；3-曲轴总成；4-切断总成；5-滑道；6-滑道支架；7-送丝压滚总成；8-调直总成；9-机器立体；10-机器护罩；11-滑道限位锁片；12-滑道拉簧

2. 工作原理

(1)盘料架系承载被调直的盘圆钢筋的装置,当钢筋的一端进入主机调直时,盘料架随之转动,机停转动停。

(2)调直机构由调直筒和调直块组成,调直块固定在调直筒上,调直筒转动带动调直块一起转动,它们之间相对位置可以调整,借助于相对位置的调整来完成钢筋调直。

(3)钢筋牵引由一对带有沟槽的压辊组成,在扳动手柄时,两压辊可分可离,手轮可调压辊的压紧力,以适应不同直径的钢筋。钢筋切断机构主要由锤头和方刀台组成,锤头上下运动,方刀台水平运动,内部装有上下切刀,当方刀台移动至锤头下面时,上切刀被锤头砸下与下切刀形成剪刀,钢筋被切断。

(4)承料架由 3 段组成,每段 2m,上部装有拉杆定尺机构,保证被切钢筋定尺,下部可承接被切钢筋。

(5)电机及控制系统电路全部安装在机座内,通过转换开关,控制电机正反转,使钢筋前进或倒退。

(6)由电动机通过皮带传动增速,使调直筒高速旋转,穿过调直筒的钢筋被调直,并由调直模清除钢筋表面的锈皮;由电动机通过另一对减速皮带传动和齿轮减速箱,一方面驱动两个传送压辊,牵引钢筋向前运动,另一方面带动曲柄轮,使锤头上下运动。

(7)当钢筋调直到预定长度,锤头锤击上刀架,将钢筋切断,切断的钢筋落入承料架时,由于弹簧作用,刀台又回到原位,完成一个循环。其工作原理如图 7-2 所示。

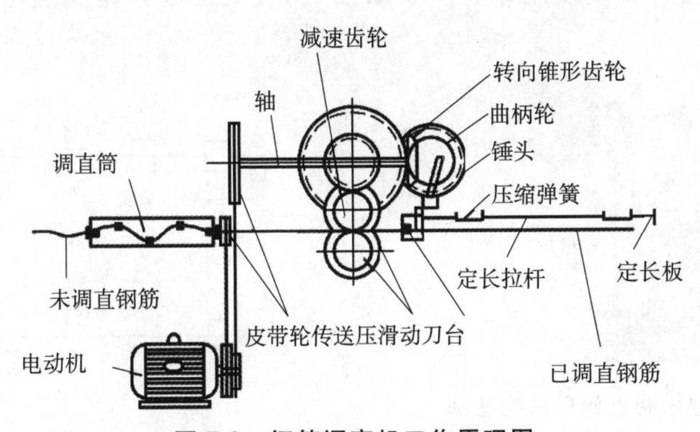

图 7-2 钢筋调直机工作原理图

二、钢筋调直剪切机的技术性能

以某品牌钢筋调直剪切机为例,主要技术性能见表 7-2。

表 7-2 钢筋调直剪切机主要技术性能型号

型号	GT1.6/4	GT3/8	GT6/12	GT5/17	LGT4/8	LGT6/14	WGT10/16
钢筋公称直径/mm	1.6～4	3～8	6～12	5～7	4～8	6～14	10～16
钢筋抗拉强度/MPa	650	650	650	1500	800	800	1000
切断长度/mm	300～8000	300～8000	300～8000	300～8000	300～8000	300～8000	300～8000
切断长度误差/mm	1	1	1	1	1	1.5	1.5
牵引速度/(m/min)	20～30	40	30～50	30～50	40	30～50	20～30
调直筒转速/(r/min)	2800	2800	1900	1900	2800	1450	1450

三、钢筋调直剪切机的安全操作要点

机器安装完毕试调直过程中，应对调整部分进行试调，试调工作必须由专业技术人员完成，以便使加工出的钢筋满足使用要求。钢筋调直机的局部构造如图 7-3 所示。

1. 调直块的调整

(1)调直筒内有 5 个与被调钢筋相适应的调直块，一般调整第 3 个调直块，使其偏移中心线 3mm，如图 7-4 中(a)所示。若试调钢筋仍有慢弯，可加大偏移量，钢筋拉伤严重，可减小偏移量。

(2)对于冷拉的钢料，特别是弹性高的，建议调直块 1、5 在中心线上，3 向一方偏移，2、4 向 3 的反方向偏移，如图 7-4(b)所示。偏移量由试验确定，达到调出钢筋满意为止，长期使用调直块要磨损，调直块的偏移量相应增大，磨损严重时需更换。

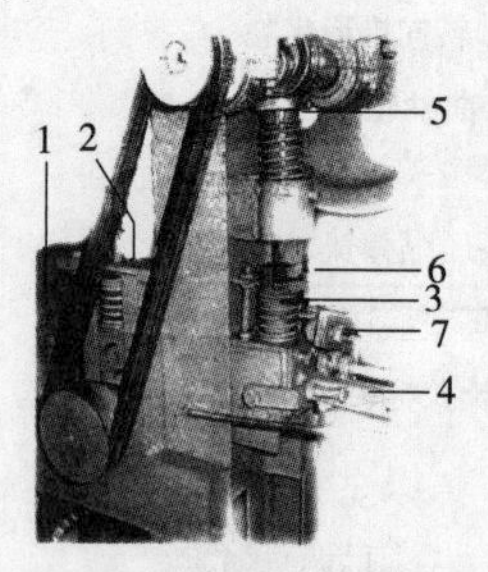

图 7-3 钢筋调直机局部构造图

1-调直滚；2-牵引轮；3-切刀；4-跑道；5-冲压主轴；6-下料开口时间调节丝；7-下料开口大小调节丝

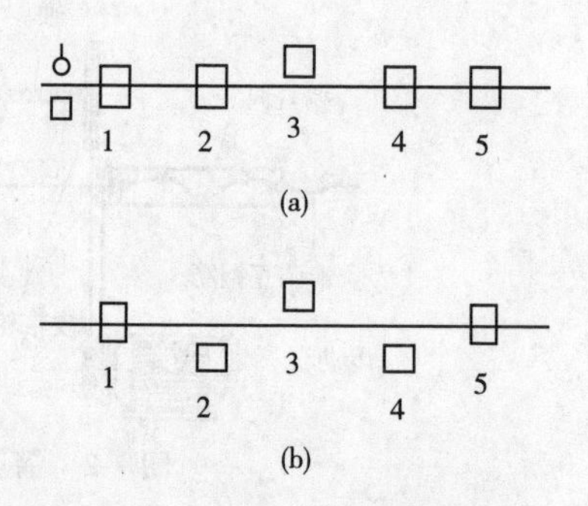

图 7-4 调直块调整示意图

2. 压辊的调整与使用

(1)本机有两对压辊可供调不同直径钢筋时使用，对于四槽压辊，如用外边的槽，将压辊垫圈放在外边；如用里边的槽，要将压辊垫圈装在压辊的背面或将压辊翻转。入料前将手柄 4 转向虚线位置，此时抬起上压辊，把被调料前端引入压辊间，而后手柄转回 4，再根据被调钢筋直径的大小，旋紧或放松手轮 6 来改变两辊之间的压紧力，如图 7-5 所示。

(2)一般要求两轮之间的夹紧力要能保证钢筋顺利地被牵引，看不见料有明显的转动，而在切断的瞬间，钢筋在压辊之间有明显的打滑现象为宜。

3. 上下切刀间隙调整

上下切刀间隙调整是在方刀台没装入机器前进行的(图 7-6)。上切刀 3 安装在刀架 2 上，下切刀装在机体上，刀架又在锤头的作用下可上下运动，与固定的下切刀对钢筋实现切断，旋转下切刀可调整两刀间隙，一般是保证两刀口靠得很近，而上切刀运动时又没有阻力，调好后要旋紧下切刀的锁紧螺母。

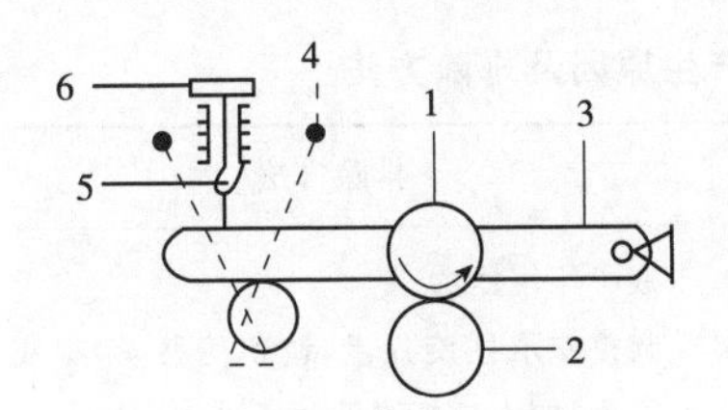

图 7-5　压辊调整机结构图

1-上压辊；2-下压辊；3-框架；
4-手柄；5-压簧；6-手轮

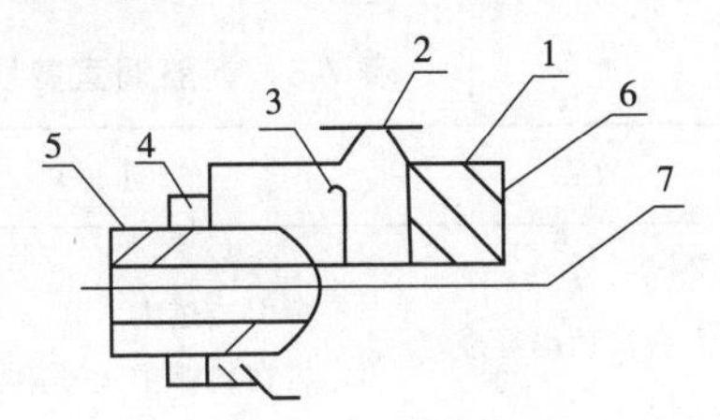

图 7-6　方刀台总成示意图

1-方刀台；2-刀架；3-上切刀；4-锁母；
5-下切刀；6-拉杆；7-钢筋

4. 承料架的调整和使用

(1)根据钢筋直径确定料槽宽度，若钢筋直径大时，将螺钉松开，移动下角板向左，料槽宽度加大，反之则小，一般料槽宽度比钢筋直径大 15%～20%。

(2)支承柱旋入上角板后，用被调钢筋插入料槽，沿着料槽纵向滑动，要能感到阻力，钢筋又能通过，试调中钢筋能从料槽中由左向右连续挤出为宜，否则重调，然后将螺母锁紧。

(3)定尺板位置按所需钢筋长度而定，如果支承柱或拉杆托块妨碍定尺板的安装，可暂时取下。

(4)定尺切断时拉杆上的弹簧要施加预压力，以保证方刀能可靠弹回为准，对粗料同时用 3 个弹簧，对细料用其中 1 个或两个，预压力不足能引起连切，预压力过大可能出现在切断时被顶弯，或者压辊过度拉伤钢筋。

(5)每盘料开头 1 段经常不直，进入料槽，容易卡住，所以应用手动机构切断，并从料槽中取出。每盘料末尾 1 段要高度注意，最好缓慢送入调直筒，以防折断伤人。

四、钢筋调直剪切机的保养与维修

(1)保证传动箱内有足够的润滑油,定期更换。

(2)调直筒两端用甘油润滑,定期加油。锤头滑块部位每班加油1次,方刀台导轨面要每班加油1次。

(3)盘料架上部孔定期加甘油,承料架托块每班要加润滑油。

(4)定期检查锤头和切刀状态,如有损坏及时更换。

(5)不要打开皮带罩和调直筒罩开车,以防发生危险。

(6)机器电气部分要装有接地线。

(7)调直剪切机在使用过程中若出现故障一般由专业人员进行检修处理,在本书中只作一般介绍,见表7-3。

表7-3 钢筋调直剪切机故障产生原因及排除方法

故障	产生原因	排除方法
方刀台被顶出导航	牵引力过大; 料在料槽中运动阻力过大	减小压辊压力; 调整支承柱旋入量,调整偏移量,提高调直质量,加大拉杆弹簧预压外力
连切现象	拉杆弹簧预紧力小; 压辊力过大; 料槽阻力大	加大预紧力; 排除方法同方刀台被顶出导航
调前未定尺寸	支承柱旋入短	调整支承柱
钢筋不直	调直块偏移量小	加大偏移量
钢筋表面拉伤	压辊压力过大; 调直块偏移量过大; 调直块损坏	减小压力; 减小偏移量; 更换调直块
弯丝	见说明书	调正调直块角度,看调直器与压滚槽、切断总成是否在一条直线上
出现断丝	见说明书	调直块角度过大,切断总成上压簧变软,刀退不回,送丝滚上的压簧过松,材质不好
跑丝	见说明书	压滚压簧过紧,滑道拔簧过松,滑道下边拖丝钢棍不到位,滑道不滑动
出现短节	滑道与主机拉簧过松	调整拉簧
机器出现振动	见说明书	调整调直块的平衡度

第二节　钢筋切断机

一、钢筋切断机的构造及原理

(1)钢筋切断机是用来把钢筋原材料或已调直的钢筋切断,其主要类型有机械式、液压式和手持式。机械式钢筋切断机有偏心轴立式、凸轮式和曲柄连杆式等形式。常见的为曲柄连杆式钢筋切断机。

(2)曲柄连杆式钢筋切断机又分开式(图7-7)、半开式及封闭式三种,它主要由电动机、曲柄连杆机构、偏心轴、传动齿轮、减速齿轮及切断刀等组成。曲柄连杆式钢筋切断机由电动机驱动三角皮带轮,通过减速齿轮系统带动偏心轴旋转,偏心轴上的连杆带动滑块和活动刀片在机座的滑道中作往复运动,配合机座上的固定刀片切断钢筋。

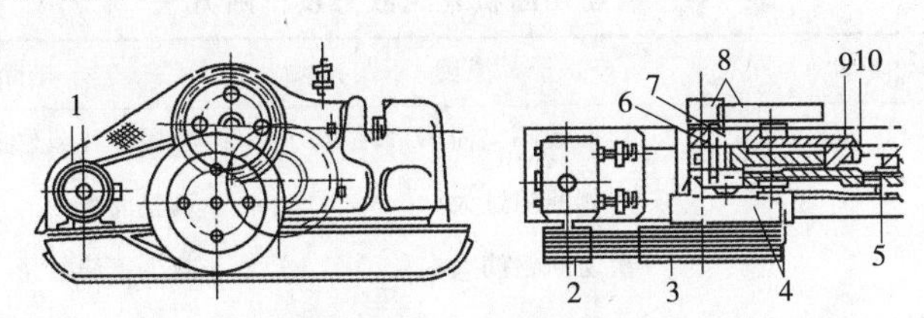

图7-7　曲柄连杆开式钢筋切断机结构示意图

1-电机;2、3-皮带轮;4、8-减速齿轮;5-固定刀;6-连杆;7-偏心轴;9-滑块;10-活刀

二、钢筋切断机的安全操作要点

(1)接送料的工作台面应和切刀下部保持水平,工作台的长度应根据加工材料长度确定。

(2)启动前,应检查并确认切刀不得有裂纹,刀架螺栓应紧固,防护罩应牢靠。应用手转动皮带轮,检查齿轮啮合间隙,并及时调整。

(3)启动后,应先空运转,检查并确认各传动部分及轴承运转正常后,开始作业。

(4)机械未达到正常转速前,不得切料。操作人员应使用切刀的中、下部位切料,应紧握钢筋对准刃口迅速投入,并应站在固定刀片一侧用力压住钢筋,防止钢筋末端弹出伤人。不得用双手分在刀片两边握住钢筋切料。

(5)操作人员不得剪切超过机械性能规定强度及直径的钢筋或烧红的钢筋。一次切断多根钢筋时,其总截面积应在规定范围内。

(6)剪切低合金钢筋时,应更换高硬度切刀,剪切直径应符合机械性能的规定。

(7)切断短料时，手和切刀之间的距离应大于150mm，并应采用套管或夹具将切断的短料压住或夹牢。

(8)机械运转中，不得用手直接清除切刀附近的断头和杂物。在钢筋摆动范围和机械周围，非操作人员不得停留。

(9)当发现机械有异常响声或切刀歪斜等不正常现象时，应立即停机检修。

(10)液压式切断机启动前，应检查并确认液压油位符合规定。切断机启动后，应空载运转，检查并确认电动机旋转方向应符合规定，并应打开放油阀，在排净液压缸体内的空气后开始作业。

(11)手动液压式切断机使用前，应将放油阀按顺时针方向旋紧，作业完毕后，应立即按逆时针方向旋松。

三、钢筋切断机的故障及排除

钢筋切断机常见故障及排除方法见表7-4。

表7-4 钢筋切断机常见故障及排除方法

故障	原因	排除方法
剪切不顺利	刀片安装不牢固，刀口损伤	紧固刀片或修磨刀口
	刀片侧间隙过大	调整间隙
	一次切断钢筋太多	减少钢筋数量
切刀或衬刀打坏	刀片松动	调整垫铁，拧紧刀片螺栓
	刀片质量不好	更换
切细钢筋时切口不直	切刀过钝	更换或修磨
	上、下刀片间隙太大	调整间隙
轴承及连杆瓦发热	润滑不良，油路不通	加油
	轴承不清洁	清洗
连杆发出撞击声	铜瓦磨损，间隙过大	研磨或更换轴瓦
	连接螺栓松动	紧固螺栓

第三节 钢筋弯曲机

钢筋弯曲机是将钢筋弯曲成所要求的尺寸和形状的设备。

一、钢筋弯曲机的构造及原理

常用的台式钢筋弯曲机按传动方式分为机械式和液压式两类。机械式钢筋弯曲机又有涡轮式和齿轮式。

1. 涡轮式钢筋弯曲机

(1)图 7-8 为 GW-40 型涡轮式钢筋弯曲机的结构。主要由电动机 11、涡轮箱 6、工作圆盘 9、孔眼条板 12 和机架 1 等组成。

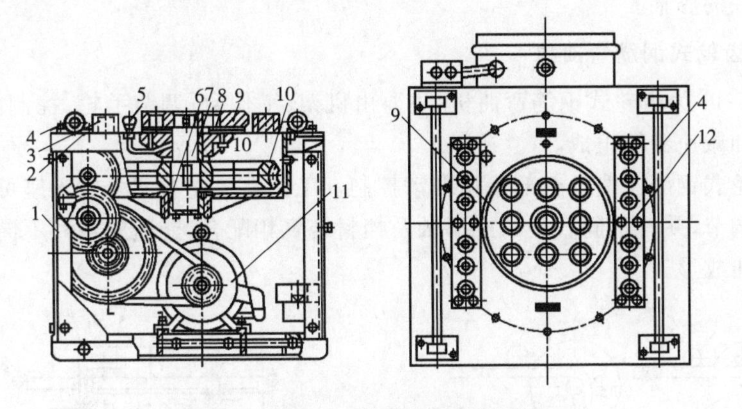

图 7-8 GW-40 型涡轮式钢筋弯曲机

1-机架;2-工作台;3-插座;4-滚轴;5-油杯;6-涡轮箱;7-工作主轴;8-立轴承;9-工作圆盘;10-涡轮;11-电动机;12-孔眼条板

(2)图 7-9 为 GW-40 型钢筋弯曲机的传动系统。

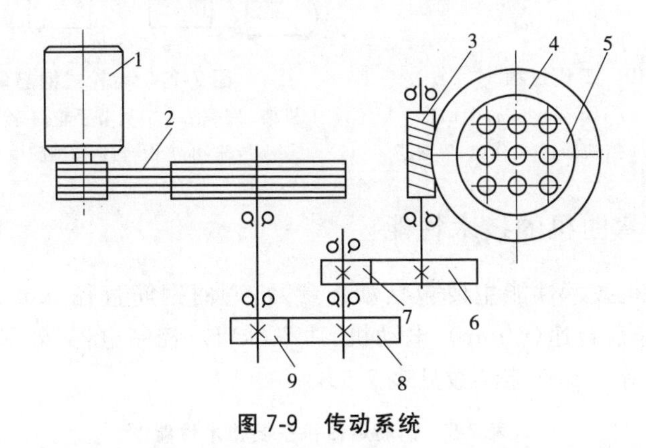

图 7-9 传动系统

1-电动机;2-V 带;3-涡杆;4-涡轮;5-工作盘;6、7-配换齿轮;8、9-齿轮

(3)涡轮式钢筋弯曲机工作原理。电动机 1 经 V 带 2、齿轮 6 和 7、齿轮 8 和 9、涡杆 3 和涡轮 4 传动,带动装在涡轮轴上的工作盘 5 转动。工作盘上一般有 9 个轴孔,中心孔用来插心轴,周围的 8 个孔用来插成形轴。当工作盘转动时,心轴的位置不变,而成形轴围绕着心轴作圆弧运动,通过调整成形轴位置,即可将被加工的钢筋弯曲成所需要的形状。更换相应的齿轮,可使工作盘获得不同转速。

(4)钢筋弯曲机的工作过程如图 7-10 所示。将钢筋 5 放在工作盘 4 上的心轴 1 和成型轴 2 之间，开动弯曲机使工作盘转动，由于钢筋一端被挡铁轴 3 挡住，因而钢筋被成型轴推压，绕心轴进行弯曲，当达到所要求的角度时，自动或手动使工作盘停止，然后使工作盘反转复位。如要改变钢筋弯曲的曲率，可以更换不同直径的心轴。

2. 齿轮式钢筋弯曲机

图 7-11 为齿轮式钢筋弯曲机，主要由机架、工作台、调节手轮、控制配电箱、电动机和减速器等组成。

齿轮式钢筋弯曲机全部采用自动控制。工作台上左右两个插入座可通过手轮无级调节，并与不同直径的成形轴及挡料装置相配合，能适应各种不同规格的钢筋弯曲成形。

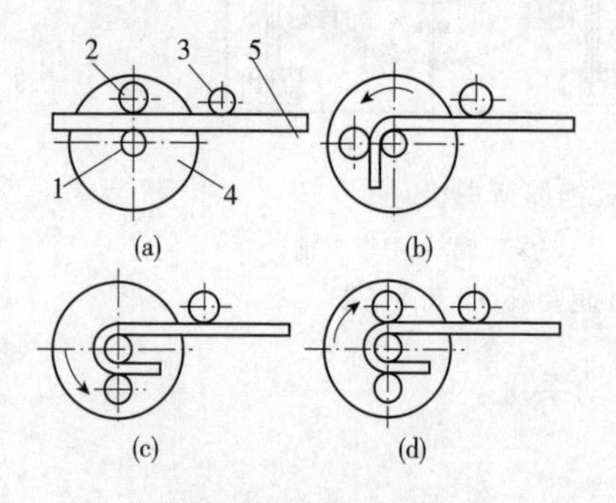

图 7-10 工作过程

(a)装料；(b)弯 90°；(c)弯 180°；(d)回位

1-心轴；2-成型轴；3-挡铁轴；4-工作盘；5-钢筋

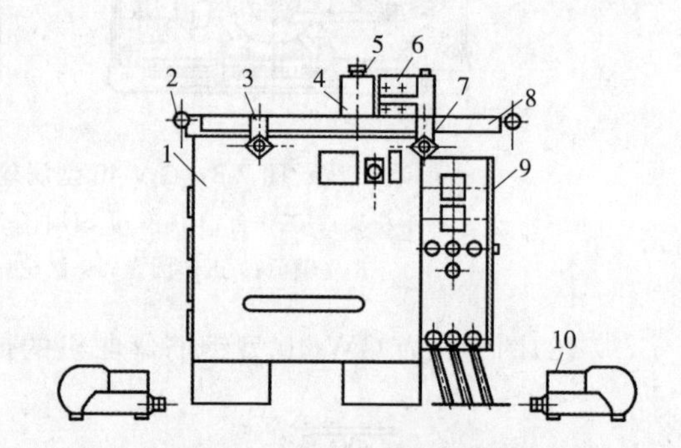

图 7-11 齿轮式钢筋弯曲机

1-机架；2-滚轴；3、7-调节手轮；4-转轴；5-紧固手轮；6-夹持器；8-工作台；9-控制配电箱；10-电动机

二、钢筋弯曲机的技术性能

钢筋弯曲机技术性能主要包括如下参数：弯曲钢筋直径(mm)、固定速比、挂轮速比、工作盘转速(r/min)、电动机、功率(kW)、控制电器、外形尺寸(mm)、整机质量(kg)等。其性能参数见表 7-5。

表 7-5 钢筋弯曲机主要技术性能

类别	弯曲机				
型号	GW32	GW40A	GW40B	GW40D	GW50A
弯曲钢筋直径/mm	6～32	6～40	6～40	6～40	6～50
工作盘直径/mm	360	360	350	360	360
工作盘转速/(r/min)	10/20	3.7/14	3.7/14	6	6

三、钢筋弯曲机的安全操作要点

(1)工作台和弯曲机台面应保持水平。

(2)作业前应准备好各种芯轴及工具,并应按加工钢筋的直径和弯曲半径的要求,装好相应规格的芯轴和成型轴、挡铁轴。

(3)芯轴直径应为钢筋直径的2.5倍。挡铁轴应有轴套。挡铁轴的直径和强度不得小于被弯钢筋的直径和强度。

(4)启动前,应检查并确认芯轴、挡铁轴、转盘等不得有裂纹和损伤,防护罩应有效。在空载运转并确认正常后,开始作业。

(5)作业时,应将需弯曲的一端钢筋插入在转盘固定销的间隙内,将另一端紧靠机身固定销,并用手压紧,在检查并确认机身固定销安放在挡住钢筋的一侧后,启动机械。

(6)弯曲作业时,不得更换轴芯、销子和变换角度以及调速,不得进行清扫和加油。

(7)对超过机械铭牌规定直径的钢筋不得进行弯曲。在弯曲未经冷拉或带有锈皮的钢筋时,应戴防护镜。

(8)在弯曲高强度钢筋时,应进行钢筋直径换算,钢筋直径不得超过机械允许的最大弯曲能力,并应及时调换相应的芯轴。

(9)操作人员应站在机身设有固定销的一侧。成品钢筋应堆放整齐,弯钩不得朝上。

(10)转盘换向应在弯曲机停稳后进行。

四、钢筋弯曲机的保养及维护要点

(1)按规定部位和周期进行减速器的润滑,夏季用HL-30号齿轮油,冬季用HE-20号齿轮油。传动轴轴承、立轴上部轴承及滚轴轴承冬季用ZG-1号润滑脂润滑,夏季用ZG-2号润滑脂润滑。

(2)连续使用三个月后,减速器内的润滑油应及时更换。

(3)长期停用时,应在工作表面涂装防锈油脂,并存放在室内干燥通风处。

五、钢筋弯曲机的故障排除

钢筋弯曲机常见故障及排除方法见表7-6。

表 7-6　钢筋弯曲机常见故障及排除方法

故障现象	故障原因	排除方法
弯曲的钢筋角度不合适	运用中心轴和挡铁轴不合理	按规定选用中心轴和挡铁轴
弯曲大直径钢筋时无力	传动带松弛	调整带的紧度
弯曲多根钢筋时，最上面的钢筋在机器开动后跳出	钢筋没有把住	将钢筋用力把住并保持一致
立轴上部与轴套配合处发热	润滑油路不畅，有杂物阻塞，不过油	清除杂物
	轴套磨损	更换轴套
传动齿轮噪声大	齿轮磨损	更换磨损齿轮
	弯曲的直径大，转速太快	按规定调整转速

第四节　钢筋冷拉机

钢筋冷拉机是对热轧钢筋在正常温度下进行强力拉伸的机械。冷拉是把钢筋拉伸到超过钢材本身的屈服点，然后放松，以使钢筋获得新的弹性阶段，提高钢筋强度(20%～25%)。通过冷拉不但可使钢筋被拉直、延伸，而且还可以起到除锈和检验钢材的作用。

常用的冷拉机械有阻力轮式、卷扬机式、丝杠式、液压式等。以下介绍卷扬机式钢筋冷拉机和阻力轮式钢筋冷拉机。

一、卷扬机式钢筋冷拉机

1. 构造及原理

卷扬机式钢筋冷拉工艺是目前普遍采用的冷拉工艺。它的优点有适应性强，可按要求调节冷拉率和冷拉控制应力；冷拉行程大，不受设备限制，可冷拉不同长度和直径的钢筋；设备简单、效率高、成本低。

卷扬机式钢筋冷拉机构造(图 7-12)，它主要由卷扬机、滑轮组、地锚、导向滑轮、夹具和测力装置等组成。

工作时，由于卷筒上传动钢丝绳是正、反穿绕在两副动滑轮组上，因此当卷扬机旋转时，夹持钢筋的一副动滑轮组被拉向卷扬机，使钢筋被拉伸；而另一副动滑轮组则被拉向导向滑轮，为下次冷拉时交替使用。钢筋所受的拉力经传力杆、活动横梁传送给测力装置，从而测出拉力的大小。对于拉伸长度，可通过标尺直接测量或用行程开关来控制。

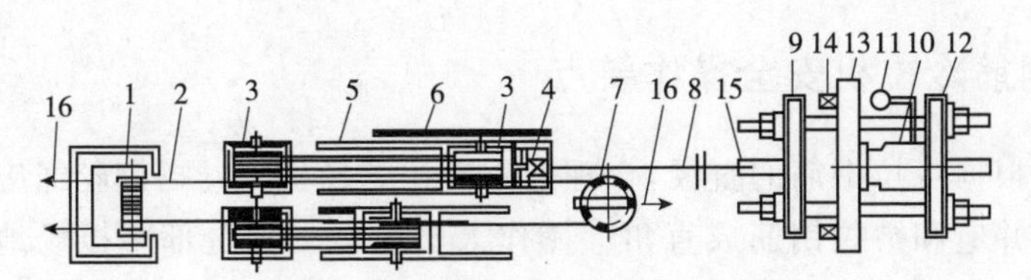

图 7-12　卷扬机式钢筋冷拉机

1-卷扬机；2-传动钢丝绳；3-滑轮组；4-夹具；5-轨道；6-标尺；7-导向轮；8-钢筋；9-活动前横梁；10-千斤顶；11-油压表；12-活动后横梁；13-固定横梁；14-台座；15-夹具；16-地锚

2. 技术性能

卷扬机式钢筋冷拉机的主要技术性能见表 7-7。

表 7-7　卷扬机式钢筋冷拉机主要技术性能

项目	粗钢筋冷拉	细钢筋冷拉
卷扬机型号规格	JM5(5t 慢速)	JMC(3t 慢速)
滑轮直径及门数	计算确定	计算确定
钢丝绳直径/mm	24	15.5
卷扬机速度/(m/min)	小于 10	小于 10
测力器形式	千斤顶式测力器	千斤顶式测力器
冷拉钢筋直径/mm	12～36	6～12

二、阻力轮式钢筋冷拉机

阻力轮式钢筋冷拉机的构造如图 7-13 所示。它由支承架、阻力轮、电动机、变速箱、绞轮等组成。主要适用于冷拉直径为 6～8mm 的盘圆钢筋，冷拉率为 6%～8%。若与两台调直机配合使用，可加工出所需长度的冷拉钢筋。阻力轮式钢筋冷拉机，是利用一个变速箱，其出头轴装有绞轮，由电动机带动变速箱高速轴，使绞轮随着变速箱低速轴一同旋转，强力使钢筋通过 4 个或 6 个不在一条直线上的阻力轮，将钢筋拉长。绞轮直径一般为 550mm。阻力轮是固定在支承架上的滑轮，直径为 100mm，其中一个阻力轮的高度可以调节，以便改变阻力大小，控制冷拉率。

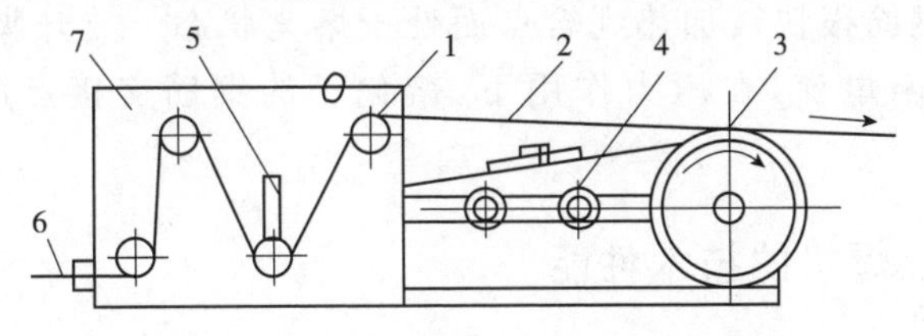

图 7-13　阻力轮式钢筋冷拉设备示意图

1-阻力轮；2-钢筋；3-绞轮；4-变速箱；5-调节槽；6-钢筋；7-支撑架

三、钢筋冷拉机安全操作要点

(1)应根据冷拉钢筋的直径,合理选用冷拉卷扬机。卷扬钢丝绳应经封闭式导向滑轮,并应和被拉钢筋成直角。操作人员应能见到全部冷拉场地。卷扬机与冷拉中心线距离不得小于5m。

(2)冷拉场地应设置警戒区,并应安装防护栏及警告标志。非操作人员不得进入警戒区。作业时,操作人员与受拉钢筋的距离应大于2m。

(3)采用配重控制的冷拉机应有指示起落的记号或专人指挥。冷拉机的滑轮、钢丝绳应相匹配。配重提起时,配重离地高度应小于300mm。配重架四周应设置防护栏杆及警告标志。

(4)作业前,应检查冷拉机,夹齿应完好;滑轮、拖拉小车应润滑灵活;拉钩、地锚及防护装置应齐全牢固。

(5)采用延伸率控制的冷拉机,应设置明显的限位标志,并应有专人负责指挥。

(6)照明设施宜设置在张拉警戒区外。当需设置在警戒区内时,照明设施安装高度应大于5m,并应有防护罩。

(7)作业后,应放松卷扬钢丝绳,落下配重,切断电源,并锁好开关箱。

第五节 钢筋点焊机

一、钢筋点焊机的基本构造

图7-14所示为杠杆弹簧式点焊机的外形结构,它主要由点焊变压器、电极臂、杠杆系统、分级转换开关和冷却系统等组成。

图7-15所示为杠杆弹簧式点焊机的工作原理。点焊时,将表面清理好的平直钢筋叠合在一起放在两个电极之间,踏下脚踏板,使两根钢筋的交点接触紧密,同时断路器也相接触,接通电源使钢筋交接点在短时间内产生大量的电阻热,钢筋很快被加热到熔点而处于熔化状态。放开脚踏板,断路器随杠杆下降切断电流,在压力作用下,熔化了的钢筋交接点冷却凝结成焊接点。

二、钢筋点焊机的技术性能

常用点焊机的主要技术性能见表7-8。

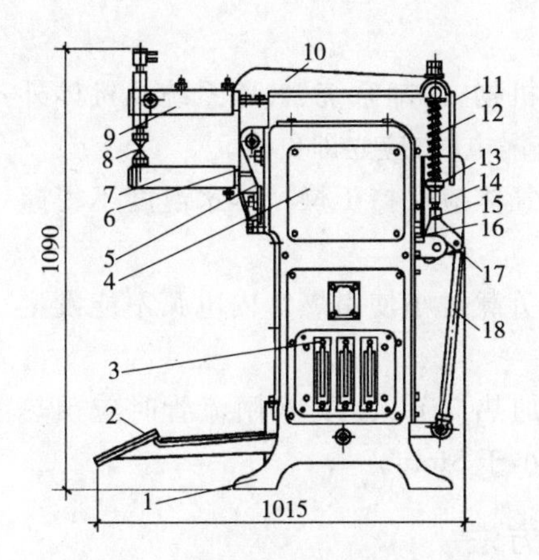

图 7-14　杠杆弹簧式点焊机外形结构

1-基础螺栓；2-踏脚；3-分级开关；4-变压器；5-夹座；6-下夹块；7-下电极臂；8-电极；9-上电极臂；10-压力臂；11-指示板；12-压簧；13-调节螺母；14-开关罩；15-转块；16-滚柱；17-三角形联杆；18-联杆

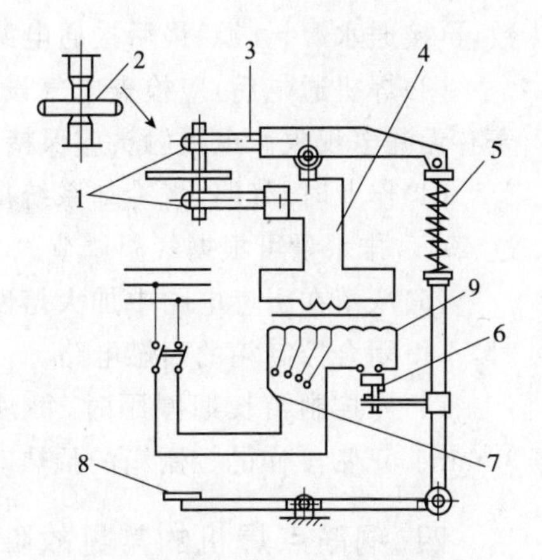

图 7-15　点焊机工作原理示意图

1-电极；2-钢筋；3-电极臂；4-变压器次级线圈；5-弹簧；6-断路器；7-变压器调节级数开关；8-脚踏板；9-变压器初级线圈

表 7-8　点焊机技术性能

指标	DN-25	DN_1-75	DN-75
型式	脚踏式	凸轮式	气动式
额定容量/(kV・A)	25	75	75
额定电压/V	220/380	220/380	220/380
初级线圈电流/A	114/66	341/197	
每小时焊点数	～600	3000	
次级电压/V	1.76～3.52	3.52～7.04	
次级电压调节数	8(9)	8	8
悬臂有效伸长距离/mm	250	350	800
上电极行程/mm	20	20	20
电极间最大压力/N	1250	1600(2100)	1900
自重/kg	240	455(370)	650

三、钢筋点焊机的安全操作要点

(1)作业前，应清除上、下两电极的油污。通电后，机体外壳应无漏电。

(2)启动前，应先接通控制线路的转向开关和焊接电流的小开关，调整好级数，再接通水源、气源，最后接通电源。

(3)焊机通电后，应检查电气设备、操作机构、冷却系统、气路系统及机体外壳有无漏电现象。电极触头应保持光洁。有漏电时，应立即更换。

(4)作业时，气路、水冷却系统应畅通。气体应保持干燥。排水温度不得超过40℃，排水量可根据气温调节。

(5)严禁在引燃电路中加大熔断器。当负载过小使引燃管内电弧不能发生时，不得闭合控制箱的引燃电路。

(6)当控制箱长期停用时，每月应通电加热30min。更换闸流管时应预热30min。正常工作的控制箱的预热时间不得小于5min。

四、钢筋点焊机的常见故障及排除方法

钢筋点焊机的常见故障及排除方法见表7-9。

表7-9　钢筋点焊机的常见故障及排除方法

故障现象	故障原因	排除方法
焊接时无焊接电流	焊接程序循环停止	检查时间调节器电路
	继电器接触不良或电阻断路	消除接触点或更换电阻
	无引燃脉冲或幅值很小	逐级检查电路和管脚是否松动
	气温低，引燃管不工作	外部加热
焊件大，电流烧穿	电极下降速度太慢	检查导轨润滑、气阀是否正常、气缸活塞是否胀紧
	焊接压力未加上	检查电极间距离是否太大，气路压力是否正常
	上下电极不对中	校正电极
	焊件表面有污尘或内部夹杂物	清理焊件
引燃管失控，自动闪弧	引燃管冷却不良而引起温度增高	畅通冷却水
	继电器触点间隙太小或电器接触不良	调整间隙，清理触点
	引燃管不良	更换引燃管
	闸流管损坏	更换闸流管
	引燃电路无栅偏压	测量检查栅偏压
焊接时电极不下降	脚踏开关损坏	修理脚踏开关
	电磁阀卡死或线圈开路	修理和重绕线圈
	压缩空气压力调节过低	调高气压
	气缸活塞卡死	拆修气缸活塞

第六节 钢筋对焊机

钢筋对焊机简称“对焊机”，是完成钢筋对焊(将两根钢筋端部对在一起并焊接牢固的方法)的机械。使用对焊机对焊钢筋，可将工程剩下来的短料按新的工程配筋要求对接起来重新利用，节省钢材；同手工电弧焊搭接焊工艺相比，焊缝部位强度高，特别是在承重大梁钢筋密集的底部、曲线梁或拼装块体预应力主筋的穿孔、张拉等施工中，更显示出钢筋对焊的优越性。

钢筋对焊机有 UN、UN1，UNs、UNg 等系列。钢筋对焊常用的是 UN1 系列，这种对焊机专用于电阻焊接或闪光焊接低碳钢、有色金属等，按其额定功率不同，有 UN1-25、UN1-75、UN1-100 型杠杆加压式对焊机和 UN1-150 型气压自动加压式对焊机等。以下重点介绍 UN1 系列对焊机。

一、钢筋对焊机的构造

UN1 系列对焊机构造(图 7-16)主要由焊接变压器、固定电极、移动电极、送料机构(加压机构)、水冷却系统及控制系统等组成。左右两电极分别通过多层铜皮与焊接变压器次级线圈的导体连接，焊接变压器的次级线圈采用循环水冷却。在焊接处的两侧及下方均有防护板，以免熔化金属溅入变压器及开关中。焊工须经常清理防护板上的金属溅沫，以免造成短路等故障。

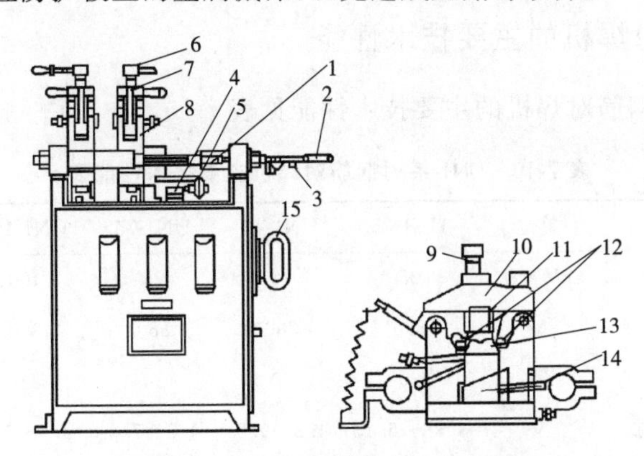

图 7-16 UN1 系列对焊机构造示意图

1-调节螺栓；2-操纵杆；3-按钮；4-行程开关；5-行程螺栓；6-手柄；7-套钩；8-电极座；9-夹紧螺栓；10-夹紧臂；11-上钳口；12-下钳口紧固螺栓；13-下钳口；14-下钳口调节螺杆；15-插头

1. 送料机构

送料机构能够完成焊接中所需要的熔化及挤压过程，它主要包括操纵杆、可动横架、调节螺丝等，当将操纵杆在两极位置中移动时，可获得电极的最大工作行程。

2. 开关控制

按下按钮，此时接通继电器，使交流接触器吸合，于是焊接变压器接通。移动操纵杆，可实施电阻焊或闪光焊。当焊件因塑性变形而缩短，达到规定的顶锻留量，行程螺栓触动行程开关使电源自动切断。控制电源由次级电压为36V的控制变压器供电，以保证操作者的人身安全。

3. 钳口(电极)

左右电极座8上装有下钳口13、杠杆式夹紧臂10、夹紧螺栓9，另有带手柄的套钩7，用以夹持夹紧臂10。下钳口为铬锆铜，其下方为借以通电的铜块，由两楔形铜块组成，用以调节所需的钳口高度。楔形铜块的两侧由护板盖住，图7-16拆去了铜护板。

4. 电气装置

焊接变压器为铁壳式，其初级电压为380V，变压器初级线圈为盘式绕组，次级绕组为三块周围焊有铜水管的铜板并联而成，焊接时按焊件大小选择调节级数，以取得所需要的空载电压。变压器至电极由多层薄铜片连接。焊接过程通电时间的长短，可由焊工通过按钮开关及行程开关控制。

上述开关控制中间继电器，由中间继电器使接触器接通或切断焊接电源。

二、钢筋对焊机的主要技术性能

UN1系列钢筋对焊机的主要技术性能见表7-10。

表7-10 UN1系列钢筋对焊机主要技术性能表

型号	单位	UN1-25	UN1-40	UN1-75	UN1-100	UN1-150
额定容量	kV·A	25	40	75	100	150
初级电压	V	380	380	380	380	380
负载持续率	%	20	20	20	20	20
次级电压调节范围	V	3.28～5.13	4.3～6.5	4.3～7.3	4.5～7.6	7.04～11.5
次级电压调节级数	级	8	8	8	8	8
额定调节级数	级	7	7	7	7	7
最大顶锻力	kN	10	25	30	40	50
钳口最大距离	mm	35	60	70	70	70
最大送料行程	mm	15～20	25	30	40～50	50

（续）

型号		单位	UN1-25	UN1-40	UN1-75	UN1-100	UN1-150
低碳钢额定焊接截面		mm^2	260	380	500	800	1000
低碳钢最大焊接截面		mm^2	300	460	600	1000	1200
焊接生产率		次/h	110	85	75	30	30
冷却水消耗量		L/h	400	450	400	400	400
质量		kg	300	375	445	478	550
外形尺寸	长	mm	1590	1770	1770	1770	1770
	宽	mm	510	655	655	655	655
	高	mm	1370	1230	1230	1230	1230

三、钢筋对焊机安装操作方法

(1)UN1-25 型对焊机为手动偏心轮夹紧机构。其底座和下电极固定在焊机座板上，当转动手柄时，偏心轮通过夹具上板对焊件加压，上下电极间距离可通过螺钉来调节。当偏心轮松开时，弹簧使电极压力去掉。

(2)UN1 系列其他型号对焊机先按焊件的形状选择钳口，如焊件为棒材，可直接用焊机配置钳口；如焊件异形，应按焊件形状定做钳口。

(3)调整钳口，使钳口两中心线对准，将两试棒放于下钳口定位槽内，观看两试棒是否对应整齐，如能对齐，对焊机即可使用；如对不齐，应调整钳口。调整时先松开紧固螺栓 12，再调整调节螺杆 14，并适当移动下钳口，获得最佳位置后，拧紧紧固螺栓 12。

(4)按焊接工艺的要求，调整钳口的距离。当操纵杆在最左端时，钳口(电极)间距应等于焊件伸出长度与挤压量之差；当操纵杆在最右端时，电极间距相当于两焊件伸出长度，再加 2～3mm(即焊前之原始位置)，该距离调整由调节螺栓 1 获得。焊接标尺可帮助调整参数。

(5)试焊。在试焊前为防止焊件的瞬间过热，应逐级增加调节级数。在闪光焊时须使用较高的次级空载电压。闪光焊过程中有大量熔化金属溅沫，焊工须戴深色防护眼镜。

低碳钢焊接时，最好采用闪光焊接法。在负载持续率为 20％时，可焊最大的钢件截面技术数据见表 7-10。

(6)钳口的夹紧动作如下：

1)先用手柄 6 转动夹紧螺栓 9，适当调节上钳口 11 的位置；

2)把焊件分别插入左右两上下钳口间；

3)转动手柄,使夹紧螺栓夹紧焊件,焊工必须确保焊件有足够的夹紧力,方能施焊,否则可能导致烧损机件。

(7)焊件取出动作如下:

1)焊接过程完成后,用手柄松开夹紧螺栓;

2)将套钩7卸下,则夹紧臂受弹簧的作用而向上提起;

3)取出焊件,拉回夹紧臂,套上套钩,进行下一轮焊接。

焊工也可按自己习惯装卡工件,但必须保证焊前工件夹紧。

(8)闪光焊接法。碳钢焊件的焊接规范可参考下列数据。

1)电流密度:烧化过程中,电流密度通常为6～25A/mm²,较电阻焊时所需的电流密度低20%～50%。

2)焊接时间:在无预热的闪光焊时,焊接时间视焊件的截面及选用的功率而定。当电流密度较小时,焊接时间即延长,通常约为2～20s左右。

3)烧化速度:烧化速度决定于电流密度,预热程度及焊件大小,在焊接小截面焊件时,烧化速度最大可为4～5mm/s,而焊接大截面时,烧化速度则小于2mm/s。

4)顶锻压力:顶锻压力不足,可能造成焊件的夹渣及缩孔。在无预热闪光焊时,顶锻压力应为5～7kg/mm²。而预热闪光焊时,顶锻压力则为3～4kg/mm²。

5)顶锻速度:为减少接头处金属的氧化,顶锻速度应尽可能的高,通常等于15～30mm/s。

四、钢筋对焊机安全操作要点

(1)工作人员应熟知对焊机焊接工艺过程。

1)连续闪光焊:连续闪光、顶锻,顶锻后在焊机上通电加热处理;

2)预热闪光焊:一次闪光、烧化预热、二次闪光、顶锻。

(2)操作人员必须熟知所用机械的技术性能(如变压器级数、最大焊接截面、焊接次数、最大顶锻力、最大送料行程)和主要部件的位置及应用。

(3)操作人员应会根据机械性能和焊接物选择焊接参数。

(4)焊件准备:清除钢筋端头120mm内的铁锈、油污和灰尘。如端头弯曲则应整直或切除。

(5)对焊机应安装在室内并应有可靠的接地(或接零),多台对焊机安装在一起时,机间距离至少要在3m以上。分别接在不同的电源上。每台均应有各自的控制开关。开关箱至机身的导线应加保护套管。导线的截面应不小于规定的截面面积。

(6)操作前应对焊机各部件进行检查:

1)压力杠杆等机械部分是否灵活；

2)各种夹具是否牢固；

3)供电、供水是否正常。

(7)操作场所附近的易燃物应清除干净,并备有消防设备。操作人员必须戴防护镜和手套,站立的地面应垫木板或其他绝缘材料。

(8)操作人员必须正确地调整和使用焊接电流,使与所焊接的钢筋截面相适应。严禁焊接超过规定直径的钢筋。

(9)断路器的接触点应经常用砂纸擦拭,电极应定期锉光。二次电路的全部螺栓应定期拧紧,以免发生过热现象。

(10)冷却水温度不得超过40℃,排水量应符合规定要求。

(11)较长钢筋对焊时应放在支架上。随机配合搬运钢筋的人员应注意防止火花烫伤。搬运时,应注意焊接处烫手。

(12)焊完的半成品应堆码整齐。

(13)闪光区内应设挡板,焊接时禁止其他人员入内。

(14)冬季焊接工作完毕后,应将焊机内的冷却水放净,以免冻坏冷却系统。

五、钢筋对焊机的维护与保养

UN1 系列对焊机的维护与保养见表7-11。

表7-11 UN1 系列对焊机的维护与保养

保养部位	保养工作技术内容	维护保养方法	保养周期
整机	擦试外壳灰尘	擦试	每日一次
	传动机构润滑	向油孔注油	每月一次
	机内清除飞溅物,灰尘	用铁铲去除飞溅物,用压缩气体吹除灰尘	每月一次
变压器	经常检查水龙头接头,防止漏水使变压器受潮	勤检查,发现漏水迹象及时排除	每日一次
	二次绕组与软铜带连接螺钉防止松动	拧紧松动螺钉	每季一次
	闪光对焊机要定期清理溅落在变压器上的飞溅物	消除飞溅堆积物	每月一次
电压调节开关	焊机工作时不许调节	焊机空载时可以调节	列入操作规程
	插座应插入到位	插入开关时应用力插到位,插不紧应检修刀夹	每月一次
	开关接线螺钉防止松动	发现松动应紧固螺钉	每月一次

（续）

保养部位	保养工作技术内容	维护保养方法	保养周期
电极（夹具）	焊件接触面应保持光洁	清洁，磨修	每日一次
	焊件接触面勿粘连铁迹	磨修或更换电极	每日一次
水路系统	无冷却水不得使用焊机	先开水阀后开焊机	列入操作规程
	保证水路通畅	发现水路堵塞及时排除	每季一次
	出水口水温不得过高	加大水流量，保持进水口水温不高于30℃，出水口温度不高于45℃	每日检查
	冬季要防止水路结冰，以免水管冻裂	每日用完焊机应用压缩空气将机内存水吹除干净	冬季执行
接触器	主触点要防止烧损	研磨修理或更换触点	每季一次
	绕组接线头防止断线、掉头和松动	接好断线掉头处，拧紧松动的螺丝	每季一次

六、钢筋对焊机的检修

对焊机检修应在断电后进行，检修应由专业电工进行。

(1)按下控制按钮，焊机不工作

1)检查电源电压是否正常；

2)检查控制线路接线是否正常；

3)检查交流接触器是否正常吸合；

4)检查主变压器线圈是否烧坏。

(2)松开控制按钮或行程螺栓触动行程开关，变压器仍然工作

1)检查控制按钮、行程开关是否正常；

2)检查交流接触器、中间继电器衔铁是否被油污粘连不能断开，造成主变压器持续供电。

(3)焊接不正常，出现不应有飞溅

1)检查工件是否不清洁，有油污，锈痕；

2)检查丝杆压紧机构是否能压紧工件；

3)检查电极钳口是否光洁，有无铁迹。

(4)下钳口(电极)调节困难

1)检查电极、调整块间隙是否被飞溅物阻塞；

2)检查调整块，下钳口调节螺杆是否烧损、烧结，变形严重。

(5)不能正常焊接交流，接触器出现异常响声

1)焊接时测量交流接触器进线电压是否低于自身释放电压300V；

2)检查引线是否太细太长，压降太大；

3)检查网络电压是否太低，不能正常工作；

4)检查主变压器是否有短路，造成电流太大；

5)根据检查出来的故障部位进行修理、换件、调整。

第七节　钢筋气压焊机具

一、钢筋气压焊工艺简介

钢筋气压焊，是采用一定比例的氧—乙炔焰为热源，对需要接头的两钢筋端部接缝处进行加热烘烤，使其达到热塑状态，同时对钢筋施加30～40MPa的轴向压力，使钢筋顶锻在一起。

钢筋气压焊分敞开式和闭式两种。前者是将两根钢筋端面稍加离开，加热到熔化温度，加压完成的一种办法，属熔化压力焊；后者是将两根钢筋端面紧密闭合，加热到1200～1250℃，加压完成的一种方法，属固态压力焊。目前常用的方法为闭式气压焊，其机理是在还原性气体的保护下，加热钢筋，使其发生塑性流变后相互紧密接触，促使端面金属晶体相互扩散渗透，再结晶、再排列，进而形成牢固的对焊接头。

这项工艺不仅适用于竖向钢筋的连接，也适用于各种方向布置的钢筋的连接。适用于HPB235、HRB335级钢筋，其直径为14～40mm。当不同直径钢筋焊接时，两钢筋直径差不得大于7mm。另外，热轧HRB400级钢筋中的20MnSiV、20MnTi亦适用，但不包括含碳量、含硅量较高的25MnSi。

二、钢筋气压焊设备

钢筋气压焊设备主要包括氧气和乙炔供气装置、加热器、加压器及钢筋卡具等，如图7-17所示。辅助设备包括用于切割钢筋的砂轮锯、磨平钢筋端头的角向磨光机等，下面分别介绍。

1. 供气装置

供气装置包括氧气瓶、溶解乙炔气瓶（或中压乙炔发生器）、干式回火防止器、减压器、橡胶管等。溶解乙炔气瓶的供气能力，必须满足现场最粗钢筋焊接时的供气量要求，若气瓶供气不能满足要求时，可以并联使用多个气瓶。

(1)氧气瓶是用来储存、运输压缩氧(O_2)的钢瓶，常用容积为40L，储存氧气6m^3，瓶内公称压力为14.7MPa。

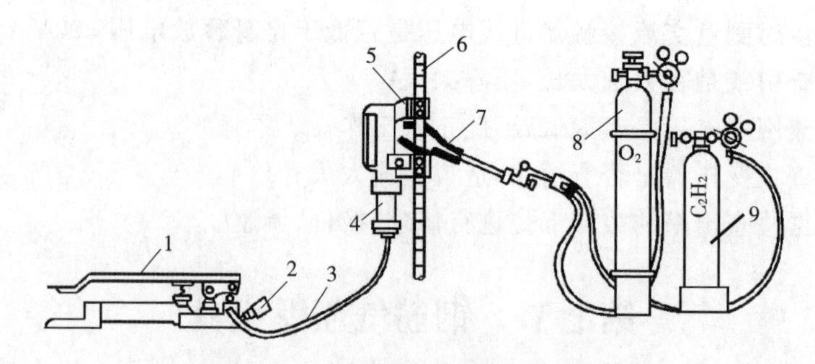

图 7-17　钢筋气压焊设备工作示意

1-脚踏液压泵；2-压力表；3-液压胶管；4-油缸；5-钢筋卡具；6-被焊接钢筋；7-多火口烤钳；8-氧气瓶；9-乙炔瓶

(2)乙炔气瓶是储存、运输溶解乙炔(C_2H_2)的特殊钢瓶，在瓶内填满浸渍丙酮的多孔性物质，其作用是防止气体爆炸及加速乙炔溶解于丙酮的过程。瓶的容积 40L，储存乙炔气为 6m^3，瓶内公称压力为 1.52MPa。乙炔钢瓶必须垂直放置，当瓶内压力减低到 0.2MPa 时，应停止使用。氧气瓶和溶解乙炔气瓶的使用，应遵照《气瓶安全监察规程》的有关规定执行。

(3)减压器是用于将气体从高压降至低压，设有显示气体压力大小的装置，并有稳压作用。减压器按工作原理分正作用和反作用两种，常用的有如下两种单级反作用减压器：①QD-2A 型单级氧气减压器，高压额定压力为 15MPa，低压调节范围为 0.1～1.0MPa；②QD-2O 型单级乙炔减压器，高压额定压力为 1.6MPa，低压调节范围为 0.01～0.15MPa。

(4)回火防止器是装在燃料气体系统防止火焰向燃气管路或气源回烧的保险装置，分水封式和干式两种。其中水封式回火防止器常与乙炔发生器组装成一体，使用时一定要检查水位。

(5)乙炔发生器是利用电石(主要成分为 CaC_2)中的主要成分碳化钙和水相互作用，以制取乙炔的一种设备。使用乙炔发生器时应注意：每天工作完毕应放出电石渣，并经常清洗。

2. 加热器

加热器由混合气管和多火口烤钳组成，一般称为多嘴环管焊炬。为使钢筋接头处能均匀加热，多火口烤钳设计成环状钳形，如图 7-18 所示，并要求多束火焰燃烧均匀，调整方便。其火口数与焊接钢筋直径的关系见表 7-12。

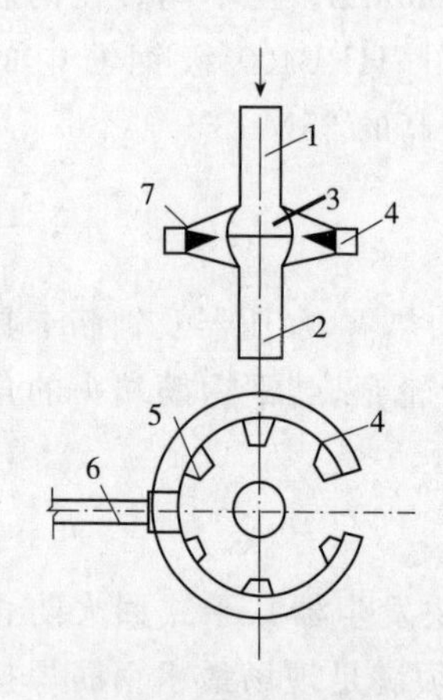

图 7-18　多火口烤钳

1-上钢筋；2-下钢筋；3-镦粗区；4-环形加热器(火钳)；5-火口；6-混气管；7-火焰

表 7-12 加热器火口数与焊接钢筋直径的关系

焊接钢筋直径/mm	火口数
$\phi22 \sim \phi25$	6～8
$\phi26 \sim \phi32$	8～10
$\phi33 \sim \phi40$	10～12

3. 加压器

加压器由液压泵、压力表、液压胶管和油缸四部分组成。在钢筋气压焊接作业中,加压器作为压力源,通过连接夹具对钢筋进行顶锻,施加所需要的轴向压力。

液压泵分手动式、脚踏式和电动式三种。

4. 钢筋卡具(或称连接钢筋夹具)

由可动和固定卡子组成,用于卡紧、调整和压接钢筋用。

连接钢筋夹具应对钢筋有足够握力,确保夹紧钢筋,并便于钢筋的安装定位,应能传递对钢筋施加的轴向压力,确保在焊接操作中钢筋不滑移,钢筋头不产生偏心和弯曲,同时不损伤钢筋的表面。

三、气焊设备安全操作要点

(1)一次加电石 10kg 或每小时产生 5m^3 乙炔气的乙炔发生器应采用固定式,并应建立乙炔站(房),由专人操作。乙炔站与厂房及其他建筑物的距离应符合现行国家标准《乙炔站设计规范》GB50031 及《建筑设计防火规范》GB50016 的有关规定。

(2)乙炔发生器(站)、氧气瓶及软管、阀、表均应齐全有效,紧固牢靠,不得松动、破损和漏气。氧气瓶及其附件、胶管、工具不得沾染油污。软管接头不得采用铜质材料制作。

(3)乙炔发生器、氧气瓶和焊炬相互间的距离不得小于 10m。当不满足上述要求时,应采取隔离措施。同一地点有两个以上乙炔发生器时,其相互间距不得小于 10m。

(4)电石的贮存地点应干燥,通风良好,室内不得有明火或敷设水管、水箱。电石桶应密封,桶上应标明"电石桶"和"严禁用水消火"等字样。电石有轻微的受潮时,应轻轻取出电石,不得倾倒。

(5)搬运电石桶时,应打开桶上小盖。严禁用金属工具敲击桶盖。取装电石和砸碎电石时,操作人员应戴手套、口罩和眼镜。

(6)电石起火时必须用干砂或二氧化碳灭火器,严禁用泡沫、四氯化碳灭火器或水灭火。电石粒末应在露天销毁。

(7)使用新品种电石前,应作温水浸试,在确认无爆炸危险时,方可使用。

(8)乙炔发生器的压力应保持正常,压力超过 147kPa 时应停用。乙炔发生器的用水应为饮用水。发气室内壁不得用含铜或含银材料制作,温度不得超过 80℃。对水入式发生器,其冷却水温不得超过 50℃;对浮桶式发生器,其冷却水温不得超过 60℃。当温度超过规定时应停止作业,并采用冷水喷射降温和加入低温的冷却水。不得以金属棒等硬物敲击乙炔发生器的金属部分。

(9)使用浮筒式乙炔发生器时,应装设回火防止器。在内筒顶部中间,应设有防爆球或胶皮薄膜,球壁或膜壁厚度不得大于 1mm,其面积应为内筒底面积的 60%以上。

(10)乙炔发生器应放在操作地点的上风处,并应有良好的散热条件,不得放在供电电线的下方,亦不得放在强烈日光下曝晒。四周应设围栏,并应悬挂“严禁烟火”标志。

(11)碎电石应在掺入小块电石后装入乙炔发生器中使用,不得完全使用碎电石。夜间添加电石时不得采用明火照明。

(12)氧气橡胶软管应为红色,工作压力应为 1500kPa;乙炔橡胶软管应为黑色,工作压力应为 300kPa。新橡胶软管应经压力试验,未经压力试验或代用品及变质、老化、脆裂、漏气及沾上油脂的胶管均不得使用。

(13)不得将橡胶软管放在高温管道和电线上,或将重物及热的物件压在软管上,且不得将软管与电焊用的导线敷设在一起。软管经过车行道时,应加护套或盖板。

(14)氧气瓶应与其他易燃气瓶、油脂和其他易燃、易爆物品分别存放,且不得同车运输。氧气瓶应有防震圈和安全帽;不得倒置;不得在强烈日光下曝晒。不得用行车或起重机吊运氧气瓶。

(15)开启氧气瓶阀门时,应采用专用工具,动作应缓慢,不得面对减压器,压力表指针应灵敏正常。氧气瓶中的氧气不得全部用尽,应留 49kPa 以上的剩余压力。

(16)未安装减压器的氧气瓶严禁使用。

(17)安装减压器时,应先检查氧气瓶阀门接头,不得有油脂,并略开氧气瓶阀门吹除污垢,然后安装减压器,操作者不得正对氧气瓶阀门出气口,关闭氧气瓶阀门时,应先松开减压器的活门螺丝。

(18)点燃焊(割)炬时,应先开乙炔阀点火,再开氧气阀调整火焰。关闭时,应先关闭乙炔阀,再关闭氧气阀。

(19)在作业中,发现氧气瓶阀门失灵或损坏不能关闭时,应让瓶内的氧气自动放尽后,再进行拆卸修理。

(20)当乙炔发生器因漏气着火燃烧时,应立即将乙炔发生器朝安全方向推倒,并用黄砂扑灭火种,不得堵塞或拔出浮筒。

(21)乙炔软管、氧气软管不得错装。使用中,当氧气软管着火时,不得折弯软管断气,应迅速关闭氧气阀门,停止供氧。当乙炔软管着火时,应先关熄炬火,可采用弯折前面一段软管将火熄灭。

(22)冬季在露天施工,当软管和回火防止器冻结时,可用热水或在暖气设备下化冻,严禁用火焰烘烤。

(23)不得将橡胶软管背在背上操作。当焊枪内带有乙炔、氧气时不得放在金属管、槽、缸、箱内。

(24)氢氧并用时,应先开乙炔气,再开氢气,最后开氧气,再点燃。熄灭时,应先关氧气,再关氢气,最后关乙炔气。

(25)作业后,应卸下减压器,拧上气瓶安全帽,将软管卷起捆好,挂在室内干燥处,并将乙炔发生器卸压,放水后取出电石篮。剩余电石和电石滓,应分别放在指定的地方。

第八节 预应力钢筋加工机械

一、锚具、夹具和连接器

锚具是后张法结构或构件中为保持预应力筋拉力并将其传递到混凝土上用的永久性锚固装置。夹具是先张法构件施工时为保持预应力筋拉力并将其固定在张拉台座(或钢模)上用的临时性锚固装置。后张法张拉用的夹具又称工具锚,是将千斤顶(或其他张拉设备)的张拉力传递到预应力筋的装置。连接器是先张法或后张法施工中将预应力从一根预应力筋传递到另一根预应力筋的装置。

预应力筋用锚具、夹具和连接器按锚固方式不同,可分为夹片式(单孔与多孔夹片锚具)、支承式(镦头锚具、螺母锚具等)、锥塞式(钢质锥形锚具等)和握裹式(挤压锚具、压花锚具等)四类。

1. 夹片式锚具

(1)单孔夹片锚具

单孔夹片锚具是由锚环与夹片组成,如图 7-19 所示。夹片的种类很多。按片数可分为三片或二片式。其锚固示意,如图 7-20 所示。

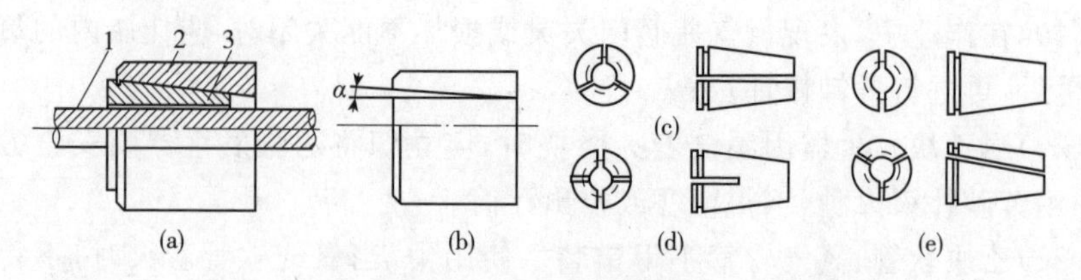

图 7-19　单孔夹片锚具

(a)组装图;(b)锚环;(c)三片式夹片;(d)二片式夹片;(e)斜开缝夹片

1-钢绞线;2-锚环;3-夹片

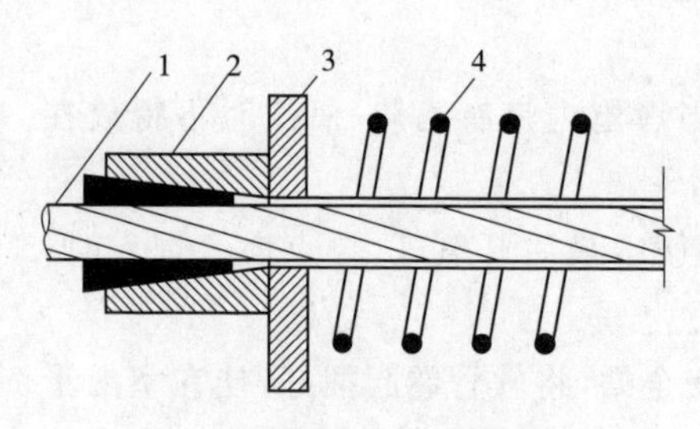

图 7-20　单孔夹片锚固示意图

1-钢绞线;2-单孔夹片锚具;

3-承压钢板;4-螺旋筋

(2)多孔夹片锚具

多孔夹片锚具是由多孔夹片锚具、锚垫板(也称铸铁喇叭管、锚座)、螺旋筋等组成,如图 7-21 所示。这种锚具是在一块多孔的锚板上,利用每个锥形孔装一副夹片,夹持一根钢绞线。其优点是任何一根钢绞线锚固失效,都不会引起整体锚固失效。每束钢绞线的根数不受限制。对锚板与夹片的要求,与单孔夹片锚具相同。

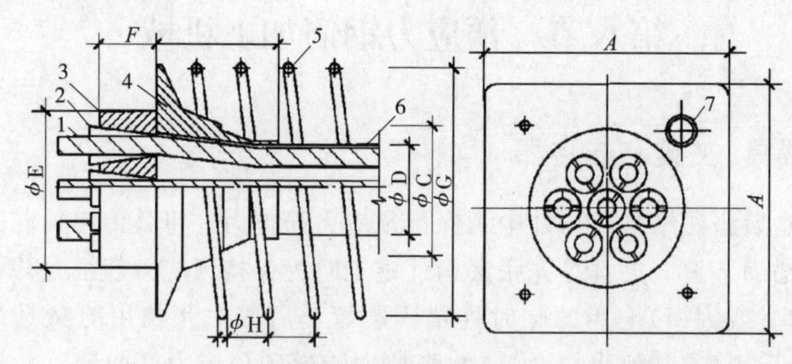

图 7-21　多孔夹片锚具

1-钢绞线;2-夹片;3-锚板;4-锚垫板(铸铁喇叭管);5-螺旋筋;6-金属波纹管;7-灌浆孔

多孔夹片锚固体系在后张法有黏结预应力混凝土结构中用途最广。国内生产厂家已有数十家,主要品牌有:QM、OVM、HVM、B&S、YM、YLM、TM 等。

2. 支承式锚具

(1)镦头锚具

镦头锚具适用于锚固任意根数 φ^{P}与 φ^{P}7 钢丝束。镦头锚具的型式与规格,可根据需要自行设计。常用的镦头锚具分为 A 型与 B 型。A 型由锚环与螺母组成,用于张拉端。B 型为锚板,用于固定端,如图 7-22 所示。

此外，镦头锚具还有锚杆型和锚板型：锚杆型锚具（图 7-23）由锚杆、螺母和半环形垫片组成，锚杆直径小，构件端部无需扩孔；锚板型锚具（图 7-24）由带外螺纹的锚板与垫片组成，但另端锚板应由锚板芯与锚板环用螺纹连接，以便锚芯穿过孔道。这两种锚具宜用于短束，以免垫片过多。在先张法施工中，还可采用单根镦头夹具。

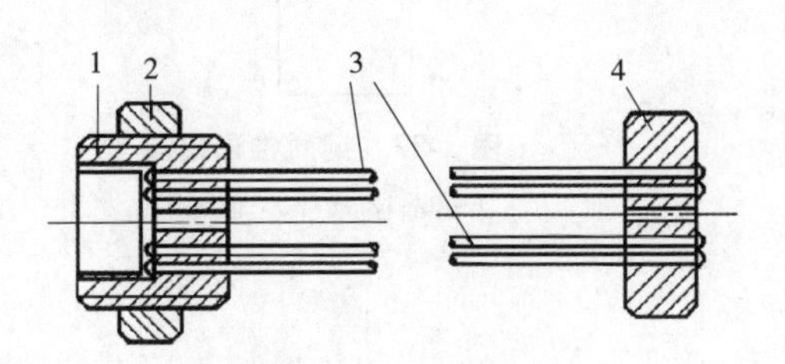

图 7-22　镦头锚具

1-A 型锚环；2-螺母；
3-钢丝束；4-B 型锚板

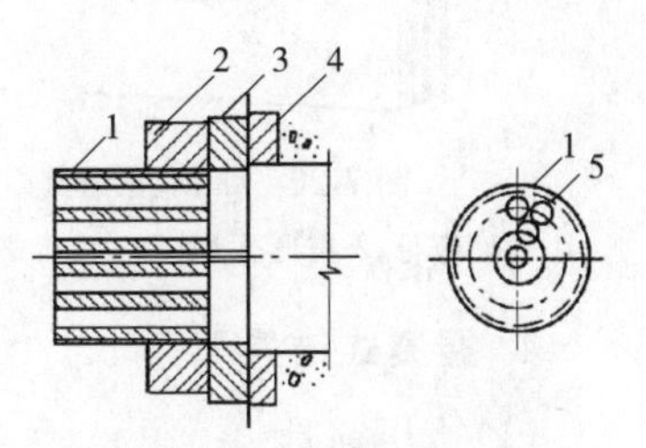

图 7-23　锚杆型镦头锚具

1-锚杆；2-螺母；3-半环形垫片；
4-预埋钢板；5-锚孔

（2）锥形螺杆锚具

锥形螺杆锚具适用于锚固 14～28 根 $\varphi^{S}5$ 钢丝束。它由锥形螺杆、套筒、螺母、垫板组成。EL 型锚具不能自锚，必须事先加上顶压套筒，才能锚固钢丝。锚具的顶紧力取张拉力的 120%～130%，如图 7-25 所示。

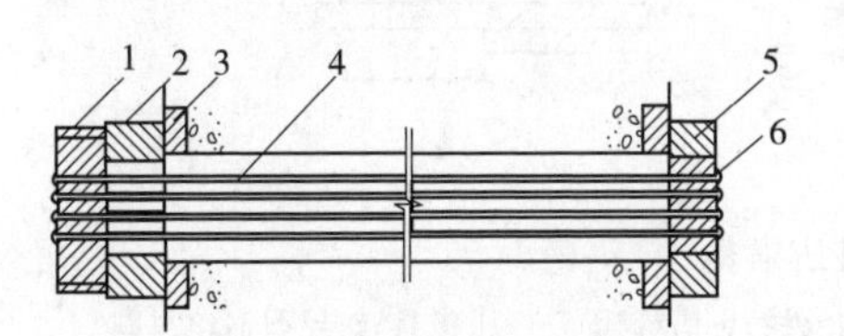

图 7-24　锚板型镦头锚具

1-带外螺纹的锚板；2-半环形垫片；3-预埋钢板；
4-钢丝束；5-锚板环；6-锚芯

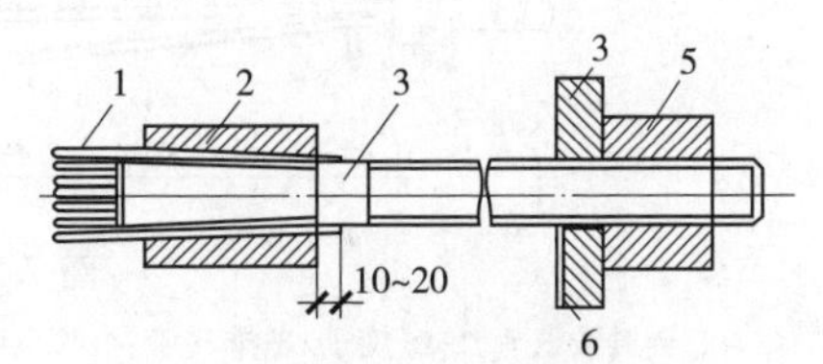

图 7-25　EL 型锚具

1-钢丝 $\varphi^{S}5$；2-套筒；3-锥形螺杆；
4-垫板；5-螺母；6-排气槽

（3）精轧螺纹钢筋锚具

精轧螺纹钢筋锚具适用于锚固直径 25mm 和 32mm 的高强精轧螺纹钢筋。JLM 型锚具与 LM 型锚具和 EL 锚具的不同之处是不用专门的螺杆。钢筋本身就轧有外螺纹，可以直接拧上螺母进行锚固，也可以拧上连接器进行钢筋连接。JLM 型锚具的连接器为 JLL 型，可在钢筋的任意截面处拧上实现连接，避免了焊接。精轧螺纹钢筋锚具如图 7-26 所示。

3. 锥形锚具

钢质锥形锚具（又称弗氏锚具）适用于锚固 6～30$\varphi^{P}5$ 和 12～24$\varphi^{P}7$ 钢丝束。它由锚环与锚塞组成，如图 7-27 所示。

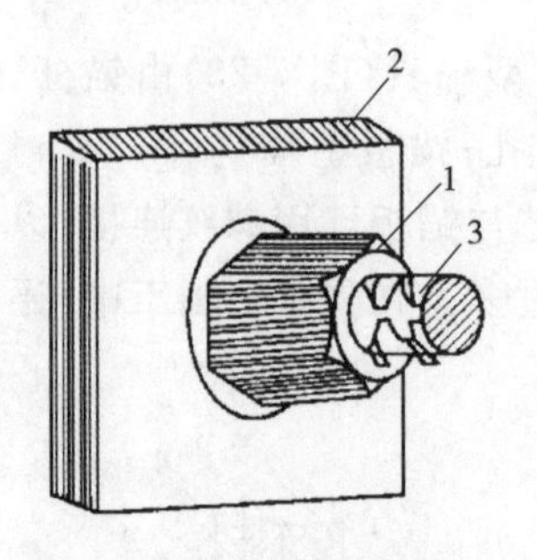

图 7-26　JLM 型锚具

1-锥面螺母；2-锥形孔垫板；3-精轧螺母钢筋

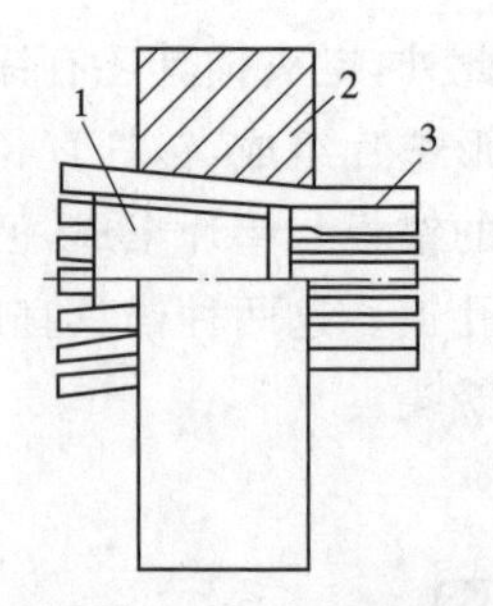

图 7-27　钢质锥形锚具

1-锚塞；2-锚环；3-钢丝束

4. 握裹式锚具

(1)挤压锚具

P 型挤压锚具是在钢绞线端部安装异型钢丝衬圈和挤压套，利用专用挤压机将挤压套挤过模孔后，使其产生塑性变形而握紧钢绞线，形成可靠的锚固，如图 7-28 所示。挤压锚具既可埋在混凝土结构内，也可安装在结构之外，对有黏结预应力钢绞线、无黏结预应力钢绞线都适用，应用范围最广。

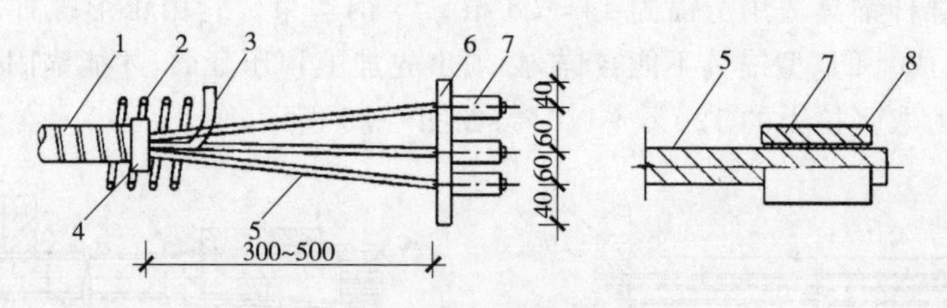

图 7-28　挤压锚具

1-金属波纹管；2-螺旋筋；3-排气管；4-约束圈；5-钢绞线；6-锚垫板；7-挤压锚具；8-异型钢丝衬圈

(2)压花锚具

H 型压花锚具是利用专用压花机将钢绞线端头压成梨形散花头的一种握裹式锚具，如图 7-29 所示。压花锚具仅用于固定端空间较大且有足够的黏结长度的情况，但成本最低。

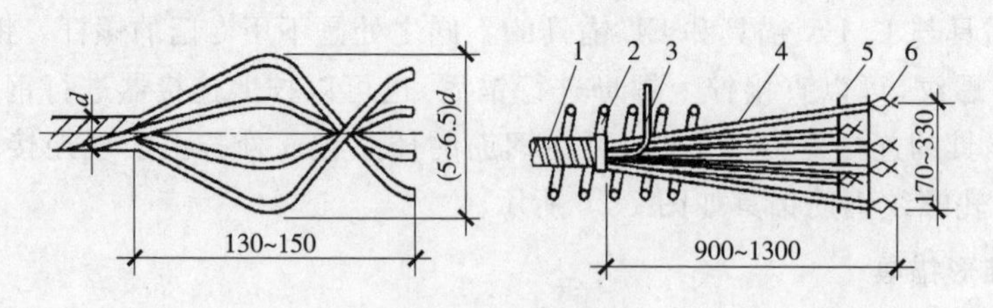

图 7-29　压花锚具

1-波纹管；2-螺旋筋；3-排气管；4-钢绞线；5-构造筋；6-压花锚具

5. 连接器

(1)单根钢绞线连接器

单根钢绞线锚头连接器由带外螺纹的夹片锚具、挤压锚具与带内螺纹的套筒组成,如图 7-30 所示。前段筋采用带外螺纹的夹片锚具锚固,后段筋的挤压锚具穿在带内螺纹的套筒内,利用该套筒的内螺纹拧在夹片锚具的外螺纹上,起连接作用。

单根钢绞线接长连接器是由两个带内螺纹的夹片锚具和一个带外螺纹的连接头组成,如图 7-31 所示。为了防止夹片松脱,在连接头与夹片之间装有弹簧。

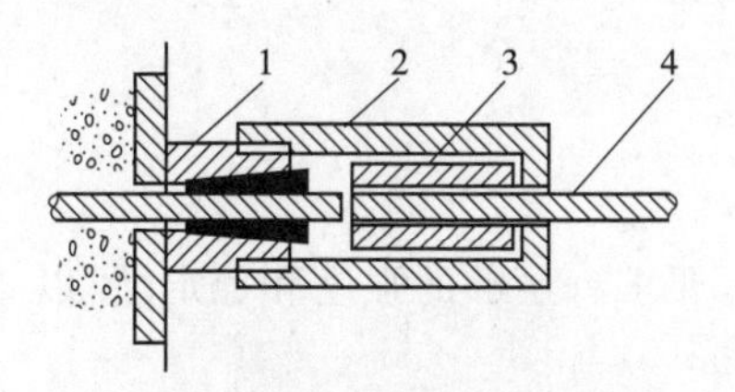

图 7-30 单根钢绞线锚头连接器

1-带外螺纹的锚环;2-带内螺纹的套筒;3-挤压锚具;4-钢绞线

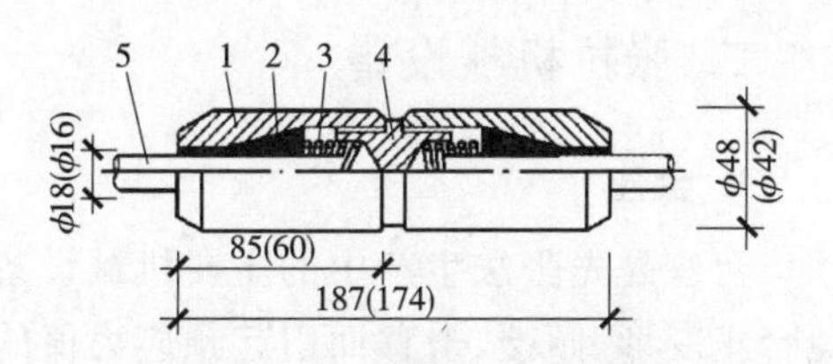

图 7-31 单根 φ^s15.2(φ^s12.7)钢绞线接长连接器

1-带内螺纹的加长锚环;2-带外螺纹的连接头;3-弹簧;4-夹片;5-钢绞线

(2)多根钢绞线连接器

多根钢绞线连接器主要由连接体、夹片、挤压锚具、白铁护套、约束圈等组成,如图 7-32 所示。其连接体是一块增大的锚板。锚板中部锥形孔用于锚固前段束,锚板外周边的槽口用于挂后段束的挤压锚具。

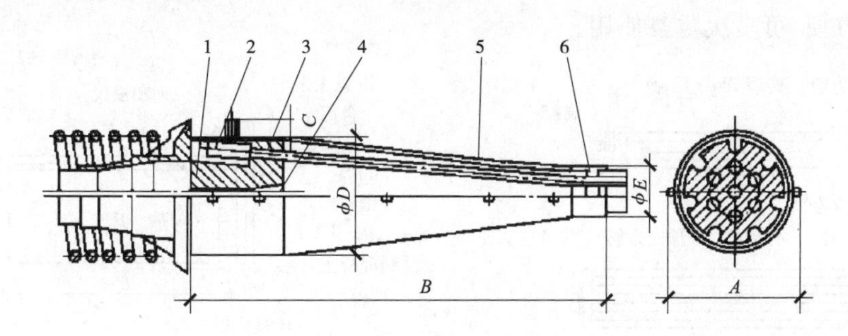

图 7-32 多根钢绞线连接器

1-连接体;2-挤压锚具;3-钢绞线;4-夹片;5-白铁护套;6-约束圈

(3)钢丝束连接器

采用镦头锚具时,钢丝束的连接器,可采用带内螺纹的套筒或带外螺纹的连杆,如图 7-33 所示。

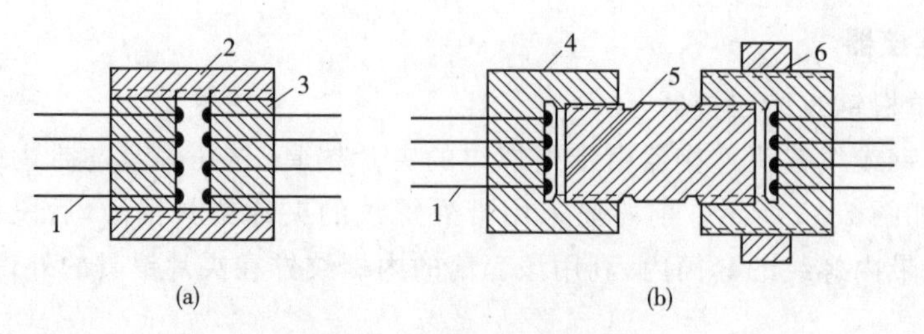

图 7-33　钢丝束连接器

(a)带内螺纹的套筒;(b)带外螺纹的连杆

1-钢丝;2-套筒;3-锚板;4-锚环;5-连杆;6-螺母

二、张拉机械设备

1. 台座

台座是先张法生产中的主要机械设备之一,要求有足够的强度和稳定性,以免台座变形、倾覆、滑移而引起预应力值的损失。

(1)槽式台座,如图 7-34 所示,它由端柱、传力柱、柱垫、横梁和台面等组成。一般多做成装配式的,长度一般不大于 76m,宽度随构件外形及制作方式而定,一般不小于 1m。它既可承受张拉力,又可作养生槽。

槽式台座常用于生产张拉拉力较高的大中型预应力混凝土构件,如起重机梁、屋架等。

(2)换埋式台座,如图 7-35 所示,它由钢立柱、预制混凝土挡板和砂床组成。它是用砂床埋住挡板、立柱,以此来代替现浇混凝土墩,抵抗张拉时的倾覆力矩。拆迁方便,可多次重复使用。

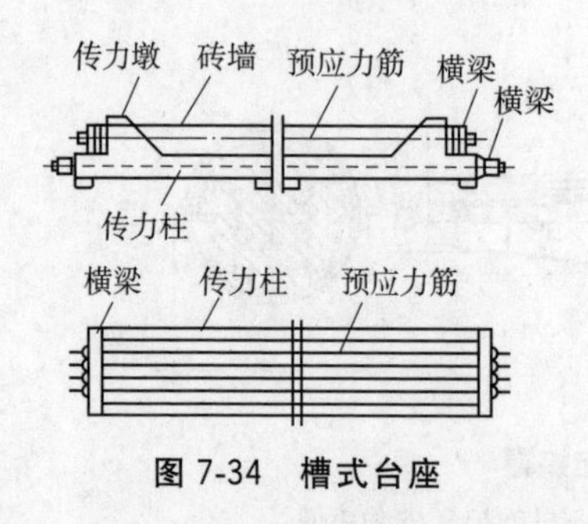

图 7-34　槽式台座

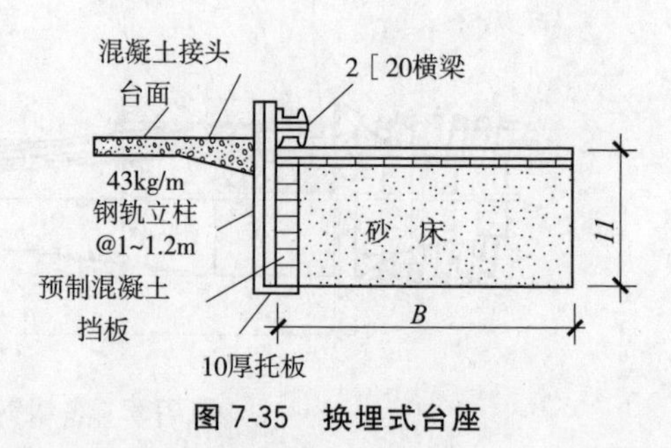

图 7-35　换埋式台座

(3)简易台座,如图 7-36 所示,利用地坪或构件(如基础梁、起重机梁、柱子等)做成传力支座,承受张拉力。

(4)墩式台座,如图 7-37 所示,它由台墩、台面、横梁、定位板等组成。常用的为台墩与台面共同受力的形式。台座长度和宽度由场地大小、构件类型和产量等因素确定，一般长不大于 150m，宽不大于 2m。在台座的端部应留出张拉操作用通道和场地，两侧应有构件运输和堆放的场地。依靠自重平衡张拉力，张拉力可达 1000～2000kN。

墩式台座适于生产多种形式构件，或叠层生产、成组立模生产中小型构件，张拉一次可生产多个构件，劳动效率高，又可减少钢丝滑动或台座横梁变形引起的应力损失。这种形式国内应用最广。

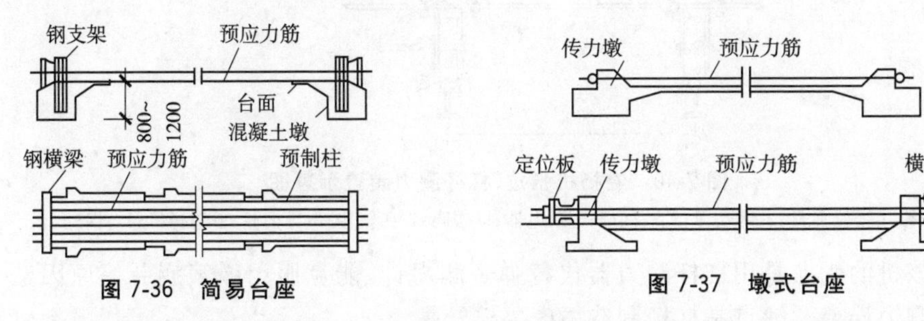

图 7-36 简易台座

图 7-37 墩式台座

(5)构架式台座，如图 7-38 所示，它一般采用装配式预应力混凝土结构，由多个 1m 宽重约 2.4t 的三角形块体组成，每一块体能承受的拉力约 130kN，可根据台座需要的张拉力，设置一定数量的块体组成。

2. 张拉机具

张拉机具要求简易可靠，能准确控制钢丝的拉力，能以稳定的速率增大拉力。简易张拉机具有电动螺杆张拉机、手动螺杆张拉器和卷扬机（包括电动及手动）。在测力方面，有弹簧测力计及杠杆测力器等不同方法。

(1)卷扬机张拉、弹簧测力的张拉装置

卷扬机张拉、弹簧测力的张拉装置，如图 7-39 所示。

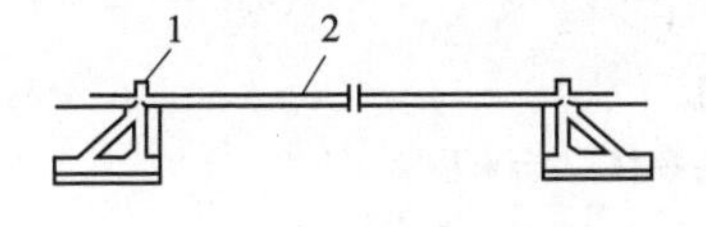

图 7-38 构架式台座

1-构架；2-预应力筋

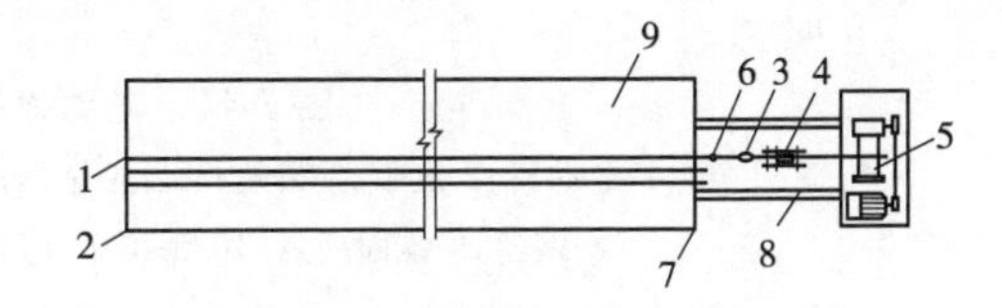

图 7-39 卷扬机张拉、弹簧测力装置示意图

1-镦头或锚固夹具；2-后横梁；3-张拉夹具；4-弹簧测力计；5-电动卷扬机；6-锚固夹具；7-前横梁；8-顶杆；9-台座

弹簧测力计宜设置行程开关，以便张拉到要求的拉力时，能自行停车。如弹簧测力计不设行程开关，钢丝绳的速度以 1m/min 为宜，速度太快，则张拉力不易控制准确。

(2)卷扬机张拉、杠杆测力的张拉装置

卷扬机张拉、杠杆测力的张拉装置，如图 7-40 所示。

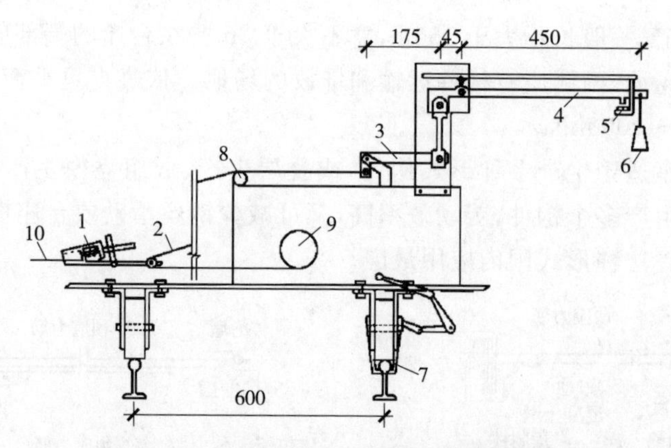

图 7-40　卷扬机张拉、杠杆测力装置示意图

1-钳式张拉夹具；2-钢丝绳；3、4-杠杆；5-断电器；6-砝码；7-夹轨器；8-导向轮；9-卷扬机；10-钢丝

该机的优点是用杠杆测力器代替弹簧测力计，能克服因弹簧疲劳等原因造成的测力误差。缺点是杠杆制造精度要求较高。

(3)电动螺杆张拉机

电动螺杆张拉机由张拉螺杆、变速箱、拉力架、承力架和张拉夹具组成，如图 7-41 所示。为了便于转移和工作，将其装置在带轮的小车上。电动螺杆张拉机可以张拉预应力钢筋，也可以张拉预应力钢丝。

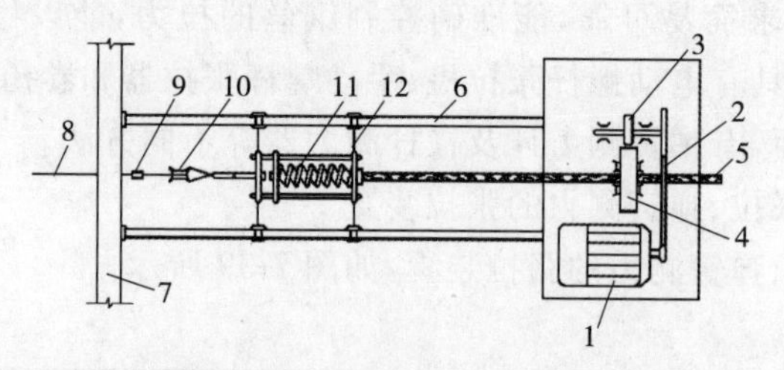

图 7-41　电动螺杆张拉机

1-电动机；2-皮带；3-齿轮；4-齿轮螺母；5-螺杆；6-顶杆；7-台座横梁；
8-钢丝；9-锚固夹具；10-张拉夹具；11-弹簧测力计；12-滑动架

电动螺杆张拉机的工作过程：工作时顶杆支承到台座横梁上，用张拉夹具夹紧预应力筋，开动电动机使螺杆向右侧运动，对预应力筋进行张拉，达到控制应力要求时停车，并用预先套在预应力筋上的锚固夹具将预应力筋临时锚固在台座的横梁上。然后开倒车，使电动螺杆张拉机卸荷。

(4)液压冷镦设备

液压冷镦设备，它分为钢筋冷镦器和钢丝冷镦器两种。

YLD-45 型的钢筋冷镦器主要用来镦粗 $\varphi12$ 以下的钢筋。它由油缸、夹紧活塞、镦头活塞、顺序阀、回油阀、镦头模、夹片及锚环等部件组成。工作时，要与高压油泵配套使用。

LD-10、LD-20型的钢丝冷镦器，它由油缸、夹紧活塞、镦头活塞、顺序控制碟簧、回程碟簧、镦头模、夹片及锚环等部件组成，密封件为圆形耐油橡胶密封圈。它工作时也要与高压油泵配套使用。其中LD-10可镦φ5钢丝，镦头压力为32～36N/mm^2；LD-20可镦φ7钢丝，镦头压力为40～43N/mm^2。

(5)液压拉伸设备

液压拉伸设备由千斤顶和高压油泵组成。千斤顶则分为拉杆式、穿心式、锥锚式3类；高压油泵则分为手动式和轴向电动式两种。

1)拉杆式千斤顶。拉杆式千斤顶主要适用于张拉焊有螺丝端杆锚具的粗钢筋、带有锥形螺杆锚具的钢丝束及镦头锚具钢丝束。工程中常用的L600型千斤顶技术性能见表7-13。其工作原理如图7-42所示，首先将连接器与螺丝端杆连接，顶杆支承在构件端部的预埋铁板上，当高压油进入主缸，推动主活塞向右移动时，带动预应力筋向右移动，这样预应力筋就受到了张拉。当达到规定的张拉力后，拧紧螺丝端杆上的螺母，将预应力筋锚固在构件的端部，锚固后，改由副缸进油，推动副缸带动主缸和拉杆向左移动，将主缸恢复到开始张拉时的位置。同时，主缸的油也回到油泵中。至此，完成了一次张拉过程。

表7-13　L600型千斤顶技术性能

项目	单位	数据	项目	单位	数据
额定油压	MPa	40	回程液压面积	cm^2	38
张拉缸液压面积	cm^2	162.5	回程油压	N/mm^2	<10
理论张拉力	kN	650	外形尺寸	mm	ϕ193×677
公称张拉力	kN	600	净重	kg	65
张拉行程	mm	150	配套油泵	ZB_4-500型电动油泵	

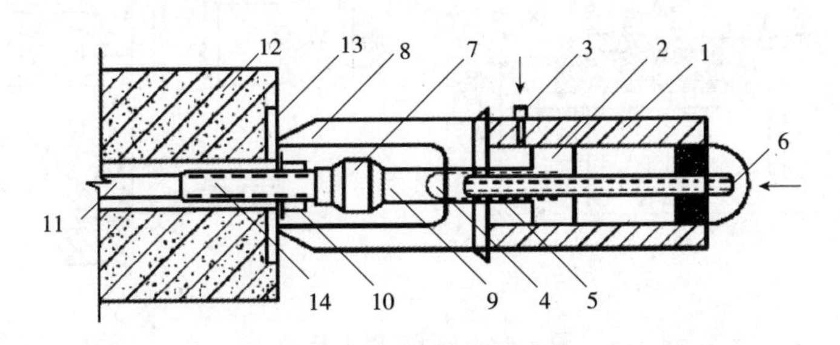

图7-42　用拉杆式千斤顶张拉单根粗钢筋的工作原理

1-主缸；2-主缸；3-主缸进油孔；4-副缸；5-副缸活塞；6-副缸进油孔；7-连接器；8-传力架；9-拉杆；10-螺母；11-预应力筋；12-混凝土构件；13-预埋铁板；14-螺丝端杆

2)穿心式千斤顶。穿心式千斤顶是中空通过钢筋束的千斤顶,是适应性较强的千斤顶。它既可张拉带有夹片锚具或夹具的钢筋束和钢绞线束,配上撑脚、拉杆等附件后,也可作为拉杆式千斤顶用。根据使用功能不同,它又可分为 YC 型、YCD 型、YCQ 型、YCW 型等系列。

YC 型又分为 YC18 型、YC20 型、YC60 型、YC120 型等。YC 型技术性能见表 7-14。

表 7-14　YC 型穿心式千斤顶技术性能

项目	单位	YC18 型	YC20D 型	YC60 型	YC120
额定油压	MPa	50	40	40	50
张拉缸液压面积	cm^2	40.6	51	162.6	250
公称张拉力	kN	180	200	600	1200
张拉行程	mm	250	200	150	300
顶压缸活塞面积	cm^2	13.5	—	84.2	113
顶压行程	mm	15	—	50	40
张拉缸回程液压面积	cm^2	22	—	12.4	160
顶压方式		弹簧	—	弹簧	液压
穿心孔径	mm	27	31	55	70

YC 型千斤顶的张拉力,一般有 180kN、200kN、600kN、1200kN 和 3000kN,张拉行程由 150mm 至 800mm 不等,基本上已经形成各种张拉力和不同张拉行程的 YC 型千斤顶系列。现以 YC60 型千斤顶为例,说明其工作原理。

YC60 型千斤顶主要由张拉油缸、顶压油缸、顶压活塞、穿心套、保护套、端盖堵头、连接套、撑套、回程弹簧和动、静密封套等部件组成。其构造如图 7-43 所示。

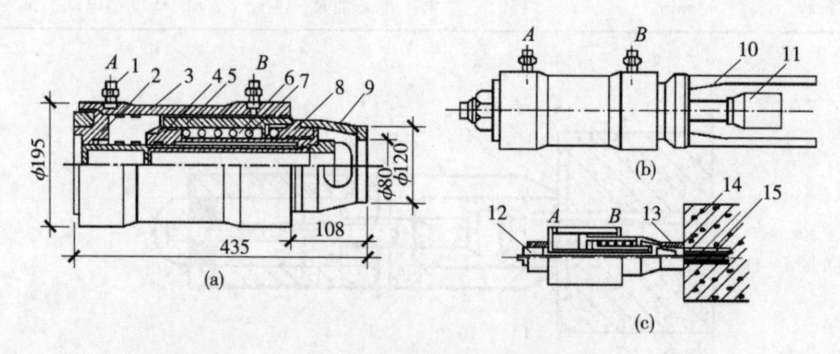

图 7-43　YC60 型千斤顶

(a)YC60 型千斤顶构造;(b)YC60 型改装成 YL60 型千斤顶;(c)YC60 型千斤顶工作原理

1-端盖螺母;2-端盖;3-张拉油缸;4-顶压活塞;5-顶压油缸;6-穿心套;7-回程弹簧;8-连接套;9-撑套;10-撑脚;11-连接头;12-工具锚;13-预应力筋锚具;14-构件;15-预应力筋

3)锥锚式千斤顶。锥锚式千斤顶又称双作用或三作用千斤顶，是一种专用千斤顶，如图 7-44 所示。适用于张拉以 KT-Z 型锚具为张拉锚具的钢筋束或钢绞线束和张拉以钢质锥形锚具为张拉锚具的钢绞线束。其操作顺序见表 7-15。

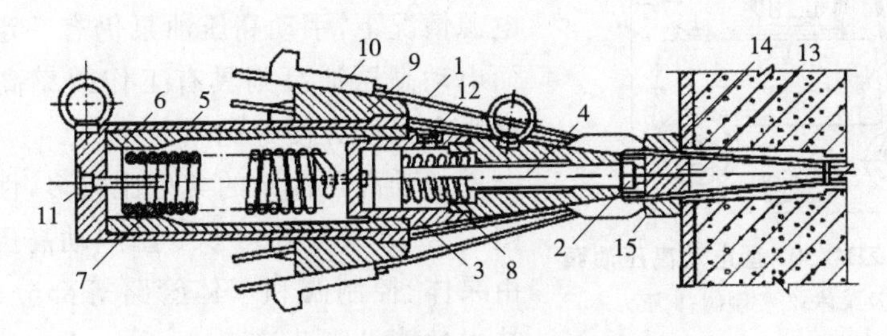

图 7-44 锥锚式千斤顶基本构造

1-预应力筋；2-顶压头；3-副缸；4-副缸活塞；5-主缸；6-主缸活塞；7-主缸拉力弹簧；8-副缸压力弹簧；9-锥形卡环；10-楔块；11-主缸油嘴；12-副缸油嘴；13-锚塞；14-混凝土构件；15-锚环

表 7-15 锥锚式千斤顶操作顺序

顺序	工序名称	进回油情况		动作情况
		A 油嘴	B 油嘴	
1	张拉前准备	回油	回油	(1)油泵停车或空载运转； (2)安装锚环，对中套、千斤顶； (3)开泵后将张拉液压缸伸出一定长度(约 30～40mm)供退楔用； (4)将钢丝按顺序嵌入卡盘槽内，用楔块卡紧
2	张拉预应力筋	进油	回油	(1)顶压缸右移顶位对中套、锚环； (2)张拉缸带动卡盘左移张拉钢丝束
3	顶压锚塞	关闭	进油	(1)张拉缸持荷，稳定在设计的张拉力； (2)顶压活塞杆右移，将锚塞强制顶入锚环内； (3)弹簧压缩
4	液压退楔 (张拉缸回程)	回油	进油	(1)张拉缸(或顶压缸)右移(或左移)回程复位； (2)退楔翼板顶住楔块使之松脱
5	顶压活塞杆 弹簧活塞	回油	回油	(1)油泵停车或空载运转； (2)在弹簧力作用下，顶压活塞杆左移复位

4)油泵。油泵是配合千斤顶施工的必要设备。选用与千斤顶配套的油泵时，油泵的额定压力应等于或大于千斤顶的额定压力。

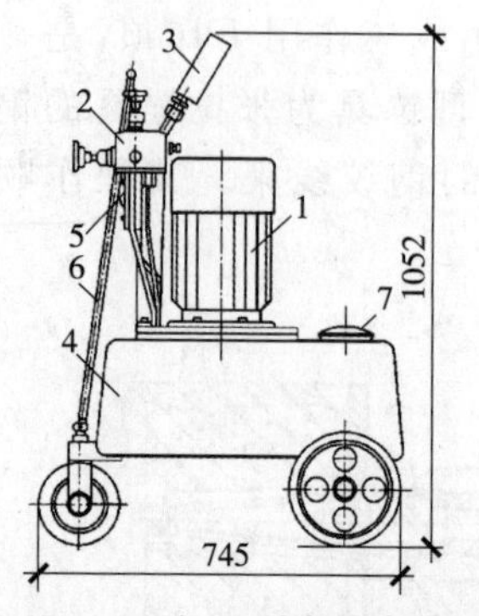

图 7-45 ZB4/500 型电动高压油泵

1-电动机及泵体；2-控制阀；3-压力表；4-油箱小车；5-电气开关；6-拉手；7-加油口

高压油泵具有小流量、超高压、泵阀配套和可移动的特点。它按动力方式可分为手动和电动高压油泵两类；电动高压油泵又分为径向泵和轴向泵两种型式。小规模生产或无电源情况下，手动高压油泵仍有一定实用性；而电动高压油泵则具有工作效率高、劳动强度小和操作方便等优点。

电动高压油泵的类型比较多，性能不一。图 7-45 所示为 ZB4/500 型电动高压油泵，它由泵体、控制阀和车体管路等部分组成。其技术性能见表 7-16。

表 7-16 ZB4/500 型电动油泵技术性能

柱塞	直径	mm	10	电动机	型号		JO_2-32-4TZ
	行程	mm	6.8		功率	W	3000
	个数	个	2×3		转数	r/min	1430
油泵转数		r/min	1430	出油嘴数		个	2
理论排量		mL/r	3.2	用油种类		10 号或 20 号机械油	
额定压力		MPa	50	油箱容量		L	42
额定排量		L/min	2×2	自重		kg	120
				外形		mm	745×494×1052

3. 灌浆设备

在预应力后张法的施工中，采用有黏结预应力筋时，张拉工序结束后，构件的穿筋孔道需要用水泥浆或水泥砂浆灌满。灌浆需用专用灌浆设备。

目前常用的灌浆设备为电动灰浆泵。它由灰浆搅拌机、灌浆泵、贮浆桶、过滤器、橡胶管和喷浆嘴等组成。其型号有 HB7-3，为电动活塞式泵。其技术性能：输送量为每小时 $3m^3$；垂直输送可达 40m，水平输送达 150m；工作压力为 1.5MPa；电动机功率为 4kW；排浆口胶管内径为 51mm，进浆口胶管内径为 64mm。

4. 张拉设备标定

施加预应力用的机具设备及仪表，应由专人使用和管理，并应定期维护和标定（校验）。

张拉设备应配套标定，以确定张拉力与压力表读数的关系曲线。标定张拉设备用的试验机或测力计精度，不得低于±2%。压力表的精度不宜低于 1.5 级，最大量程不宜小于设备额定张拉力的 1.3 倍。标定时，千斤顶活塞的运行方向，应与实际张拉工作状态一致。

张拉设备的标定期限，不宜超过半年。当发生下列情况之一时，应对张拉设备重新标定：

(1)千斤顶经过拆卸修理；

(2)千斤顶久置后重新使用；

(3)压力表受过碰撞或出现失灵现象；

(4)更换压力表；

(5)张拉中预应力筋发生多根破断事故或张拉伸长值误差较大。

三、安全操作要点

(1)预应力筋用锚具、夹具和连接器安装前应擦拭干净。当按施工工艺规定需要在锚固零件上涂抹介质以改善锚固性能时，应在锚具安装时涂抹。

(2)钢绞线穿入孔道时，应保持外表面干净，不得拖带污物；穿束以后，应将其锚固夹持段及外端的浮锈和污物擦拭干净。

(3)锚具和连接器安装时应与孔道对中。锚垫板上设置对中止口时，则应防止锚具偏出止口以外，形成不平整支承状态。夹片式锚具安装时，各根预应力钢材应平顺，不得扭绞交叉；夹片应打紧，并外露一致。

(4)使用钢丝束镦头锚具前，首先应确认该批预应力钢丝的可镦性，即其物理力学性能应能满足镦头锚具的全部要求。钢丝镦头尺寸不应小于规定值，头形应圆整端正。钢丝镦头的圆弧形周边出现纵向微小裂纹时，其裂纹长度不得延伸至钢丝母材，不得出现斜裂纹或水平裂纹。

(5)用钢绞线挤压锚具挤压时，在挤压模内腔或挤压元件外表面应涂润滑油，压力表读数应符合操作说明书的规定。挤压后的钢绞线外端应露出挤压头2～5mm。

(6)夹片式、锥塞式等形式的锚具，在预应力筋张拉和锚固过程中或锚固完成以后，均不得大力敲击或振动。

(7)利用螺母锚固的支承式锚具，安装前应逐个检查螺纹的配合情况。对于大直径螺纹的表面，应涂润滑油脂，以确保张拉和锚固过程中顺利旋合和拧紧。

(8)钢绞线压花锚成型时，应将表面的污物或油脂擦拭干净，梨形头尺寸和直线段长度不应小于设计值，并应保证与混凝土有充分的黏结力。

(9)对于预应力筋，应采用形式和吨位与其相符的千斤顶整束张拉锚固。对直线形或平行排放的预应力钢绞线束，在确保各根预应力钢绞线不会叠压时，也可采用小型千斤顶逐根张拉工艺，但必须将“分批张拉预应力损失”计算在控制应力之内。

(10)千斤顶安装时,工具锚应与前端工作锚对正,使工具锚与工作锚之间的各根预应力钢材相互平行,不得扭绞错位。

工具锚夹片外表面和锚板锥孔内表面使用前宜涂润滑剂,并应经常将夹片表面清洗干净。当工具夹片开裂或牙面缺损较多,工具锚板出现明显变形或工作表面损伤显著时,均不得继续使用。

(11)对于一些有特殊要求的结构或张拉空间受到限制时,可配置专用的变角块,并应采用变角张拉法施工。

(12)采用连接器接长预应力筋时,应全面检查连接器的所有零件,必须执行全部操作工艺,以确保连接器的可靠性。

(13)预应力筋锚固以后,因故必须放松时,对于支承式锚具可用张拉设备松开锚具,将预应力缓慢地卸除;对于夹片式、锥塞式等锚具,宜采用专门的放松装置将锚具松开。任何时候都不得在预应力筋存在拉力的状态下直接将锚具切去。

(14)预应力筋张拉锚固后,应对张拉记录和锚固状况进行复查,确认合格后,方可切割露于锚具之外的预应力筋多余部分。切割工作应使用砂轮锯;当使用砂轮锯有困难时,也可使用氧—乙炔焰,严禁使用电弧。当用氧—乙炔焰切割时,火焰不得接触锚具;切割过程中还应用水冷却锚具。切割后预应力筋的外露长度不应小于30mm。

(15)预应力筋张拉时,应有安全措施。预应力筋两端的正面严禁站人。

(16)后张法预应力混凝土构件或结构在张拉预应力筋后,宜及时向预应力筋孔道中压注水泥浆。先张法生产预应力混凝土构件时,张拉预应力筋后,宜及时浇筑构件混凝土。

(17)对暴露于结构外部的锚具应及时实施永久性防护措施,防止水分、氯离子及其他有腐蚀性的介质侵入。同时,还应采取适当的防火和避免意外撞击的措施。

封头混凝土应填塞密实并与周围混凝土黏结牢固。无黏结预应力筋的锚固穴槽中,可填堵微膨胀砂浆或环氧树脂砂浆。

锚固区预应力筋端头的混凝土保护层厚度不应小于20mm;在易受腐蚀的环境中,保护层还宜适当加厚。对凸出式锚固端,锚具表面距混凝土边缘不应小于50mm。封头混凝土内应配置1～2片钢筋网,并应与预留锚固筋绑扎牢固。

(18)在无黏结预应力筋的端部塑料护套断口处,应用塑料胶带严密包缠,防止水分进入护套。在张拉后的锚具夹片和无黏结筋端部,应涂满防腐油脂,并罩上塑料(PE)封端罩,并应达到完全密封的效果。也可采用涂刷环氧树脂达到全密封效果。

第八章 装修机械

第一节 灰浆搅拌机

灰浆搅拌机是将砂、水、胶合材料(包括水泥、白灰等)均匀地搅拌成为灰浆的一种机械,在搅拌过程中,拌筒固定不动,而由旋转的条状拌叶对物料进行搅拌。

一、灰浆搅拌机的分类

灰浆搅拌机按卸料方式的不同分两种:一种是使拌筒倾翻、筒口倾斜出料方式的"倾翻卸料灰浆搅拌机";另一种是拌筒不动、打开拌筒底侧出料的"活门卸料灰浆搅拌机"。

目前,常使用的有100L、200L与325L(均为装料容量)规格的灰浆搅拌机。100L与200L容量多数为倾翻卸料式,325L容量多数为活门卸料式。根据不同的需要,灰浆搅拌机还可制成固定式与移动式两种形式。

常用的倾翻卸料灰浆搅拌机有HJ1-200型、HJ1-200A型、HJ1-200B型和活门卸料搅拌机HJ1-325型等[代号意义:H—灰浆;J—搅拌机;数字表示容量(L)]。

二、灰浆搅拌机的构造与原理

图8-1所示为活门卸料灰浆搅拌机,由装料、水箱、搅拌和卸料等四部分组成。

(1)拌筒1装在机架2上,拌筒内沿纵向的中心线方向装一根轴,上面有若干拌叶,用以进行搅拌;机器上部装有虹吸式配水箱9,可自动供拌和用水;装料是由进料斗4进行。

(2)装有拌叶的轴支承在拌筒两端的轴承中,并与减速箱输出轴相连接,由电动机10经V形带驱动搅拌轴旋转进行拌和。

(3)卸料时,拉动卸料手柄12可使出料活门11开启,灰浆由此卸出,然后推压手柄12便将活门11关闭。

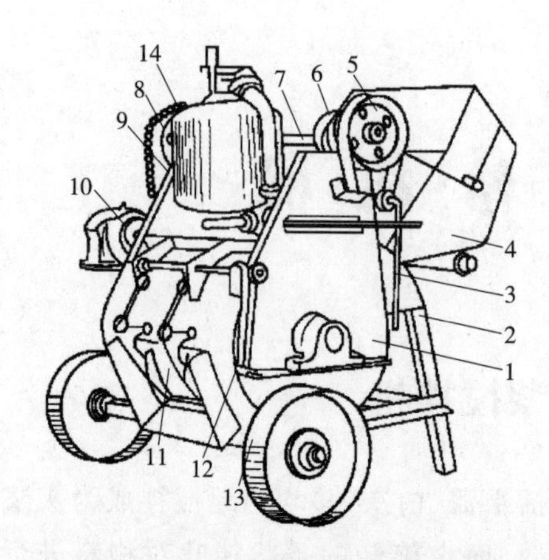

图 8-1 活门卸料灰浆搅拌机示意图

1-拌筒;2-机架;3-料斗升降手柄;4-进料斗;5-制动轮;6-卷扬筒;7-制动带抱合轴;8-离合器;9-配水箱;10-电动机;11-出料活门;12-卸料手柄;13-行走轮;14-被动链轮

(4)进料斗的升降机构由制动带抱合轴 7、制动轮 5、卷扬筒 6、离合器 8 等组成,并由手柄 3 操纵。

(5)钢丝绳围绕在料斗边缘外侧,其两端分别卷绕在卷扬筒上。减速箱另一输出轴端安装主动链轮,传动被动链轮 14 而旋转,被动链轮同时又是离合器鼓(其内部为内锥面)。

(6)装料时,推压料斗升降手柄 3,使常闭式制动器上的制动带松开,而制动带抱合轴 7 与离合器 8 的鼓接通使料斗上升。当放松手柄,制动轮被制动带抱合轴 7 抱合停止转动,进料斗 4 亦停住不动进行装料。料斗下降时,只需轻提料斗升降手柄 3,制动带松开,料斗即下降。

三、灰浆搅拌机的技术性能

各种灰浆搅拌机主要技术性能见表 8-1。

表 8-1 各种灰浆搅拌机主要技术性能

技术规格			类型		
			HJ1-200	HJ1-200B	HJ1-235
工作容量		L	200	200	325
拌叶转数		r/min	25～30	34	32
搅拌时间		min/次	1.5～2	2	—
电动机	型号		JO_2-32-4	JO-42-4	JO-42-4
	功率	kW	3	2.8	2.8
	转速	r/min	1430	1440	1440
外形尺寸（长×宽×高）		mm×mm×mm	2280×1100×1170	1620×850×1050	2700×1700×1350
质量		kg	600	560	760
生产率		m^2/h	—	3	6

四、灰浆搅拌机的操作要点

(1)安装机械的地点应平整夯实,安装应平稳牢固。

(2)行走轮要离开地面,机座应高出地面一定距离,便于出料。

(3)开机前应对各种转动活动部位加注润滑剂,检查机械部件是否正常。

(4)开机前应检查电气设备绝缘和接地是否良好,皮带轮的齿轮必须有防护罩。

(5)开机后,先空载运输,待机械运转正常,再边加料边加水进行搅拌,所用砂子必须过筛。

(6)加料时工具不能碰撞拌叶,更不能在转动时把工具伸进斗里扒浆。

(7)工作后必须用水将机器清洗干净。

五、灰浆搅拌机的故障排除

灰浆搅拌机发生故障时,必须停机检验,不准带故障工作,故障排除方法见表 8-2。

表 8-2 灰浆搅拌机故障排除方法

故障现象	原因	排除方法
拌叶和筒壁摩擦碰撞	(1)拌叶和筒壁间隙过小; (2)螺栓松动	(1)调整间隙; (2)紧固螺栓
刮不净灰浆	拌叶与筒壁间隙过大	调整间隙
主轴转数不够或不转	带松弛	调整电动机底座螺栓
传动不平稳	(1)涡轮涡杆或齿轮啮合间隙过大或过小; (2)传动键松动; (3)轴承磨损	(1)修换或调整中心距、垂直底与平行度; (2)修换键; (3)更换轴承
拌筒两侧轴孔漏浆	(1)密封盘根不紧; (2)密封盘根失效	(1)压紧盘根; (2)更换盘根
主轴承过热或有杂音	(1)渗入砂粒; (2)发生干磨	(1)拆卸清洗并加满新油(脂); (2)补加润滑油(脂)
减速箱过热且有杂音	(1)齿轮(或涡轮)啮合不良; (2)齿轮损坏; (3)发生干磨	(1)拆卸调整,必要时加垫或修换; (2)修换; (3)补加润滑油

第二节 灰 浆 泵

一、灰浆输送泵的分类及构造

灰浆输送泵按结构划分为柱塞泵、挤压泵等。

1. 柱塞式灰浆泵的主要结构

柱塞式灰浆泵分为直接作用式及隔膜式。柱塞式灰浆泵又称柱塞泵或直接作用式灰浆泵，单柱塞式灰浆泵结构如图8-2所示。柱塞式灰浆泵是由柱塞的往复运动和吸入阀、排出阀的交替启闭将灰浆吸入或排出。工作时柱塞在工作缸中与灰浆直接接触，构造简单，但柱塞与缸口磨损严重，影响泵送效率。

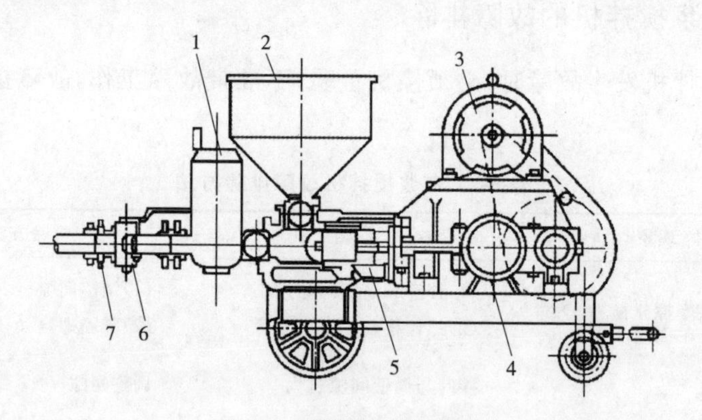

图8-2 单柱塞式灰浆泵

1-汽缸；2-料斗；3-电动机；4-减速箱；5-曲柄连杆机构；6-柱塞缸；7-吸入阀

2. 挤压式灰浆泵的主要结构

隔膜式灰浆泵是间接作用灰浆泵，其结构和工作原理如图8-3所示。柱塞的往复运动通过隔膜的弹性变形，实现吸入阀和排出阀交替工作，将灰浆吸入泵室，通过隔膜压送出来。由于柱塞不接触灰浆，能延长使用寿命。

挤压式灰浆泵无柱塞和阀门，是靠挤压滚轮连续挤压胶管，实现泵送灰浆。在扁圆的泵壳和滚轮之间安装有挤压滚轮，当轮架以箭头方向开始回转时，进料口处被滚轮挤扁，管中空气被压，长出料口排入大气，随之转来的调整轮把橡胶管整形复原，并出现瞬时的真空；料斗的灰浆在大气的作用下，由灰浆斗流向管口，从此，滚轮开始挤压灰浆，使灰浆进入管道，流向出料口。周而复始就实现了泵送灰浆的目的。挤压式灰浆泵结构简单，维修方便，但挤压胶管因折弯而容易损坏。各型挤压泵结构相似，结构示意如图8-4所示。

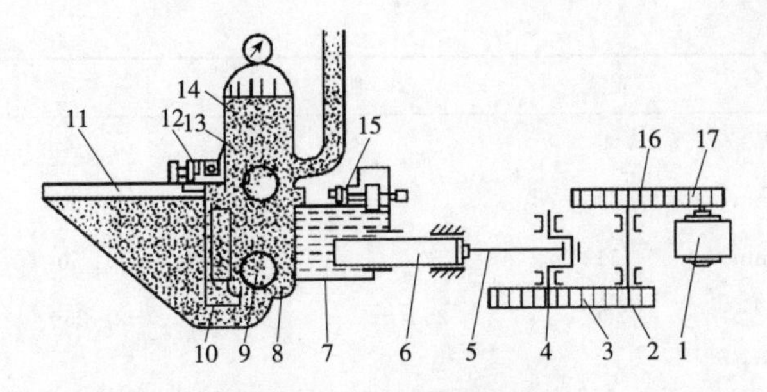

图 8-3　圆柱形隔膜泵

1-电动机；2-齿轮减速箱；3-齿轮减速箱；4-曲轴；5-连杆；6-活塞；7-泵室；8-隔膜；9-球形阀门；10-吸入支管；11-料斗；12-回浆阀；13-球形阀门；14-气罐；15-安全阀；16-齿轮减速箱；17-齿轮减速箱

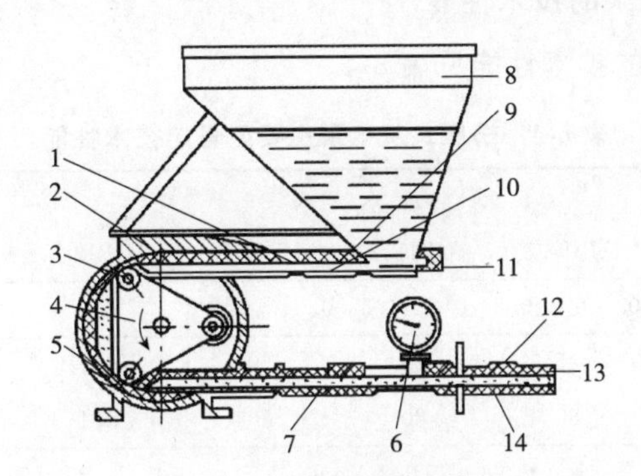

图 8-4　挤压泵结构示意图

1-胶管；2-泵体；3-滚轮；4-轮架；5-胶管；6-压力表；7-胶管；8-料斗；9-进料管；10-连接夹；11-堵塞；12-卡头；13-输浆管；14-支架

二、灰浆泵的技术性能

1. 柱塞式灰浆泵的技术性能

柱塞式灰浆泵的技术性能见表 8-3。

表 8-3　柱塞式灰浆泵主要型号的技术性能

型式	立式	卧式		双缸	
型号	HB6-3	HP-013	HK3.5-74	UB3	8P80
泵送排量/(m^3/h)	3	3	3.5	3	1.8～4.8
垂直泵送高度/m	40	40	25	40	>80
水平泵送距离/m	150	150	150	150	400
工作压力/MPa	1.5	1.5	2.0	0.6	5.0

（续）

型式	立式	卧式		双缸	
电动机功率/kW	4	7	5.5	4	16
进料胶管内径/mm	64		62	64	62
排料胶管内径/mm	51	50	51	50	
质量/kg	220	260	293	250	1337
外形尺寸/(mm×mm×mm)(长×宽×高)	1033×474×890	1825×610×1075	550×720×1500	1033×474×940	2194×1600×1560

2. 挤压式灰浆泵的技术性能

挤压式灰浆泵的技术性能见表 8-4。

表 8-4　挤压式灰浆泵主要型号的技术性能

技术参数		型号					
		UBJ0.8	UBJ1.2	UBJ1.8	UBJ2	SJ-1.8	JHP-2
泵送排量/(m^3/h)		0.2、0.4、0.8	0.3～1.5	0.3、0.9、1.8	2	0.8～1.8	2
泵送距离	垂直/m	25	25	30	20	30	30
	水平/m	80	80	80	80	100	100
工作压力/MPa		1.0	1.2	1.5	1.5	0.4～1.5	
挤压胶管内径/mm		32	32	38	38	38/50	
送胶管内径/mm		25	25/32	25/32			
功率/kW		0.4～1.5	0.6～2.2	1.3～2.2	2.2	2.2	3.7
外形尺寸/(mm×mm×mm)(长×宽×高)		1220×662×960	1220×662×1035	1270×896×990	1200×780×800	800×500×800	
整机自重/kg		175	185	300	270	340	500

三、灰浆泵的操作要点

1. 柱塞式灰浆泵的操作要点

(1)柱塞式灰浆泵必须安装在平稳的基础上。输送管路的布置尽可能短直，弯头愈少愈好。输送管道的接头连接必须紧密，不得渗漏。垂直管道要固定牢靠，所有管道上不得踩压，以防造成堵塞。

(2)泵送前，应检查球阀是否完好，泵内是否有干硬灰浆等物；各部件、零件是否紧固牢靠；安全阀是否调整到预定的安全压力。检查完毕应先用水进行泵送试验，以检查各部位有无渗漏。如有渗漏，应立即排除。

(3)泵送时一定要先开机后加料，先用石膏润滑输送管道，再加入 12cm 稠度的灰浆，最后加进 8～12cm 的灰浆。

(4)泵送过程要随时观察压力表的泵送压力是否正常，如泵送压力超过预调的 1.5MPa 时，要反向泵送，使管道的部分灰浆返回料斗，再缓慢泵送。如无效，要停机卸压检查，不可强行泵送。

(5)泵送过程不宜停机。如必须停机时，每隔 4～5min 要泵送一次，以防灰浆凝固。如灰浆供应不及时，应尽量让料斗装满灰浆，然后把三通阀手柄扳到回料位置，使灰浆在泵与料斗内循环，保持灰浆的流动性。如灰浆在 45min 内仍不能连续泵送出去，必须用石灰膏把全部灰浆从泵和输送管道里排净，待送来新灰浆后再继续泵送。

(6)每天泵送结束时，一定要用石灰膏把输送管道里的灰浆全部泵送出来，然后用清水将泵和输送管道清洗干净。并及时对主轴承加注润滑油。

2. 挤压式灰浆泵的操作要点

(1)挤压式灰浆泵应安装在坚实平整的地面上，输送管道应支撑牢固，并尽量减少弯头，作业前应检查各阀体磨损情况及连接件状况。

(2)使用前要作水压试验。方法是：接好输送管道，往料斗加注清水，启动挤压泵，当输送胶管出水时，把其折起来，让压力升到 2MPa 时停泵，观察各部位有无渗漏现象。

(3)向料斗加水，启动挤压泵润滑输送管道。待水泵完时，启动振动筛和料斗搅拌器，向料斗加适量白灰膏，润滑输送管道，待白灰膏快送完时，向振动筛里加灰浆，并启动空压机开始作业。

(4)料斗加满后，停止振动。待灰浆从料斗泵送完时，再重复加新灰浆振动筛料。

(5)整个泵送过程要随时观察压力表，如出现超压迹象，说明有堵管的可能，这时要反转泵送 2～3 转，使灰浆返回料斗，经料斗搅拌后再缓慢泵送。如经过 2～3 次正反泵送还不能顺利工作，应停机检查，排除堵塞物。

(6)工作间歇时，应先停止送灰，后停止送气，以防气嘴被灰浆堵塞。

(7)停止泵送时，对整个泵机和管路系统要进行清洗。

四、灰浆泵的故障及排除方法

1. 柱塞式灰浆泵

柱塞式灰浆泵在使用中易于发生的故障及其排除方法见表 8-5。

表 8-5　柱塞式灰浆泵常见故障及排除方法

故障现象	产生原因	排除方法
输送管道堵塞	砂浆过稠或搅拌不均 砂浆不纯,夹有干砂、硬物 泵体或管路堵塞 胶管发生硬弯 停机时间过长 开始工作时未用稀浆循环润滑管道	当输浆管路发生阻塞时,可用木锤敲击使其通顺,如敲击无效,须拆开弯管、直管和三通阀,并进行清洗;同时亦须清洗泵体内部,然后安装好,放入清水,用泵自行冲刷整个管路。冲刷时可先将出口阀关闭,待压力达到0.5MPa时开放,使管路中的砂浆能在压力水的使用下冲击出来
缸体及球阀堵塞	料斗内混入较大石子或杂物	拆开泵体取出杂物。装料时注意不要混入石子、杂物等
	砂浆沉淀并堆积在吸入阀口处	及时搅拌料斗内的砂浆不使其沉淀,并拆洗球阀
压力表指针不动	泵体合口处或盘根漏浆	重新密封
	球阀处堵塞	拆下球阀清洗
	压力表损坏	更换压力表
出浆减少或停止	输浆管道和球阀堵塞	用上述疏通方法排除
	吸入或压出球阀关闭不严	拆卸检查,清洗球阀。必要时修理或更换阀座、球等,检查时注意不能损坏或拆掉拦球钢丝网
泵缸与活塞接触间隙处漏水	密封盘根磨损	更换盘根
	密封没有压紧	旋进压盖螺栓
	活塞磨损过甚	更换活塞
压力表指针剧烈跳动	压出球堵塞或磨损过大	将压力减到零,检查和清洗球阀或更换球座和球
	压力表接头过大	旋紧接头或加一层密封材料后再旋紧接头
压力突然降低	输浆管破裂	立即停机修理或更换管道
泵缸发热	密封盘根压得太紧	酌情放松压盖,以不漏浆为准

2. 挤压式灰浆泵

挤压式灰浆泵在工作中易于发生的故障及排除方法见表 8-6。

表 8-6 挤压式灰浆泵的常见故障及排除方法

故障现象	产生原因	排除方法
压力表指针不动	挤压滚轮与鼓筒壁间隙大	缩小间隙使其为 2 倍挤压胶管壁厚
	料斗灰浆缺少,泵吸入空气	泵反转排出空气,加灰浆
	料斗吸料管密封不好	将料斗吸料管重新夹紧排净空气
	压力表堵塞或隔膜破裂	排除异物或更换瓣膜
压力表压力值突然上升	喷枪的喷嘴被异物堵塞或管路堵塞	泵反转、卸压停机,检查并排除异物
泵机不转	电气故障或电动机损坏	及时排除;如超过 1h,应拆去管道,排除灰浆,并用水清洗干净
压力表的压力下降或出灰量减少	挤压胶管破裂	更换新挤压胶管
	压力表已损坏	拆修更换压力表
	阀体堵塞	拆下阀体,清洗干净
	泵体内空气较多	向泵室内加水

第三节 喷浆泵

一、喷浆泵的构造和分类

喷浆泵有手动和自动两种,在压力作用下喷涂石灰或大白粉水浆液,也可喷涂其他色浆液。同时还可喷洒农药或消毒药液。

1. 手动喷浆泵

这种喷浆泵体积小,可一人搬移位置,使用时一人反复推压摇杆,一人手持喷杆来喷浆,因不需动力装置,具有较大的机动性。其工作原理如图 8-5 所示。当推拉摇杆时,连杆推动框架使左、右两个柱塞交替在各自的泵缸中往复运动,连续将料筒中的浆液逐次吸入左、右泵缸和逐次压入稳定罐中。稳压罐使浆液获得 8～12 个大气压(1MPa 左右)的压力。在压力作用下,浆液从出浆口经输浆管和喷雾头呈散状喷出。

2. 自动喷浆泵

喷浆原理与手动的相同,不同的是柱塞往复运动由电动机经涡轮减速器和曲柄连杆机构(或偏心轮连杆)来驱动,如图 8-6 所示。

这种喷浆机有自动停机电气控制装置,在压力表内安装电接点,当泵内压力超过最大工作压力时(通常为 1.5～1.8MPa),表内的停机接点啮合,控制线路使电动机停止。压力恢复常压后,表内的启动接点接合,电动机又恢复运转。

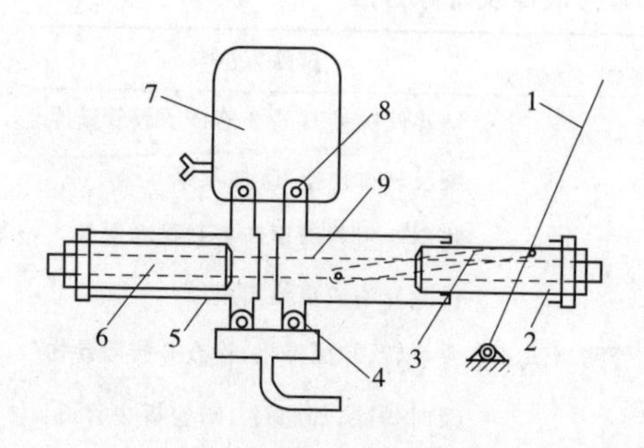

图 8-5　手动喷浆泵的工作原理

1-摇杆；2-右柱塞；3-连杆；4-进浆阀；5-泵体；6-左柱塞；7-稳压罐；8-出浆阀；9-框架

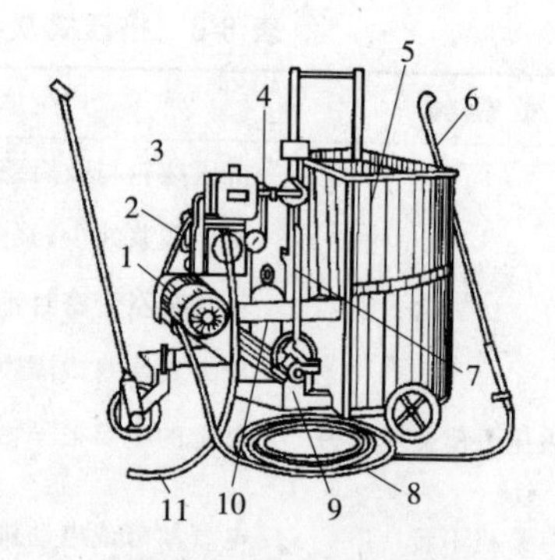

图 8-6　自动喷浆泵

1-电动机；2-V带传动装置；3-电控箱和开关盒；4-偏心轮连杆机构；5-料筒；6-喷杆；7-摇杆；8-输浆胶管；9-泵体；10-稳压罐；11-电力导线

二、喷浆泵的技术性能

喷浆泵的性能参数见表 8-7。

表 8-7　喷浆泵的性能参数

型式型号 / 性能	双联手动喷浆机（P_B-C型）	自动喷浆机			内燃式喷雾机（WFB-18A型）
		高压式（GP400型）	PB1型（ZP-1）	回转式（HPB型）	
生产率/（m³/h）	0.2～0.45	—	0.58	—	—
工作压力/MPa	1.2～1.5	—	1.2～1.5	6～8	—
最大压力/MPa	—	18	1.8	—	—
最大工作高度/m	30	—	30	20	7左右
最大工作半径/m	200	—	200	—	10左右
活塞直径/mm	32	—	32	—	—
活塞往复次数/（min^{-1}）	30～50	—	75	—	—
动力型式功率/kW	人力	电动 0.4	电动 1.0	电动 0.55	1E40FP型汽油机 1.18
转速/（r/min）			2890		5000
外形尺寸/（mm×mm×mm）长×宽×高	1100×400×1080	—	816×498×890	530×350×350	360×555×680
重量/kg	18.6	30	67	28～29	14.5

三、喷浆泵的操作要点

(1)石灰浆的密度应在1.06～1.1g/cm³之间。小于1.06cm³时，喷浆效果差；大于1.1g/cm³时，机器振动喷不成雾状。

(2)喷涂前，对石灰浆必须用60目筛网过滤两遍，防止喷嘴孔堵塞和叶片磨损加快。

(3)喷嘴孔径应在2～2.8mm之间，大于2.8mm时，应及时更换。

(4)严禁泵体内无液体干转，以免磨坏尼龙叶片，在检查电动机旋转方向时，一定要先打开料桶开关，让石灰浆先流入泵体内后，再让电动机带泵旋转。

(5)每班工作结束后的清洁工作：往料斗里注入清水，开泵清洗到水清洁为止；卸下输浆管，从出(进)浆口倒出泵内积水；卸下喷头座及手把中滤网，进行清洗并疏通各网孔；清洗干净喷枪及整机，并擦洗干净。

(6)长期存放前，要清洗前后轴承座内的石灰浆积料，堵塞进浆口，从出浆口注入机油约50mL，再堵塞出浆口，开机运转约半分钟，以防生锈。

四、喷浆泵的故障排除

喷浆泵常见故障及排除方法见表8-8。

表8-8 喷浆泵常见故障及排除方法

故障现象	故障原因	排除方法
不出浆或流量小	进、回浆管路漏气	检查漏气部位，重新密封
	枪孔堵塞	卸下喷嘴螺母及滤网，排除堵塞
	密封间隙过大	松开后轴承座，调整填料盒压盖
	叶片与槽的间隙太大	更换叶片
噪声大、机体振动	泵体发生气蚀	降低泵和灰浆温度
	石灰浆密度过大	加水降低密度
填料盒发热	填料位置不正，与轴严重摩擦	重新调整
转子卡死	轴弯曲	校直轴或更换新轴
	叶片卡死	更换叶片

第四节 水磨石机

一、水磨石机的分类

根据不同的作业对象和要求，水磨石机有以下几种型式：单盘旋转式和双盘对转式，主要用于大面积水磨石地面的磨平、磨光作业；小型侧卧式，主要用于墙裙、踢脚、楼梯踏步、浴池等小面积地面的磨平、磨光作业；立面式用于各种混凝土、水磨石的墙壁、墙围的磨光作业；还有一种磨盘是在耐磨材料中加入一定量人造金刚石制成的金刚石水磨石机，由于其磨削质量好而得到普遍采用。

二、水磨石机的构造

1. 单盘水磨石机

单盘旋转式水磨石机的外形结构如图 8-7 所示。主要由传动轴、夹腔帆布垫、连接盘及砂轮座等组成。磨盘为 3 爪形，有 3 个三角形磨石均匀地装在相应槽内，用螺钉固定。橡胶垫使传动具有缓冲性。

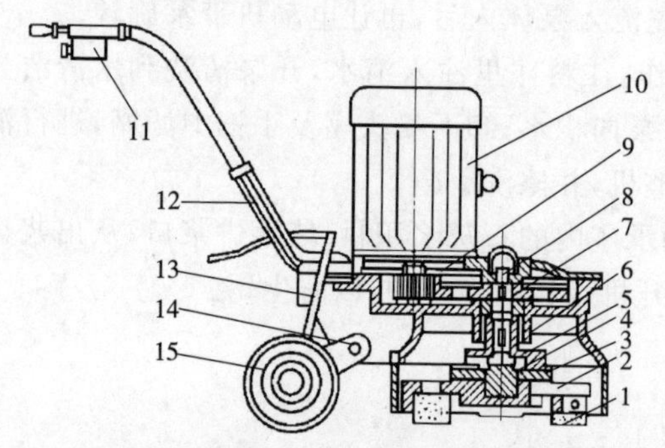

图 8-7　单盘旋转式水磨石机外形结构

1-磨石；2-砂轮座；3-夹腔帆布垫；4-弹簧；5-联结盘；6-橡胶密封；7-大齿轮；8-传泵轮；9-电动机齿轮；10-电动机；11-开关；12-扶手；13-升降齿条；14-调节架；15-走轮

2. 双盘水磨石机

双盘对转式水磨石机的外形结构如图 8-8 所示。其适用于大面积磨光，具有两个转向相反的磨盘，由电动机经传动机构驱动，结构与单盘式类似。与单盘比较，其耗电量增加不到 40%，而工效可提高 80%。

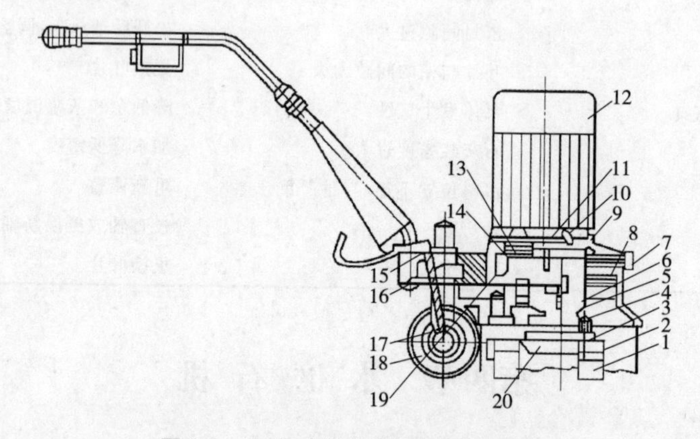

图 8-8　双盘对转式水磨石机外形结构

1-V 砂轮；2-磨石座；3-连接橡胶垫；4-联结盘；5-接合密封圈；6-油封；7-主轴；8-大齿轮；9-主轴；10-闷头盖；11-电动机齿轮；12-电动机；13-中间齿轮轴；14-中间齿轮；15-升降齿条；16-齿轮；17-调节架；18-行走轮；19-台座；20-磨体

三、水磨石机的技术性能

主要形式水磨石机的技术性能见表8-9。

表8-9 主要形式水磨石机的性能参数型式

性能＼型式	单盘	双盘	手持式	立式		侧式
转盘转速/(r/min)	394 295 340 297	392 340 280	1714 2500 2900	210 290 415 500 205	290 210	500 415
磨削高度/mm	—	—	—	100～1600 200	100～1600	200 1200
生产率/(m^2/h)	3.5～4.5 6.5～7.5 6～8	10 14 15	—	1.5～2 1.2～3 7～8 4～5	3 7～8	1.5～2 2～3
转盘直径/(mm×mm)	350 360 300	300 360	砂轮： ϕ100×42 ϕ80×40	回转直径： 180 360 306	360	回转直径： 180

四、水磨石机的安全操作与维护

(1)水磨石机宜在混凝土达到设计强度70%～80%时进行磨削作业。

(2)作业前,应检查并确认各连接件应紧固,磨石不得有裂纹、破损,冷却水管不得有渗漏现象。

(3)电缆线不得破损,保护接零或接地应良好。

(4)在接通电源、水源后,应先压扶把使磨盘离开地面,再启动电动机,然后应检查并确认磨盘旋转方向与箭头所示方向一致,在运转正常后,再缓慢放下磨盘,进行作业。

(5)作业中,使用的冷却水不得间断,用水量宜调至工作面不发干。

(6)作业中,当发现磨盘跳动或异响,应立即停机检修。停机时,应先提升磨盘后关机。

(7)作业后,应切断电源,清洗各部位的泥浆,并应将水磨石机放置在干燥处。

五、水磨石机的故障排除

水磨石机常见故障及排除方法见表8-10。

表 8-10　水磨石机常见故障及排除方法

故障现象	故障原因	排除方法
效率降低	V带松弛，转速不够	调整V带松紧度
磨盘振动	磨盘底面不水平	调整后脚轮
磨块松动	磨块上端缺皮垫或紧固螺母缺弹簧垫	加上皮垫或弹簧垫后紧固螺母
磨削的地面有麻点或条痕	地面强度不够70%	待强度达到后再作业
	磨盘高度不合适	重新调整高度

第五节　地坪抹光机

一、地坪抹光机的构造与原理

1. 构造

地坪抹光机也称地面收光机，是水泥砂浆铺摊在地面上、经过大面积刮平后，进行压平与抹光用的机械，图 8-9 为该机的外形示意图。它是由传动部分、抹刀及机架所组成。

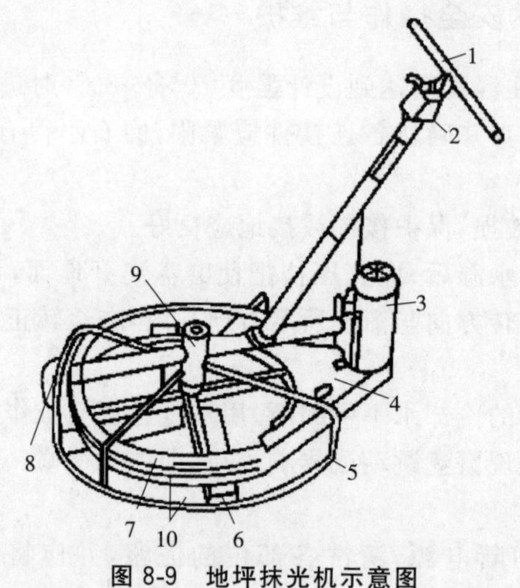

图 8-9　地坪抹光机示意图

1-操纵手柄；2-电气开关；3-电动机；4-防护罩；5-保护圈；6-抹刀；7-抹刀转子；8-配重；9-轴承架；10-V带

2. 工作原理

使用时，电动机 3 通过 V 带驱动抹刀转子 7，在转动的十字架底面上装有

2～4片抹刀片 6，抹刀倾斜方向与转子旋转方向一致，抹刀的倾角与地面呈10°～15°。

使用前，首先检查电动机旋转的方向是否正确。使用时，先握住操纵手柄，启动电动机，抹刀片随之旋转而进行水泥地面抹光工作。抹第一遍时，要求能起到抹平与出浆的作用，如有低凹不平处，应找补适量的砂浆，再抹第二遍、第三遍。

二、地坪抹光机的技术性能

地坪抹光机主要技术性能，见表 8-11。

表 8-11 地坪抹光机主要技术性能

型号	69-1 型	HM-66
传动方式	V 带	V 带
抹刀片数	4	4
抹刀倾角	10°	0°～15°可调
抹刀转速	104r/min	50～100r/min
质量	46kg	80kg
动力	电动机 550W 1400r/min	汽油机 H00301 型 3 马力 3000r/min
生产率	100～300m²/h （按抹一遍计）	320～450m²/台班
外形尺寸/mm(长×宽×高)	105mm×70mm×85mm	220mm×98mm×82mm

三、地坪抹光机的操作要点

(1)抹光机使用前，应先仔细检查电器开关和导线的绝缘情况。因为施工场地水多，地面潮湿，导线最好用绳子悬挂起来，不要随着机械的移动在地面上拖拉，以防止发生漏电，造成触电事故。

(2)使用前应对机械部分进行检查，检查抹刀以及工作装置是否安装牢固，螺栓、螺母等是否拧紧，传动件是否灵活有效，同时还应充分进行润滑。在工作前应先试运转，待转速达到正常时再放落到工作部位。工作中发现零件有松动或声音不正常时，必须立即停机检查，以防发生机械损坏和伤人事故。

(3)机械长时间工作后，如发生电动机或传动部位过热现象，必须停机冷却后再工作。操作抹光机时，应穿胶鞋、戴绝缘手套，以防触电。每班工作结束后，要切断电源，并将抹光机放到干燥处，防止电动机受潮。

附录 起重设备安装验收参考表格

1. 设备情况表

表1 设备情况表

产权单位		设备备案证证号	
设备名称		设备型号	
起升高度		额定起重力矩(起重量)	
生产厂家		出厂日期	

2. 安装单位情况表

表2 安装单位情况表

安装单位(章)				联系电话		
企业法定代表人				技术负责人		
起重设备安装工程专业承包企业资质证证号		资质等级		发证单位		
拟安装日期				拟拆卸日期		
专业安装人员及现场监督专业技术人员	性别	年龄	岗位工种	操作证证号	发证时间	复审记录

3. 施工操作单位情况表

表 3　施工操作单位情况表

工程名称			结构层次		建筑面积	
施工单位			项目经理		电话	
司机	性别	年龄	本工种年限	操作证证号	发证时间	复审记录
指挥、司索人员	性别	年龄	本工种年限	操作证证号	发证时间	复审记录

4. 塔式起重机安装单位自检验收表

表 4　塔式起重机安装单位自检验收表

验收项目	验收内容	验收结果	结论
技术资料	设备备案证，出租设备检测合格证明		
	基础验槽、隐蔽记录，钢筋、水泥复试报告，砼试块强度报告		
	改造（大修）的设计文件，安全性能综合评价报告		
	设备使用情况记录表、设备大修记录表		
作业环境及外观	起重机与建筑物等之间的安全距离		
	起重机之间的最小架设距离		
	起重机与输电线的安全距离		
	危险部位安全标志及起重臂幅度指示牌（自由高度以下安装幅度指示牌，自由高度以上安装变幅仪）		
	产品标牌（包括设备编号牌）和检验合格标志		
	红色障碍灯		

（续）

验收项目	验收内容	验收结果	结论
金属结构	金属结构状况		
	金属结构联接		
	平衡重、压重的安装数量及位置		
	塔身轴心线对支承面的侧向垂直度		
	斜梯的尺寸与固定		
	直立梯及护圈的尺寸与固定		
	休息小平台、卡台		
	附着装置的布置与联接状况		
	司机室固定、位置及其室内设施		
	司机室视野及结构安全性		
	司机室门的开向及锁定装置		
	司机室内的操纵装置及相关标牌、标志		
基础	基础承载及碎石敷设		
	路基排水		
轨道	起重机轨道固定状况		
	a. 轨道顶面纵、横向上的倾斜度		
	b. 轨距误差		
	c. 钢轨接头间隙，两轨顶高度差		
	支腿工作、起重机的工作场地		
主要零部件及机构	吊钩标记和防脱钩装置		
	吊钩缺陷及危险断面磨损		
	吊钩开口度增加量		
	钢丝绳选用、安装状况及绳端固定		
	钢丝绳安全圈数		
	钢丝绳润滑与干涉		
	钢丝绳缺陷		
	钢丝绳直径磨损		
	钢丝绳断丝数		
	滑轮选用		

（续）

验收项目	验收内容	验收结果	结论
主要零部件及机构	滑轮缺陷		
	滑轮防脱槽装置		
	制动器设置		
	制动器零部件缺陷		
	制动轮与摩擦片		
	制动器调整		
	制动轮缺陷		
	减速器联接与固定		
	减速器工作状况		
	开式齿轮啮合与缺损		
	车轮缺陷		
	联轴器及其工作状况		
	卷筒选用		
	卷筒缺陷		
电气	电气设备及电器元件		
	线路绝缘电阻		
	外部供电线路总电源开关		
	电气隔离装置		
	总电源回路的短路保护		
	失压保护		
	零位保护		
	过流保护		
	断错相保护		
	便携式控制装置		
	照明		
	信号（障碍灯）		
	电气设备的接地		
	金属结构的接地		
	防雷		

（续）

验收项目	验收内容	验收结果	结论
安全装置与防护措施	高度限位器		
	起重量限制器		
	力矩限制器		
	行程限位器		
	强迫换速		
	防后翻装置		
	回转限制		
	小车断绳保护装置		
	风速仪		
	防风装置		
	缓冲器和端部止挡		
	扫轨板		
	防护罩和防雨罩		
	防脱轨装置		
	紧急断电开关		
	防止过载和液压冲击的安全装置		
	液压缸的平衡阀及液压锁		
试验	空载试验		
	额载试验		
	超载 25％静载试验		
	超载 10％动载试验		
验收结论			
验收签字	现场安装负责人：现场专业技术监督人员： 安装单位技术负责人：安装单位负责人： 安装单位（章） 年　月　日		

5. 塔式起重机共同验收记录

表 5　塔式起重机共同验收记录表

验收项目	验收内容和要求	验收结果	结论
技术资料	设备备案证、出租设备的检测合格证明及基础验槽、隐蔽记录、钢筋水泥复试报告，混凝土试块强度报告齐全，改造(大修)的设计文件、安全性能综合评价报告齐全，检验检测机构对设备的检测合格证明，设备的安装使用记录、大修记录，安装单位的自检验收记录，设备的安全使用说明等资料齐全		
方案及安全施工措施	塔吊的安全防护设施符合方案及安全防护措施的要求		
塔吊结构	部件、附件、联结件安装齐全，位置正确，安装到位		
	螺栓拧紧力矩达到原厂设计要求，开口销齐全、完好		
	结构无变形、开焊、疲劳裂纹		
	压重、配重重量、位置达到原厂说明书要求		
保险装置	吊钩上安装防钢丝绳脱钩的保险装置(吊钩挂绳处磨损不超10%)		
	卷扬机的卷筒上有钢丝绳防滑脱装置，上人爬梯设护圈(护圈从平台上2.5米处设置直径0.65米～0.8米，间距0.5～0.7米；当上人爬梯在结构内部，与结构间的自由通道间距小于1.2米可不设护圈)		
限位装置	动臂变幅塔吊吊钩顶距臂架下端0.8米停止运动；小车变幅，上回转塔机起重绳2倍率时为1米，4倍率时为0.7米，下回转塔吊起重绳2倍率时为0.8米，4倍率为0.4米时，应停止运动		
	轨道式塔吊或变幅小车应在每个方向装设行程限位装置		
	对塔吊周围有高压线或其他特殊要求的场所应设回转限位器		
	起重力矩和起重量限制器灵敏、可靠		
绳轮系统	钢丝绳在卷筒上缠绕整齐，润滑良好		
	钢丝绳规格正确，断丝，磨损未达到报废标准		
	钢丝绳固定不少于3个绳卡，且规格匹配，编插正确		
	各部位滑轮转动灵活、可靠、无卡塞现象		

（续）

验收项目	验收内容和要求	验收结果	结论
电气系统	电缆供电系统供电充分，正常工作电压380±5%V		
	炭刷、接触器、继电器触点良好		
	仪表、照明、报警系统完好、可靠		
	控制、操纵装置动作灵活、可靠		
	电气各种安全保护装置齐全、可靠		
	电气系统对塔吊金属部分的绝缘电阻不小于0.5MΩ		
	驾驶室内有灭火器材及夏天降温，冬天取暖装置		
	接地电阻R≤4Ω，设置防雷击装置		
附墙装置与夹轨钳	自升塔吊超过规定必须安装附墙装置，附墙装置应由厂家生产，不得用其他材料代替		
	轨道式塔吊必须安装夹轨钳		
安装与拆除	安装与拆除必须制订方案，有书面安全技术交底		
	安装与拆除必须有相应资质的专业队伍进行		
路基	路基坚实、平整，无积水，路基资料齐全		
	枕木铺设按规定进行，道钉、螺栓齐全		
	钢轨顶面纵、横方向上的倾斜度≯0.001，轨距偏差不超过其名义值的0.001		
	塔身对支持面的垂直度不大于3‰		
	止挡装置距离钢轨两端距离≥1米，限位器灵敏可靠		
	高塔基础符合设计要求		
多塔作业	多塔作业有防碰撞措施		
试验	空载荷、额定载荷、超载10%载荷、超载25%静载等各种情况下的运行情况		

（续）

<table>
<tr><th>验收项目</th><th colspan="2">验收内容和要求</th><th>验收结果</th><th>结论</th></tr>
<tr><td>试运行</td><td colspan="2">检查各传动机构是否准确、平稳、有无异常声音，液压系统是否渗漏，操纵和控制系统是否灵敏可靠，钢结构是否有永久变形和开焊，制动器是否可靠，调整安全装置并进行不少于3次的检测。</td><td></td><td></td></tr>
<tr><td>验收结论</td><td colspan="4"></td></tr>
<tr><td rowspan="2">验收签字</td><td>出租单位负责人：

（章）
年　月　日</td><td colspan="3">安装单位负责人：

（章）
年　月　日</td></tr>
<tr><td>施工单位项目负责人：

（章）
年　月　日</td><td colspan="3">施工分包单位负责人：

（章）
年　月　日</td></tr>
</table>